DIFFERENT THINKING
DIFFERENT PERSON

换一种思维

等于换了一个人

孟庆春◎著

人民出版社

责任编辑：吴继平
装帧设计：林芝玉
责任校对：吕　飞

图书在版编目（CIP）数据

换一种思维　等于换了一个人/孟庆春 著 . — 北京：人民出版社，2018.7

ISBN 978 - 7 - 01 - 019157 - 7

I. ①换… 　II. ①孟… 　III. ①思维方法 - 通俗读物 　IV. ① B80-49

中国版本图书馆 CIP 数据核字（2018）第 068122 号

换一种思维　等于换了一个人

HUAN YIZHONG SIWEI DENGYU HUANLE YIGEREN

孟庆春　著

人民出版社 出版发行

（100706　北京市东城区隆福寺街 99 号）

北京中科印刷有限公司印刷　新华书店经销

2018 年 7 月第 1 版　2018 年 7 月北京第 1 次印刷

开本：710 毫米 × 1000 毫米 1/16　印张：22

字数：238 千字　印数：0,001 - 8,000 册

ISBN 978 - 7 - 01 - 019157 - 7　定价：59.80 元

邮购地址 100706　北京市东城区隆福寺街 99 号

人民东方图书销售中心　电话（010）65250042　65289539

工作和生活中，谁都想把事做好，但能把事做好的，又能有几个人呢？不是他们不做事，而是他们不会做事。而会做事的前提，则是应有正确的思维方式和方法，以此来指导做事，这样成事的概率便会增大。

思维，它是以感知为基础、且超越感知的界限。思维方式，则是看待事物的角度、方式和方法。它可以是积极的，也可以是消极的；可以让你业绩卓著、成就一番大事业，也可以让你偏安一隅，默默无闻，甚或走向犯罪的深渊。所以，拥有积极的思维方式之于人生太关键了。

正确的思维方式和方法，能够为我们提供更为准确、更为开阔的视野，能够帮助我们洞穿问题的本质、把握成功的先机。

换一种思维，就会让人反转成事了。其实，当你找不到解决问题突破口时，通常不是因为问题太难，而是因为你思考问题的方式不对头。澳大利亚作家利瓦伊坦的家里，有一个美丽的大花园。每到周末来花园里游玩的人络绎不绝，把花园弄得一片狼藉，真的太烦人了！有一天，他写了一块牌子，立在花园门口，上写："请注意！如果在园中被蛇咬伤，距此最近的医院有 50 多公里，驾车至少需要半个小时。"此后，游人再也不进他家的花园了。显然，他采用的是逆向思维方式，对私自闯入者是善意提醒，而非使用罚款之类的词句。仅"蛇咬"一句，便足以让游人们望而却步了，由此事半功倍的效果显现了！

换一种思维，就会让人转迷为悟了。不要丢掉你的初心、初志。一次进山，章立麟在热带雨林中发现一种能散放香气、沉到水底的树木，心想这可能是件宝物，便拿到市场去卖，但没人买，却见木炭卖得挺快。他又将香木烧成木炭去卖，很快就脱手了。父亲得知后，责怪儿子："原来你烧成木炭的香木，正是世上最珍贵的沉香木，切下一块磨成粉比一车木炭还值钱啊！"父亲的话，使他痛悔莫及，誓言今后再也不与他人他物比较了，这样容易动摇心志、丢掉生命中最珍贵的东西。只有反省自己，才能使你具有人之特性、但又超出于它，犹如生在水中的莲花、但它又超出水面。打开你迷惑的心结，就会走出迷茫，柳暗花明。

换一种思维，就会让人品行升华了。一天，美国前陆军部长斯坦顿气呼呼地对前总统林肯说，有一位少将用侮辱的话指责了他。对此，林肯让他写一封内容尖刻的信，借此"狠狠地骂那个少将一顿"。林肯看过他写的信，说："要的就是这个！好好训他一顿，真写绝了，斯坦顿。"但当他把信装进信封时，林肯问道："你干什么？"他回答："寄出去呀！"林肯大声说："不要胡闹！这封信不能发，快把它扔到炉子里去。凡是生气时写的信，我都是这么处理的。你写的时候已经解了气，现在感觉好多了吧，那么就请你把它烧掉!"林肯就是以这种思维、这种方法来发泄怒气的,别伤和气、成"公害",更不可将毒箭射向自己的同志和朋友。

换一种思维,就会让人坚韧自信了。生活之中,你不应为不能改变现状而苦恼,为生活平庸而感到无奈。实际上,你缺乏的不是希望与机会,而是去抓住机会、克服困难的勇气和信心。作家冰心说过:"盛开的花,人们只惊羡一时的美,而它初生的芽儿,却浸透了奋斗的血泪!"之因花儿战胜了困阻,才开得如此艳丽。人亦然。惧怕困难,会使幸运、成功远离你。谁都有自己的天赋、素质、强项,选对了符合自己特长的目标,就能成功。明代的阿留,各方面都难以有所作为,但在绘画方面确是个天才;当代的陈景润,确实当不好数学教师,但却能破解世界级的难题;英国的道尔,作为医生并不著名,但却堪称写作侦探悬疑小说的奇才。

因而,笔者认为,你欲立身处世,成就一番大事业,理应读到本书所述的思维方式和方法,以科学、有价值、应变的思维,不断完善你的思维方式,并以此丰盈你的内心世界,促使你的志向变成现实。

目 录
CONTENTS

第二章　换一种思维，让人转迷为悟了

第三章　换一种思维，让人品行升华了

第四章 换一种思维，让人坚韧自信了

CHAPTER 1

第 一 章

换一种思维，让人反转成事了

"老师，我看这一卦不一定意味着不吉祥！"

　　我国清代文学家纪晓岚，官至礼部尚书、协办大学士。他一生，有两件事做得最多：一是编书史，二是当考官。编书史方面，他除了任《四库全书》总纂修官之外，还当过武英殿和三通馆的纂修官等，称一时之大手笔也；当考官呢，他曾两次任乡试考官，六次为文武会试考官，所以门生甚众，为大清国选拔了不少人才。

　　而事实上，当年纪晓岚就是从乡试中筛选出来的人才。他参加乡试时，还差点儿被老师所算的"一卦"给毁了呢。即乡试临近之际，纪晓岚的老师为他算了一卦。推算结果出来后，老师眉头紧皱，沉默不言。见此，纪晓岚心里就纳闷儿，便问："老师，怎么了？"老师果断地说："这次乡试你不要去了，下次再说吧。"纪晓岚愣了一下，问："为什么？"老师为此分析起来："你看，这是体现当事人状况的困卦第三爻，爻辞是'困于石，据于蒺藜。入于其宫，不见其妻，凶'。你如果去参加乡试，可能会面临困境。前面有石壁、荆棘阻路，无法前行。回到家里，妻子不见了。这是不吉祥的征兆。"

　　然而，纪晓岚亦非为等闲之辈，转换了思维，说："老师，我看这一卦不一定意味着不吉祥。学生还未娶妻，回家当然无妻可见，谈不上什么凶不凶。'入于其宫，不见其妻'，可理解为没有配偶。对学生而言，无偶是无人能与我相比，有可能是意味着学生能独占鳌头。'困于石'，也许是说第二名的人是一个姓'石'的。'据于蒺藜'，我想蒺藜多刺，枝条伸展，形状似'米'字，有可能是说第三名的人姓'米'，也是为我垫底的。"[1]

　　无疑，参加乡试与否，师生存在分歧。最后，他没有接受老师的"凶卦"，毅然参加了乡试。发榜时，纪晓岚果然中了第一名，第二名果然姓"石"，第三名果然姓"米"。

　　从中可见，纪晓岚的逻辑思维能力，并不亚于会"占卜算命"的老师。至于原因，他认为，学《易经》，不在于墨守言辞，而在于明白天理。可以设想，如果他被老师的"凶卦"所左右，那么，他不仅坐失了三年一次的乡试良机；而且，他一生的命运也许会由此而改变，又怎么能成为一代文学家、官至礼部尚书、协办大学士呢？此事，也告诉人们：切勿轻信别人算的命（即便是所谓的"占卜高手"），人的意志是有力量的，英雄是由时势造就的。

　　所谓"智者见于未萌"，就是指那些明智的人，在事情没有发生时就已预见到了。纪晓岚当属此类人也！此类人虑事深远，心中有数，所以办事成功的希望才会更大。

　　明朝末年，外有清兵攻关，内有农民起义，又持续了7年的特大旱灾，大明江山已呈摇摇欲坠之势。因而，崇祯皇帝很郁闷，一天着便装在街上走，遇到一位测字先生，然后报了个"有"字。这位测字先生是位

"拆字"高手，略加思索，面色凝重地对崇祯皇帝说："有，上面是大字少一捺，下面是明字少一日，这是说大明已经丢掉半壁江山了。"显见，此言戳到了崇祯的痛处，崇祯连忙说："我测的不是有无的有，而是申酉戌亥的酉。"测字先生一听，便说："这个字更不吉利啊！酉是尊字掐头去尾，像身首异处之状，而尊者莫过于皇帝，难道皇帝……？"测字先生话音刚落，崇祯皇帝掉头便走了。两字不吉，怎耐再听。

1644年3月15日，在明朝军队已屡战屡败的状态下，李自成率部包围了北京。4天后，崇祯令人在前殿鸣钟召集百官，却无一人前来，崇祯叹曰："都是那些大臣耽误了朕，作为国君随社稷而死，大明王朝277年的天下，一旦间就覆灭离弃了，都是那些奸臣耽误的，才造成现在的结果。"当天，崇祯皇帝在景山歪脖树上自缢身亡，死时光着左脚，右脚穿着一只红鞋。至此，大明王朝亡国了！崇祯皇帝也这般凄惨地"走了"！

你说，崇祯的命运是"拆字"先生能掐会算言中的吗？不是！而是"拆字"先生以文字为切入，对大明王朝、对崇祯皇帝的现状和走势，转换了思维方式，客观分析后得出的结论。

可见，任何一件大事的发生，看似偶然，其实是各种小事积累的结果。因而，你必须及时发现某些事情的征兆，并应练就掌控事物的本领，以便采取相应的措施。

虽然这里一切照旧，
但贝赛娜却"看到了星星"!

20 世纪 50 年代，发生过这么一件事儿。一天，长春市某医院同时来了两个患者，经过医生的诊病化验，结果是：一个真的患有肺结核，一个是因感冒引起上呼吸道感染。但因这位医生的疏忽，化验单写错了：那个真的患有肺结核人的化验单上，写着"呼吸道感染"；而那个没有患肺结核人的化验单上，却写着"肺结核"。然而，这两张化验单却导致了两种不同的结果。真的患有肺结核的人，认为身上没有结核病，心情愉快，心态积极，也就唤醒了他的免疫功能，两年后，身上的肺结核不治而愈，快不可言；而那个没有患肺结核的人，心里总认为身上患有肺结核，心情郁闷，因担忧过度而导致免疫力下降，两年后真的感染上了肺结核，愁容满面。可见，思维单一，不懂得调整心态，也就难以驾驭生命。

人和人之间的差异并不大，但这不大的差异，就是你对人生的态度，是积极的还是消极的。尤其处于困境时，你能否从坏的方面看到积极的方面，真的是对你心态的考验。

有一天，美国前总统罗斯福家里被贼给盗了，很多财物被偷走。他的朋友听到此消息后很担心，马上给他写了一封信，安慰说："总统先生，你不要太难过了，别因为这件事情影响你的心情和工作……"罗斯福接到这封来信后，回信说："谢谢你的安慰，我现在很高兴。"他为啥高兴呢？罗斯福信中写道："第一，窃贼偷去的是我的部分财产而不是全部；第二，窃贼偷的是我的财物，并没有伤害到我的性命；第三，最让我高兴的是，做贼的是他，不是我。"你看，家里被盗显然是一件坏事儿，但他却能从坏的方面看到积极的方面。而且，还挺打趣的，如第三条，你看，他思维超脱吧！他算的是大账，即庆幸自己没有做贼、没有犯法。

工作和生活之中，你能否从不如意的环境中，看到积极的因素，在凄风苦雨的日子里看到天上的彩虹，这委实需要一种生存的智慧、处世的哲学、较强的心力。

年轻美貌的莎凯·贝赛娜，陪伴着夫君驻扎在沙漠的基地里，而夫君呢，又必须奉命于沙漠里进行军演。于是，她只好一个人留在小铁皮房子里，不得不经受炎热、语言不通的煎熬。怎么办呢？思来想去，她决定给父母写信，要求回家。过了数日，她接到了父母的回信，信上只有两行字："两个人从牢房的铁窗望出去，一个人看到了泥土，一个人看到了星星。"她认真地揣摩着这两行来信，思维变化了，深感惭愧。在随后的日子里，她便与当地人交朋友，热情地与大家在话语上交流、生活上往来，大家对她也很热情。不仅如此，她开始研究当地的各种沙漠植物，观看沙漠的日出日落……事实上，这里的一切照旧，只是她的心态改变了——将原来的痛苦变成了最有意义的新发现、而且兴奋不已。两年后莎凯·贝赛娜的《快乐的城堡》出版了，她终于"看到了星星"，看到了生活的积极一面……

如果说，年轻的莎凯·贝赛娜换了个思维角度，感受到了生活美好的、积极的方面；那么，感受下一桩事儿的这位老大爷，他的思维转变后，就由痛苦变成了快乐。

这位老大爷名叫颜宪钧，有两个儿子，各有一份小本生意：大儿子是染布的，二儿子是卖雨伞的。其实，他成天为两个儿子的生意发愁。因为，天一下雨，他大儿子所染的布，就不能晾晒了；天一放晴，他二儿子的雨伞，就卖不出去了。所以，颜大爷总是愁眉紧锁，吃睡不香，经常生病，身体瘦弱。一天，颜大爷路上偶遇了一位哲学教授，聊到了此事儿。哲学教授对他说："您为啥不反过来想一想呢？天一下雨，您就为二儿子高兴，因为他可以卖雨伞了；天一放晴，您就为大儿子高兴，因为他可以晒布了。"这位教授的思维方式，治愈了颜大爷的"心病"，此后他每天都乐呵呵的，吃得香、睡得实，身体也逐渐康复了。

强者对待任何事物，规避消极的一面，争取积极的一面。你若选择了积极的心态，也就等于选择了成功的希望；你若选择了消极的心态，也就注定要走入失败的沼泽。

"今天不受其赏，正是为避免他日而受其罚"

说起战国时期的哲学家、道家的列子（名御寇），得先提一下《愚公移山》，因为这个寓言，虽然传播甚广，但太多的人却不知此佳作出自列子之手（选自《列子·汤问》）。

列子很智慧，他的主要著作是《列子》，此书中的"天体运动说"、"地动说"、"宇宙无限说"，都远远早于西方的同类学说，如此说来，他不愧为我们民族的精英。

列子品行也过得硬，他心胸豁达，贫富不移，荣辱不惊。如列子隐居郑国时，家里很穷，但他不求名利，清静修道。当时，有一位门客对郑相子阳说："列御寇，是一位有道的人，居住在你治理的国家，却是如此贫困，你恐怕不喜欢贤达的士人吧？"子阳听进了门客的谏言，便让民政部门给列子送去了几袋小米，列子再三致谢，却不肯收受小米。

其实，列子之所以不肯收受子阳派人送来的小米，应有他自己的思维方式，而且含蕴着哲理。

列子送走了官吏，回到屋里，妻子很是抱怨列子，说咱家都揭不开锅了，你还拒绝官府的救济，真是死要面子活受罪，这难道不是命里注定要忍饥挨饿吗？面对妻子的怨言，列子笑着对她说："郑国相听了别人说我的好话才送给我米，说不定过几天听了别人说我的坏话又要处罚我了，所以这种赠送不能接，今天不受其赏，正是为避免他日而受其罚。你妇道人家，女流之辈，头发长见识短，自然只顾眼前不顾他年了。"你看，列子思考问题超脱吧！"未萌之事"都料到了。

果不其然，一年后郑国发生变乱，子阳因经济问题激起民愤，郑国君王为平息风波把子阳杀了，其党羽众多被株连致死。列子因拒收子阳的几袋小米而免受牵连。幸哉！

在得与失上，列子的思维方式，则是：为避免无故之祸，必须拒绝无故之福，之因，无故之福和无故之祸是纠结一体的。此事，看起来他失掉了几袋小米，却避开了"祸"，而得到了安然之"福"。当今，在得与失上，列子所为，我们不仅赞之，更应借鉴。

我国的春秋时期，曾出现了一位寿星老——柳下惠（曾做过鲁国大夫），寿达101岁。你想啊，那时经济不发达，医疗条件又差，但他却如此高寿。主要就是，他对人生持平和超然之态度，能够承受得住挫折，真正做到了"不管风吹浪打，胜似闲庭信步"！

柳下惠在鲁国做士师（掌管刑罚狱讼之事）时，鲁国公室衰败，朝政把持在臧文仲等人手中。柳下惠生性耿直，不事逢迎，得罪了权贵，竟然三次被罢免。

对此，有人问其故，柳下惠答道："直道而事人，焉往而不三黜？"意即，我在鲁国之所以屡被黜免，是因为坚持了做人的原则。如果一直坚持下去，到了哪里也难免被黜免。你看，他"超然远览，渊然深识"不？有人生疑，既然汝于鲁国"三黜"，为何汝"无忧色，何也"？是说，从你的脸上却看不出忧愤的样子，这是什么原因呢？可柳下惠并没有将其视为"忧愤"的思维，即回答道："枯茂非四时之悲欣，荣辱岂吾心之忧喜？"意即，枯萎与茂盛并不是四季的悲伤与喜悦，荣宠与埋没又怎么会是我心中忧愁与喜悦的原因呢？你看，他的心胸多么开阔，真乃"不以物喜、不以己悲"啊！难怪他能活百余岁呢！

所以，你别看柳下惠的官职失掉了，但却得到了长寿之福。因而，享誉了亚圣孟子的点赞，说"柳下惠，圣之和者也（是随和的圣人）"。而且，此誉流传至今，耐人寻味。

可憾的是，当今柳下惠这样的人，不是那么多呀！如何在残酷的工作竞技场上，能够经得起"风吹浪打"，委实难啊！下岗待业、重新择业、哺育孩子、养老买房……你可能遭遇了"轮番轰炸"！经受得起、经受不起，都得承受。因而，某些走向极端者，显然是弱者。鉴于此，仍有必要重温达尔文老先生的"物竞天择、适者生存"警训，同时又有柳老爷子为楷模，直面人生不如意的事儿，就应该处之泰然，踏实做事，怡然自乐。

其实，在得与失上，会算账的又何止列子、柳下惠呀！说来，曾国藩也毫不逊色，那就是，他勇于突破惯常思维，认为不靠官职索财致富，而要靠勤俭廉劳，由此换来荣耀：出任两江总督、直隶总督，位列晚清"中兴名臣"之首。其修身律己事迹，令国人赞颂至今。

当年，曾国藩作为湘军的至高统帅，带兵十余年。那时候，朝廷的钱是给统帅的，大量的钱财都由他来安排，拥有绝对的财政权（支出军费 3500 万两左右），但他的思维与官场上的许多人不同，他则提出了 6 个字，希望大家监督，第一个就是"不怕死"，带兵打仗不要怕死；第二个就是"不爱钱"，要大家监督、也要神明监督。事实上，哪有什么神明呀，就是自己心里不贪腐。他要求"以廉率属，以俭持家，誓不以军中一钱寄家用。"即便在他的夫人持家手无余钱的情况下，他也不寄一钱，夫人只好亲自下厨、纺织。如果曾国藩稍有贪念，便能积累百万两资财，但他却没有索财致富，严于律己。

曾国藩有件青缎马褂，只在重大庆典活动时才拿出来穿上，平时就放在衣橱里，因而，30 年后那件衣服还是光亮如新。他不仅穿得俭朴，饮食上也反对奢侈。一天，时任两江总督的曾国藩，应邀到扬州的一个盐商家去做客。餐桌上，他面对丰盛的山珍海味，只是低头吃自己身边的一点东西。餐后，属下问他，"大人您是不是对这一桌子饭菜感觉不可口啊？"他说："一食千金，吾不忍食，吾不忍睹啊！"如此豪奢的珍馐，他吃不下去、看不下去，下不了筷啊！他不仅自己勤俭，而且期许后代也做勤俭之人。在给小儿子曾纪鸿的信中，希望孩子"勤俭自持，习劳习苦，可以处乐，可以处约（节约）"；在给大儿子曾纪泽的信中，要求他衣食起居要跟"寒士相同"，这样将来才有可能成大器。

正鉴于此，我们要把"名不过利、利不过贪"当做人生座右铭、当镜子。辩证思维，不为得而喜，不为失而忧，更不应在这上面跌跟头，自毁仕途。

本是学金融的，却在影视产品创作上，成功逆袭

历史上，成为德国著名数学家的卡尔·弗里德里希·高斯，是一名家庭出身卑微的孩子，但他并不气馁，创造了破解千年悬疑难题的奇迹，改变了遗传决定论的惯性思维。

高斯的母亲是一位贫穷的石匠女儿，没有接受过什么文化教育，近似于文盲，从事女佣工作；他的父亲做过工头，做过商人的助手等活计。他的父亲不认为学问有何用处，但高斯依然喜欢看书，而且从不厌倦。秋冬季节，吃过晚饭之后，高斯的父亲就让他上床睡觉，以便节省燃油，但当他上床睡觉时，也会把芜菁内部挖空，然后往里面塞入棉布卷，当成油灯来使用，以继续读书，持续挺晚。

7 岁高斯上小学，10 岁进入学习数学的班级。12 岁时，他已怀疑起了几何原本中的基础证明。他 16 岁时，就预测在欧氏几何之外必然会产生一门截然不同的几何学，即非欧几里得几何学。18 岁时，他考入哥廷根大学，这是德国一所著名的大学。国际东方学大师季羡林系该校毕业。

1796 年，也就是高斯 19 岁、读大学期间，高斯的导师见他十分喜爱

数学，又有天分，就每天给他 3 张小纸条，每个纸条上有 1 道导师出的题。一天晚饭后，他习惯地拿起导师给他安排的作业，认真去做，很快就完成了前面的两道题。但在做最后一道题，即"用圆规和一把没有刻度的直尺做出一个正十七边形的图案来"时，他被卡住了，而且确有寸步难行之感。这道题，是他从来没有遇到过的数学类型题。为此，他虽然一个劲地冥思苦想，但却始终找不到破题的方法。这时，一向聪明自信的高斯心想，我就不相信自己做不出来，因为，他认为世上没有解决不了的数学问题，只是自己暂时没有找到方法而已。后来，他索性边画边想，并采取一些非常规的思维方式，仍在不停地思索着、计算着。

天亮之时，高斯终于长长地舒了一口气，因为他已经找到了解决此题的方法。吃过早饭后，当他将作业交给导师看时，导师惊呆了，颤抖着问他："这是你自己完成的吗？"他点点头，说："是的，它几乎耗费了我一个晚上的时间。"这时，导师怎么也掩饰不住内心的激动，非常兴奋地说："简直难以置信，你竟然用一个晚上的时间解决了这个两千年来悬而未决的难题，要知道，阿基米德没有做出来，牛顿没有做出来，包括我自己也没有做出来，你真是一个难得的天才。"[2] 数年之后，当高斯忆及这段往事时，仍感慨万千地说，"如果当初导师告诉他，这是一道悬疑两千多年的数学题，我恐怕用十年的时间也未必做得出来"。因为，如果他知道此题系为千年悬疑之题后，自然情绪上会处于紧张状态，难以实现思维速度与思维深度的有机统一，也就是说，没有一定的思维速度，达不到"敏"；没有一定的思维深度，达不到"锐"。失掉了思维的敏锐性，也就难以破解这道千年悬疑之题啦。

出身卑微的高斯，能够创造破解千年悬疑难题的奇迹。而本来是学金融专业的柯利明，也能横跨专业发展，竟然在影视产品创作上火了起来，实现了成功逆袭。

1982 年出生湖北的柯利明，现为北京儒意欣欣影业投资有限公司执行董事，也是当今影视界走红的焦点人物。他温文儒雅，常戴一副黑框眼镜，小先生的装扮，十分惹人眼球。

2002 年，柯利明进入澳大利亚格里菲斯大学，学士课程主修风险管理学。4 年后，他在该校获得货币银行学硕士学位，是一名品学兼优的高才生。临近毕业时，他顺利地被汇丰银行录取。工作岗位上，他以一名操盘手的身份，在金融市场做着各种金融操盘，生活上可称得上光鲜亮丽，由此令许多同龄人羡慕不已。但 2009 年的那场金融危机，使柯利明遭遇了重创。很快，他的事业、财富灰飞烟灭。于是，处在沮丧之中的他，便给经营公司的哥哥挂了电话，直截了当地说明了现在的处境。哥哥听过事情的原委，态度明朗，说："不行就到我公司来帮忙吧，总有用得上你的知识的地方，说不定拐个弯会有新的机会。"他认为，哥哥说得也在理儿，随即他就回到了国内，帮助哥哥打理公司的业务。

柯利明曾经说过："我骨子里不是一个按部就班的人。"所以他的思维，绝不会停留在给哥哥打理公司的认识上。也恰是这种思维，成就了他人生早期的一番事业。

他到哥哥公司不久，就想以投资人身份切入到影视圈里，但出乎他的预料，尝试的结果，却接连碰壁。他认识到，在这个讲人脉、讲资历、讲经验的圈子里，那些好的项目根本不缺钱，人家不会理睬你的。鉴于此，他审慎考虑后，决定自己闯出一条路子来，即自己做制片人、开发项目。主意打定后，他找到了导演兼编剧的肖央，与之交流了自己的打算，结果两人达成了共识，即决定在《老男孩》的基础上，搞一部电影，拟定的影名叫《老男孩之猛龙过江》。但做起来，这部喜剧电影却耗掉了五载时光。拖延的结果，导致团队成员流失严重，能力参差不齐；不见分晓的现状，也使柯利明有看不到尽头之感。做起来，辛苦自不待言，如在电影制作、经费使用等问题上，他四处沟通，耗费精力。终于，电影在历经艰难的努力后，拍摄完成，2014 年 7 月 10 日上映。电影宣传曲《小苹果》推出后，凭借其优美的旋律、简练的歌词、动人的画面，成为互联网年度十大热词儿，迅速成为全民模仿的广场舞。

在《老男孩之猛龙过江》上映前，《瞭望东方周刊》、《南方人物周刊》等国内重要媒体，先后对他进行专题报道，《人民日报》更以《"80 后"火了暑期档》为题，发布了对柯利明的报道。辛苦换来收获！即当这部电影在全国公映后的第 4 天，就斩获过亿元的票房。此后，他的影视事业进展顺畅，成功地投资了电影《小时代》，并在《李春天的春天》、《北平无战事》、《前妻的车站》、《王海涛今年四十一》、《养母》等电视剧中担任制片人。这些剧目，均成当年的热播剧集，使儒意影业的资产在几年之内持续翻倍，委实可喜！

之所以如此成功，正如柯利明所说的，"有机遇也有风险。机遇在于，畅销意味着有故事基础、话题性、受众面，但要将它加工成剧本，仅仅是引发热议，还是太单薄。它需要后期制作、创作，通过演员的表演来不断加深它的深度。就像蓝莓酒，不是说你把蓝莓放进水里就可以泡出来的，你需要加工，否则再好的蓝莓和水，都没用"。柯利明虽为影视界的后起之势，但对作品走势的分析，却如此精当，令业界大佬为之赞叹。如美国派拉蒙影业公司的总裁派拉蒙，曾对柯利明有过这样的评价："他是少有的具有广阔视野和思维的中国 80 后制片人。"

身为制片人的柯利明，也是业界认可的电影营销专家。2012 年，他力主国内名演赵薇担任《致青春》的导演。此片，排名内地影史观影人次第 5 位。尤为可喜的是，由此引发了媒体、观众怀念青春的风潮，而且风势不减。结果，《致青春》票房达到了 7.26 亿元；而 2014 年的《老男孩之猛龙过江》票房超 2.1 亿元；《小时代 3》票房接近 6 亿元。毫无疑问，柯利明所策划的影视的命中率，几乎达到了百分之百。这种收益态势，实属罕见。

而又一具有突破性的电视剧，则是《北平无战事》。2014 年 10 月 6 日，此剧由北京卫视黄金时段开始首播。此剧本，被业界誉为"中国历史剧高峰之作"，即由历史学者、国家一级编剧刘和平创作；此剧演出阵容，也被誉为"电视剧圈的皇家马德里"（似如皇家马德里足球俱乐部，它拥有众多世界球星），即此片集结了七大影视帝。2015 年他投资的《琅琊榜》、《芈月传》在东方卫视、北京卫视播出后，获得了众多观众喜爱，网络关注度不断攀升，也是人们茶余饭后的话题之一。掐指算来，这家立牌才 8 年的影视公司，经营的历史这么短，如今竟然已被上市公司天神娱乐估值高达 27 亿元。[3] 也因此，今年才 35 岁的他，已成为身家 10 亿元的亿万富翁，你说，能不令业界刮目相看吗?!

不可回避，相对影视，以前的柯利明是个令人大跌眼镜的门外汉，所以他自然要付出更多精力。对于他来说，最好的休息莫过于思想荡漾，以利决策，不使儒意影业这艘大船触礁搁浅。

从一个海龟金融学硕士，到入门的影视界新手，再到产创的影视火了起来，有口皆碑的赞赏，可以说柯利明成功逆袭！对职业选择，他说"不管你做什么，你一定要喜欢"；对失败和挫折，他说："要相信天无绝人之路，成功就在拐角处。""拐角处"，就是让你处在困境时，换一种思维去探究问题，可能会使事情转机、抑或呈现"柳暗花明"之景。无疑，他是一匹闯入我国影视业的黑马，冉冉升起的影视操盘手。

"我感谢嘲笑我的人"，因我被嘲笑出了奇迹

英国诗人约翰·德莱顿说过："织布工的后代与帝王的后代一样，也能创造出奇迹"。现实生活中，每天都会出现一些新的奇迹，往往嘲笑、戏言也变成了真实。

西班牙的马德里市，有一家摩托车厂，马尼尔·托雷斯是这个厂的喷漆工人。有一天，马尼尔正在给摩托车外壳喷漆时，被来车间的厂长看见了，看他工作挺专注的，就夸了他几句，他却连喷嘴都没有关闭就转过身去，刹那间，红油漆喷到了厂长白衬衫上，厂长被弄得哭笑不得，大家也笑得不得了。3 年后，厂里决定举办一个庆典活动，建议员工们都带着自己的爱人，一起来参加此次活动。为此，他陪着妻子在城里走了多家服装店，最后总算挑到了一件令他们满意的外套。但到参加庆典时才发现，一位厂里女车间主任这天的着装，竟然和马尼尔妻子的着装，毫无二致，真的让人叫绝！于是，这位女主任瞟了几眼马尼尔的妻子，就对马尼尔说："你不是会喷衣服吗（指喷厂长白衬衫）？为什么不给你妻子喷一件独一无二的衣服呢?"女主任的这番话，惹得大家哈哈大笑！也刺痛了马尼尔

的心。

这时，马尼尔和妻子羞愧得说不出话来，悻悻地离开了。返回的路上，马尼尔咀嚼着车间女主任的那句话，灵光一闪，思维顿时发生了变化：倘若真能发明一种"喷罐面料"，将会如何呢？思来想去，最后打定了主意。翌日，他来到工厂，与厂长说辞职的事儿，理由嘛，就是"我要回家研究用喷漆的方式制作衣服！"厂长听后，被他的这个主意逗得前仰后合，认为"这简直太荒谬了！"但他去意已定，难以左右，厂长也只能批准。

辞职以后，马尼尔把大部分时间都用来查阅各类资料、书刊上。并且，他开始频繁地拜访许多大学的化学教授、走访时装设计师，希冀能发明出一种既能速干、又廉价的无纺布料，制作出来后，能像皮肤一样合身，而且绝不会出现雷同的衣服。同时，他尝试着把棉纤维、塑胶聚合物与可溶解化学成分的溶剂组合在一起。经过数次试验，他终于发明出不需一针一线编织或缝合，也能够结合在一起的面料。即便如此，他也没有停下研究和实验的脚步，以致他从天然纤维到合成纤维，从基色到荧光色，研发出了花样繁多、质地优良的面料。

一天，马尼尔请来一位模特，首先让她戴上防护眼镜，然后将喷嘴对准她身体一喷，一件纯白色 T 恤，就穿在了这位模特的身上；如果你担心纯白 T 恤略显过时的话，那么还可以给 T 恤喷上其他的颜色。当然，喷好的衣服也能脱下来清洗，晾干后再次穿到你的身上。此外，他还充分发挥自己的想象力，喷制出连衣裙、裤子、帽子等，再也不必担心衣服不合身或者"雷同衫"了。甚至，还可以把面料再次溶解，重新做成其他款式的衣服，技术掌握在自己手中。

2010 年，马尼尔向政府申请了这项专利。获得专利权后，他成立了"喷罐面料有限公司"，致力于科技和设计的交叉学科研究，时装界更是把这种"喷罐制衣"称作是面料与时装界的"奇迹"，争先恐后与他签订长期合作协议，以生产出"喷罐制衣"。

对此，在 2010 年 9 月 23 日的产品发布会上，马尼尔直截了当地说："如果说这是一个奇迹，那就是一个被嘲笑出来的奇迹，我感谢曾经嘲笑我的每一个人！"从中可见，这时马尼尔已经将"嘲笑"上升到了哲理，即被人嘲笑系为催人奋进的重要元素，它会使你将自己业已认定的目标，经过不遗余力的努力变成现实。

马尼尔被人嘲笑，创造出了奇迹。而以退为进、以屈求伸，也会成功。之因，《易·系辞下》上曾曰："尺蠖之屈，以求信也；龙蛇之蛰，以存身也。"意思是说，尺蠖这种小虫子身体弯曲起来，目的是为了伸长；龙蛇这样的事物，身体是要蛰伏起来的，为的是可以继续生存。尺蠖今天的"屈"，正是为了明天的"伸"。应该说，屈中有退，退中有忍，忍中有容，容中有智。例如，春秋末年越国国君勾践，被吴军败于夫椒，被迫向吴求和；不仅如此，勾践还屈身给吴王当车夫，为吴王送茶送饭、端屎端尿，由于获得吴王信任，才得以释放。勾践返国后，重用范蠡、文种，发奋练兵，最终打败吴国，实现了洗辱复国的愿望。倘若勾践没有选择"屈"的话，还能有"三千越甲可吞吴"的光耀吗？显然不能！所以，屈服并不等同于软弱，而是一种人生之道，暂时的屈服不会使人成为懦夫，而会使人成为真正的强者。

所以，在攻取条件不具备、时机不成熟的情况下，必须拓展自己的思维领域，要从长计议，在持久中积蓄力量，耐心等待时机的到来。只要确定的努力方向对头，即便于等待的过程中走点弯路，也是值得的。所以，以退为进既是一个成功者必备的素质，也是处世哲学中最为高明的办法。对此，我们理应练就这方面的功夫。

思维方式决定你的做事方式，因而要想不断取得进步，就必须摆脱思维定式的束缚，随着事物的变化、而变换自己思维的角度，以获得新颖独到的见解，以便尽快走出困境。

当人们在工作和生活中，一听到"歪门邪道"这个词儿，就持贬义之态度。字典对此词儿的解释，其基本释义为，指不正当的门径。但如果从正面意义上去理解此词儿，它则含有"独出心裁"、"独辟蹊径"的意思。可见，字典非为单一的释义。

北京大学毕业生陈生从事杀猪行当已 9 年了，身家已超过 100 个亿。媒体人曾探访过他成功的秘诀？他说，"自己只不过是比别人做事的方式更灵活"，并坦诚表白"别学我，我那些都是歪门邪道"。而事实上呢，他却"邪"出了 100 多个亿，思维独特吧！

有一天，下海后的陈生在农贸市场转悠，他发现国内猪肉没有品牌。他说，"于是开始尝试做中高端品牌猪肉壹号土猪"。现在，壹号土猪进入北京、上海、广州、深圳有近 1000 个网点，年销售 30 多万头。陈生曾被评为"广东十大经济风云人物"。在母校"北大职业素养大讲堂"演讲中，他说："演员不仅有漂亮的，还有长得不好看的丑角，我们就是北大的丑角。我们没自杀、没跳楼、没出国，我们是正面的。"又说："北大学生可以做国家主席，可以做科学家，也可以卖猪肉……职业没有高低贵贱之分，只是安身立命的行当，我一看猪肉就知道好不好吃，这是我的优势。"你看，在职业选择上，他的思维多么分明、多么有说服力。其实，现在的陈生并非什么北大的丑角，而是校友、许多创业者的崇拜偶像！因为他的超前思维、高质量的经营，实乃令人钦佩！

生产策划中，陈生针对学生、部队等不同人群，选择不同的农户，提出不同的饲养要求，如为部队定制的猪可以肥一点，学生吃的可以瘦一点，为那些精英人士定制的肉猪，每天喂中草药。即使是卖猪肉，他也要卖得和别人不一样，将"歪门邪道"进行到底！

对于身家百亿的释义，陈生说："这只是个数字，我还是睡 2 米的床，吃得比以前更清淡。"他真的深谙了"大厦千间，夜眠七尺；珍馐百味，无非一餐"的古训。他说："我是从农村出来的孩子，我最希望的是，通过构建村民别墅和养猪产业，为家乡实现自主造血的功能。"于是，他在家乡广东湛江官湖村，投入了 2 亿多元，修建别墅和建设猪场，并免费送给村民居住，为乡亲提供猪苗和猪栏来致富。他说，"一共 220 多户乡亲，1000 多口人，平均每户一年能赚 10 万元，真的是改善了他们的生活"。[4]

走到今天，陈生已是拥有数千名员工的广州天地食品集团的董事长，身家 100 亿元的富翁。在商海沉浮的这些年，能够生存，获得成功，他靠的是领先别人的思维，即亦被他释义为"歪门邪道"。他的这种思维，也就是立身处世中的标新立异吧！

实际上，任何事情都不是一成不变的，因而，你就要用变化的眼光、以独辟蹊径的思维去看待和把握一切，你才会获得新生！盲目跟随，那样将永远落后于他人。

亚历山大大帝，即亚历山大三世，马其顿帝国国王，著名的军事家、政治家。他从小兴趣广泛又聪明勇敢。父亲为他聘请的老师，系为最博学的著名哲学家亚里士多德。

公元前233年的冬季，马其顿亚历山大大帝，亲自统率大军进攻亚细亚。当他的大军抵达亚细亚的弗尼吉亚城时，他便听说城里有个众所周知的预言，那就是："在几百年之前，弗尼吉亚城的戈迪亚斯王，在其牛车上系了一个复杂的绳结，并且庄严宣告谁能解开它，谁就会成为亚细亚王。"从宣布的当天开始，每年都有无数的人，前来看戈迪亚斯所打的结子，许多人琢磨来琢磨去，就是打不开。不仅如此，各国的武士和王子也都来试解这个结，但他们却连绳头都找不到，更不知从何处着手，怎能打开此结！难度可想而知。

亚历山大了解了此事的来龙去脉后，对这个预言非常感兴趣。于是，他命人带他去看这个神秘之结。还好，这个结尚完好地保存在朱庇特神庙里。在这个庙里，亚历山大仔细地观察着这个结，但却始终没有找到绳头。怎么办呢？突然，他转换了另一种思维方式，即："我为什么不用自己的方式来打开这个绳结呢？"于是，他拔出利剑来，一剑把绳结劈成两半，这个保留了数百载的难解之结，就这样轻易地被他解开了。

从中可见，如果你没有创造性的思维，那么生活之树就会枯萎、生活之泉就会干枯。如果你对新事物敏感、好奇，那么就会具有回避老一套解决问题的强烈愿望了。

罗森塔尔的一句话，改变了 18 名学生的命运

1968 年，美国著名心理学家罗伯特·罗森塔尔，曾经做过"期望效应"的试验，考察了一个十分普通的中学班级。临走时，他兴奋地告诉班主任纳·林朗："你们班有 18 名学生很有培养前途，将来可能会超越其他的学生。"罗森塔尔的话，林朗心领神会。此后，林朗对这 18 名学生特别地关心，尽量发现他们的优点并及时鼓励。高中毕业时，罗森塔尔曾点到的这 18 名学生，都分别地考入了重点大学，师生欢欣鼓舞。当罗森塔尔再一次来到这所学校时，他便真切地告诉林朗，那次他只是随便地点了 18 名学生，并没有对他们做过实际考察，是您对学生的满腔热忱、充分信任才产生了今天的效应。显见，罗森塔尔对林朗、林朗对这 18 名学生的积极期望的思维，有效地激励了彼此的心理与智力，促使他们的潜能得到了最大限度的发挥，从而改变了 18 名学生的命运。

如果给你传递激励的期望，就能够改变你的命运；如果给你传递悲观的期望的话，那么就会粉碎你内心美好的梦想。现实生活和工作中，我们必须以这样的思维方式去应对。

传说，有一群山羊举办了一场攀爬比赛，比赛的终点是 18 米高的、并不陡峭的木质结构塔的塔顶。发令后，一大群山羊围着木塔看比赛，给参赛的山羊们加油。其实，围观的这群山羊并不相信有哪只能到达终点，所以纷纷议论："这太难了！它们肯定爬不到塔顶！"听到这些议论，一只接一只的山羊开始泄气了，只有几只情绪高涨的山羊还在往上爬呢。爬了一阵子，看比赛的山羊群还在喊着："这太难了！没有谁能爬上顶的！"于是，不少山羊累坏了，随之退出了比赛。但只有一只山羊仍在往上爬，毫不在乎周围的山羊议论什么。最后，所有的山羊都退出了比赛，惟有这只山羊到达塔顶，成为胜利者！参赛的山羊都想知道，它哪来那么大的力气跑完全程？结果发现，那只爬到塔顶的山羊竟然是个聋子。所以，当有人打击你、给你泄气时，你要把自己变成"聋子"，对悲观的声音充耳不闻。

而生活中，如果我们及时传递激励的期望，那么会使人向好的方向发展。告诉他你认为他很棒，他的表现肯定会超过你的想象。所以，一句话可以彻底改变一个人的命运。

戴尔·卡耐基，被世人誉为 20 世纪最伟大的心灵导师、成功学大师、美国现代成人教育之父。1936 年，他出版的著作《人性的弱点》一书，虽然已经 80 年了，但此书一直被西方世界看作社交技巧的圣经之一，在我国也被数次再版，有着可观的读者群。

然而，你可曾知道，卡耐基成长成才，与继母说过的一句话，也是密切相关的。

卡耐基小的时候，父亲经营一个很小的农场。由于家里非常穷，他营养不良，非常瘦小、体弱，但却长着一对大耳朵，让人一看挺扎眼的。在小学读书时，他可不是一盏"省油的灯"，因为调皮捣蛋，搞过几次恶作剧，差点被学校开除。一次，班里有个名叫山姆·怀特的同学，与卡耐基发生了激烈的争吵，愤怒之下，卡耐基说了几句很刻薄的话，怀特非常恼怒，于是，他就恐吓卡耐基，扬言："总有一天，我要剪断你那双讨厌的大耳朵！"卡耐基吓坏了，接连几个晚上都睡不好觉，生怕睡熟时被怀特下了毒手。卡耐基成名之后，也没有忘记怀特，并深有感触地说："要想别人对你友善……那就绝不能去触动别人心灵的伤疤。"

就在卡耐基 9 岁时，他的父亲把继母娶到了家里。实际上，继母的家庭条件比卡耐基家境好得多。继母来的当天，他的父亲一边向他继母介绍卡耐基，一边说："亲爱的，希望你注意这个全社区最坏的男孩，他可让我头疼死了，说不定会在明天早晨之前，就拿石头扔向你，或者做出别的什么坏事，总之让你防不胜防。"但完全出乎卡耐基的意料，继母微笑着走到他的面前，用手怜爱地抚摸着卡耐基的头。然后，她以思维的新视角，看着丈夫说："你错了，他不是全社区最坏的男孩，而是最聪明但还没有找到发泄热忱的地方的男孩。"[5] 继母的这句话，直说得卡耐基心里热乎乎的，眼泪都要滚落下来了。

可以说，就是凭着继母的这一句话，卡耐基与继母建立起了真挚的友谊。也就是这一句话，成为激励他的一种动力，使他日后创造了成功的"28 项黄金法则"（是一本教人成功的法则，计 28 项），帮助了、成就了千千万万的普通人，从此走上了成功、走上了致富的光明大道，非常令人欣慰。当然，这句话也改变了卡耐基的命运。

当卡耐基 14 岁时，继母给他买了一部二手打字机，并对他说，相信他会成为一位作家。因此，卡耐基将其视为珍贵礼物，郑重地接受了继母的愿望，从而不断向当地的一家报纸投稿。同时，他继母的热忱、勤劳，也在逐步改变了他们的家境，生活上改善了许多。

1906年，卡耐基以一篇《童年的记忆》为题的演说，获得了勒伯第青年演说家奖。这是他第一次的成功尝试，这份讲稿至今还存在瓦伦斯堡州立师范学院的校志里，供人们品评。6年后。卡耐基在纽约开办了他的第一期公共演讲课，从此卡耐基教程：一项伟大的事业诞生了。

来自继母的这股热力，激发了卡耐基的想象力、创造力，他写的《沟通的艺术》、《人性的弱点》、《人性的优点》、《人性的光辉》、《美好的人生》等作品，接踵出版，研究成果极为丰厚，令世人赞赏不绝，被誉为20世纪最伟大的心灵导师和成功学大师。

一句话，可以毁掉一个人的信心，甚至破灭他对生存的希望；但一句话，也可以鼓励一个人从失落中走出来，激发他无穷的潜能，并以新视角去认识自己，从此改变他的人生轨迹。

让斯塔克吃不了兜着走，
结果他兜走 350 万美元

1886 年，金属铸造的自由女神像落成，耸立在纽约港附近的自由岛上，每年吸引数以百万计的各地游客。1974 年，自由女神铜像翻新后，现场存有 200 吨废料，难以处理。为此，美国政府向社会广泛招标，以尽快腾出供游客参观的空间。但几个月后，国内仍无人问津。这时，犹太商人斯塔克获悉后，立即从巴黎飞往纽约。他看过女神像下堆积如山的废旧铜块、螺丝和木料后，一切都"明白了"，没有提出任何条件，当即签下招标合同。因为，斯塔克却以另一种思维看待这堆垃圾，认为他在不触犯美国政府规定的前提下，可以将这些废物利用、变成财富。

即便如此，斯塔克的举动仍令纽约商人们纷纷嘲笑。因为，当地政府对垃圾处理有苛刻之规定；弄得不好，还会受到环保组织的法律起诉。

然而，就在大家等着看斯塔克"吃不了兜着走"的笑话时，斯塔克却有序地开始了清理工程，即组织工人将废料进行分类整理：第一步，把废铜熔化后铸成小自由女神像，并用水泥块和废木料做底座；第二步，把废铅、废铝加工成纽约广场图案的钥匙形饰物，让大家任意选购；第三步，他把从自由女神像身上扫下的灰尘也包了起来，准备出售给花店使用，以示"名牌"纪念。结果，在不到 3 个月的时间内，斯塔克将一堆本来无人问津的、难以处理的垃圾，经过一番折腾，化腐朽为神奇了。把那些"100%自由女神像纪念品"销往纽约之外，有的甚至畅销世界各地，让一堆废料变成了 350 万美元的现金。[6] 斯塔克此举，够厉害的吧！

生活之中，对我有用的东西，可对你却不一定有用，反之亦然。因而，你就要养成具有创造力的习惯。而且，要逐步摸索，在一天中的什么时候，你是最具有创造力的；同时，还要心里有数，即哪些事儿能够燃起你的创造力？

在欧洲，1880 年的一天，保险业务员艾奇逊·沃特曼从好几位竞争者中为所在公司拉到的一笔生意，定于当天跟客户签约。客户如约而至，对他准备好的合同也没生疑问。

然而，当沃特曼递上一瓶墨水和一支当时使用的鹅毛笔，请对方在合同上签字时，不料从笔尖滴下几滴墨水，把合同给弄脏了（关键的字句被染得模糊不清，实难辨认）。沃特曼只好让客户稍等片刻，自己跑回公司再取一份合同。可是，就在客户等他的过程中，却被另一家公司的业务员乘机撬走了这笔生意。这件事儿，沃特曼非常沮丧。但他的思维方法，与别人不同在：不恨抢走自己生意的同行，而是以其超强的洞察力，把矛头指向那支鹅毛笔上，找它"算账"！

沃特曼认为，欲摆脱心理阴影，惟有创造。经过努力，他在墨水囊和笔尖加入一根硬橡胶，在上面钻一条头发丝般粗细的通道，并在墨水囊中放进了少量的空气，使内部的气压与外面平衡。这样，在笔嘴受到压力时，墨水就会徐徐不断地流到笔尖了，有效地解决了墨水的突然滴漏问题。两年后，沃特曼发明的这款自来水笔，开始在全世界流行起来，他也完成了从保险业务员到惠利全球的钢笔制造者的华美转身，获利丰厚。

实际上，那些创新者、受益者，并不一定是学历最高、最勤快的人，而是那些肯动脑筋、突破常规的人。所以，在困难险阻面前，切不可与自己说"那样是不可能的"之类的话。在当今科技飞速发展的社会，数不尽的事情是没啥不可能的。

沈阳市有个叫王洪怀的人，职业是捡破烂的。有一天，他思路大开：我收一个易拉罐，才能赚几分钱，如果把它熔化了，作为金属材料卖的话，能不能多卖些钱呢？于是，他就把一个空罐剪碎，装进一个钢制小盒子里，然后熔化成指甲大小的银灰色金属，花了600元在有色金属研究所做了化验，化验的结果呢，确认这是一种很贵重的铝镁合金！据悉，当时市场上的铝锭价格，每吨在1.4万元至1.8万元之间，每个空易拉罐重18.5克，5.4万个就是1吨，这样计算下来，卖熔化后的材料比直接卖易拉罐要多赚六七倍钱。为此，他把回收价格从每个几分钱提高到每个一角四分，又将回收价格以及指定收购点印在卡片上，向捡破烂的同行散发，由此使回收量大增。随即，他开办了一个金属再生加工厂。一年内，加工厂用空易拉罐炼出了240多吨铝锭，3年内，赚了270万元。当然，他也就从一个捡破烂的一跃而成为百万富翁了。你看，他能从"不起眼"的行业中看到了商机，将"捡破烂"化作为"改造破烂"；他能摆脱"小家子气"，即舍得拿出那来之不易的600元作化验费，以测试自己的"奇想"；他很有气魄——既然赚钱，马上提高易拉罐回收价格、马上办起了金属再生加工厂。此事，他思维转变得如此之快，真的令人赞佩！

　　智慧是生命的源泉，思维则是人生的明灯。在激烈的社会竞争中，有些人能够脱颖而出，取得非凡的成就；而有些人，却迷失了方向，无所作为，耗费宝贵的时光。所以，思维方式这盏"明灯"，对人生事业之成败，真的太关键了。

1%的机会，"站在台风口，一头猪都能飞起来"

小米科技创始人、董事长雷军说过："成功是 99% 的汗水加 1% 的灵感，这是爱迪生的话，但我要告诉你们，1% 的灵感远远大于 99% 的汗水，1% 更重要"。紧接着，他说，"这 1% 的机会和运气，就是站在台风口，一头猪都能飞起来"。当然，必须"要找最有可能有台风口的地方，做一头会借力的猪"。[7] 正因为小米手机借助社交媒体营销、借助移动互联网的大势，2013 年上半年业绩超去年全年，销售额已经达到 132.7 亿元。2017 年 7 月，小米第二季度手机出货量达到 2316 万台，环比增长 70%，创造了季度手机出货量的新纪录。所以，无论是单位或个人发展中，必须注重借力使力。

古人云："智者，当借力而行。"如《伍子胥列传》所载："不如奔他国，借力以雪父之耻。"这是因为，一个人不管他的能耐有多么大，但事实上，他的智慧和才能都是有限的。这里，小米公司董事长雷军所说的"这 1% 的机会和运气"，实际上也就是"借力"的正确思维。史上那些成功者都善于借力，为他们的成功铺平道路，一路前行。

著名学者、翻译家辜鸿铭，精通英、法、德、拉丁、希腊、马来亚等9种语言，并且，翻译了中国的《论语》、《中庸》和《大学》，还著有《中国的牛津运动》、《中国人的精神》等英文书，创获甚巨，被称为"东方华学的中国第一人"。西方人曾流传过一句话：到中国可以不看东方三大殿（太和殿、大成殿、天贶殿），但不可不看辜鸿铭。

辜鸿铭如此智慧，其实是在借家庭、橡胶园主之力。处在青少年时期的他，或许没有意识到自己在借家庭背景之力，但事实就在那儿摆着呢，谁也否认不了。

辜鸿铭的祖籍是中国的福建，但他生于马来西亚的槟城州。他的父亲辜紫云是英国人经营的橡胶园的总管，能够讲英语、马来语；他的母亲则是一位金发碧眼的西洋人，能够讲一口流利的英语和葡萄牙语。在这种家庭环境下成长起来的他，自幼就对语言有着出奇的理解力和记忆力。而没有子女的橡胶园主布朗先生（英国人），也非常喜欢他，并将其收为义子，自幼让他大量阅读莎士比亚、培根等名家的作品。当今的话，叫"文学滋养"。

正因如此，辜鸿铭能言善辩，语言功力十足，处处体现着他的机智与幽默。

辜鸿铭10岁那年，跟随义父母布朗夫妇到了英国的伦敦。行前，他依照父亲的交代，在伦敦也要始终穿着长衫马褂，要留着小辫子，要永远记住自己是一个中国人。有一天，他坐在电车上看伦敦出版的《泰晤士报》，几个同车的英国人觉得挺好玩，就侮辱他，但他不理睬那几个英国人，干脆就把报纸掉头来看。见此，那几个英国人兴致更浓了，说："你们看，那个中国小子连英文字母都不认得，还看什么报纸？"这下可把辜鸿铭给惹火了，于是，他就用纯正娴熟的英语把报纸上整段文章念了出来，然后说："你们英文才 26 个字母，太简单，我要是不倒着看，那就一点意思都没有啦！"那几个英国人一听都傻眼了，真的遇到茬子了，赶紧灰溜溜地跑掉了。

辜鸿铭很重视维护中国儒家学说的传统价值，所以在不同场合的辩论中，决不让步。1893 年，辜鸿铭在协助湖广总督张之洞筹备铸币厂时，有一天铸币厂的外国专家联合请他吃饭，只因大家对他都很尊重，所以，也就以宴请的方式表达。宴会一开始，大家都推他坐首席，他也就不推辞了。酒杯交错之中，有一个外国人问他："你能否给我们讲讲贵国孔子之道有何好处啊？"他立即回道："刚才大家推我坐首席，这就是行孔子之教。如果今天大家都像你们西方所提倡的竞争，大家抢坐首席，以优胜劣败为主，我看这顿饭大家都吃不成了，这就是孔学的好处！"[8] 在座的人，无言以对，因为他说得在理儿呀。辜鸿铭在北京大学讲授拉丁文等功课，第一次去上课、当他梳着小辫走进课堂时，学生们一片哄堂大笑，但他却平静地说："我头上的辫子是有形的，你们心中的辫子却是无形的。"听罢，室内的北大学生一片静默。他继续说："我的辫子是有形的，可以剪掉，然而诸位同学脑袋里的辫子，就不是那么好剪的啦。"无疑，这话充满着哲理，狂傲的北大学生们，再也不敢挑刺了。

甲午战争后，日本特使伊藤博文到中国漫游，辜鸿铭送给他一本新出版的《论语》英译本。他知道辜鸿铭是中国保守派中的先锋，便调侃道："听说你精通西洋学术，难道还不清楚孔子之教能行于两千多年前，却不能行于 20 世纪的今天吗？"辜鸿铭毫不让步，见招拆招，回答道："孔子教人的方法，就好比数学家的加减乘除，在数千年前，其法是三三得九，如今 20 世纪，其法仍然是三三得九，并不会三三得八。"[9] 伊藤博文目瞪口呆，无词以对。

上述可见，倘若辜鸿铭不借父母、家庭环境之力，不借英国义父义母之力，不借幼年所读的外国作品之力，他后来能有在语言和翻译上的丰厚成果吗？显然不能。因为，青少年时期学业上的打基础至关重要。可以想象，那个年代的工农家子弟，父母斗大的字都认识不了几个，怎么去教授知识和影响孩子？当然，此议也并非否定他主观上的执着上进。

应该说，凡事不能只靠自己，学会适时地借助他人的力量，这是一种思维方式、也是一种智慧、更是一种能量。常言道："一个人，一人知，一人行，可谓独断专行；二人事，二人知，二人行，可谓合作无间；大家事，大家知，大家行，可谓众志成城。"

英国大英图书馆（亦译作不列颠图书馆），是世界上最大的图书馆之一。据统计，里面拥有超过一亿五千万件馆藏，包括期刊、报纸、剧本、专利、图画等。有一次，大英图书馆要搬家，也就是从旧图书馆搬迁到新图书馆去。结果一算账，搬运费需要几百万元，而事实上，该馆根本就没有那么多钱。怎么办呢？这时，有位采购部经理思维挺活跃的，他给图书馆领导想出了个主意……随后，图书馆在报上登载了一则广告，上面写着：从即日开始，每个市民可以免费从大英图书馆借 10 本图书。随即，许多市民蜂拥而至，没过几天，就把图书馆的书借光了。书借出去了，那么怎么还呢？这又是个问题呀！此广告同时言明，让大家给我还到新图书馆来。就这样，图书馆借用大家的力量搬了一次家。此事，我们也可以理解为"四两拨千斤"。如果你能发现自己的"四两之力"（图书），并且敢于把"四两之力"用出去（免费借阅），一切就都不成问题了。所以给予（借给你图书看），有时也是一种借力。

经商过程中，下游渠道可以说是经销商的无形财富。因而，经销商还要善于借助客户的人财物来发展自己的生意。记得在一个培训会上，有一位经销商老板，给大家介绍了他的成功之道。他是某地一个方面公司的经销商，最开始资金实力并不是很充足，但他具有活性思维的特点，终于找到了一个好办法。这就是，在每年的销售旺季，即春节、麦收、中秋节时，他总会举行大型的订货会。如此计算下来，每次订货会收款都在百万元以上，而他就是借助这些客户的款项，由此，不仅方便了自己经营的资金周转，还获得了厂家的优惠政策。几年下来，这位经销商老板手上资金充裕得很，公司发展速度也远超他人。这位老板够智慧的吧?!

所以，如果你是经销商的话，要想把生意做大做强，只靠自己力量是不够的，必须要善于借力使力，即向上借助厂家之力，向下借助渠道之力。如此，才能纵横捭阖，拥有更大的腾挪空间，才能充分地调动一切可以调动的资源，不断地向更高的发展阶段迈进。

虽为"蓝领专家"，也能主持技术创新 200 余项

为了寻找心里需要的东西，詹姆斯·卡梅隆，不惜中断学业，成了蓝领工人；然而，他执着的追求，成就了一番大业、成了令人仰慕的"世界电影之王"。

卡梅隆系为好莱坞电影导演、编剧，代表作品《泰坦尼克号》、《终结者》、《异形Ⅱ》、《阿凡达》，荣获过奥斯卡最佳导演奖、金球奖最佳导演奖等大奖。

卡梅隆中学毕业后，被加利福尼亚州立大学的物理系录取了。然而，不久他的思维就发生了变化，即对大学的课程感到失望，决定离校寻觅自己想要的东西。辍学后，他干过机械修理工，更多的是给别人开大卡车，成了地道的蓝领工人。而事实上，促使他思维转变、对当电影导演生成浓厚兴趣的，则是一部科幻影片——《星球大战》（导演是乔治·卢卡斯）。看后，他兴奋地意识到，这就是自己心里想要创造的东西。也由此，开始确立了他的人生方向。此后，对这块从未涉足的领域开始探索，首先就是到处寻找机会接触电影、接触电影人。

1981 年，卡梅隆的处女作《食人鱼 2：繁殖》问世。4 年后，他的第一部自编自导的影片《终结者》上映，不仅赢得了 3600 万美元的国内票房，同时也获得了影迷和评论界的一致好评，这使他备受鼓舞，充满自信。因为，他的作品富有想像力，观众看后挺开阔思路的，周围也就聚集了许多"粉丝"。此外，他与不少导演的不同之处，在于从不为了票房曲意迎合观众的口味，而是不顾一切地制作出心目中理想的电影。2009 年 12 月 18 日，他执导的科幻电影《阿凡达》横空出世。据称，此片中的 3000 个特技镜头，平均每个镜头他都要看上 20 遍，以保证每个镜头的完美，他称此片是他呕心沥血的作品，片中连续 20 分钟的特效镜头"耗尽了他 14 年的心血"，此片全球总票房超过 27 亿美元（打破全球票房纪录）。

在执导、拍摄《泰坦尼克号》时，卡梅隆追求完美的个性达到了极致，也因此，使得他在片场获得了专横的"暴君"称号。同时，他还威胁此片的制片人，要是不让他按自己的预算、自己的想法拍某场戏的话，他就立即去自杀。拍摄过程中，遇到了难以想象的困难，使他几乎到了崩溃的边缘。但他仍然坚持着，并喊出豪言壮语："泰坦尼克号可以沉，影片《泰坦尼克号》不可沉！"由此可见，他对执导、拍摄的影片，是多么的执着。此片，在国内票房达到了 6 亿美元，全球票房达到了 18 亿美元，成为有史以来最卖座的影片，同时还夺得 11 项奥斯卡大奖。在颁奖晚会上，获得最佳导演奖的他近乎疯狂地举起"小金人"，大声说出片中的著名台词："我是世界之王！"迄今为止，不算《阿凡达》，他已在北美市场获利 13 亿美元，在全球获利 35 亿美元。[10] 这等收入，令人叫绝！

由于思维的转变，卡梅隆由蓝领工人而成为"世界电影之王"；孔祥瑞思维转变后，不懈努力，成为"蓝领专家"，主持技术创新200余项，获得全国优秀科技工作者殊荣。

1972年，初中毕业、年仅17岁的孔祥瑞，被分配到天津港码头当工人。后来有几次去大学深造的机会，他都因岗位离不开放弃了。但他有自己的成才思维，他说："生产实践这个大课堂，照样培养人。""要把死知识变成活知识，把活知识变成真本事。"在这种思维支配下，孔祥瑞主持开展的技术创新项目200余项，创效过亿元。[11] 其中，多个项目获得国家实用新型专利，成果丰硕，由工人成长为有名的"蓝领专家"，够牛的吧！

专家的产生与毅力，须臾不可离；又何况"蓝领"成长为专家，付出的就更多了。

1999年"七一"下午3点左右，有人测定：天津港码头的作业现场的地面温度，已经达到了40摄氏度。这当儿，一台正在作业的主力门机，却突然短路起火。已在烈日之下晒了一天多的门机，表面热得烫手，难以触摸；当时正冒着浓烟的铁皮机房，温度也已过50摄氏度。面对此状，孔祥瑞心似火燎。告急电话，接踵而来：南方五省电厂电煤告急！国务院急令抢运！显而易见，抢修、抢运，刻不容缓，岂容延误？敏锐的孔祥瑞，当然意识到此事的分量，所以他第一个钻进了烤箱似的机房，随之又冲进来5名工友。

抢修的时间一分一秒地飞逝，汗水湿透了孔祥瑞和工友们的工装、流进了他们的眼眶、嘴角……他们个个挥汗如雨，渴得喉咙直冒烟，体内水分越来越少。他们6个人，竟然喝了5箱矿泉水，却没有一人去厕所。此时，他们在机房喘口儿气都感到困难，于是，孔祥瑞就让工友们轮流出机房喘口气儿。而他却始终坚守在机房内，不停地抢修门机。

抢修一直持续到晚上 11 点，孔祥瑞和工友们整整干了 8 个小时。故障终于排除了，货物装船作业恢复了正常，随之，货运船鸣起了起航的笛声……

当孔祥瑞走出大罐时，才长长地出了一口气，而这时的他，由于体能消耗过大，身体像棉花一样，瘫坐在地上了。

从古至今，恪尽职守、业务精湛是中国劳动人民最宝贵的美德之一，是完成岗位任务的重要前提和可靠保障。在这方面，孔祥瑞不但做到了，而且做得很出色。

有一次，码头上有一台门式起重机的旋转大轴承，发出了不正常的声音。估计缺少润滑或大事故前兆。事态严峻：不拆卸、不检修，这台门机就可能瘫痪；拆卸了，若没有问题，企业会蒙受上百万元损失。怎么办？这时，在场的领导、工友们的目光都集中在了孔祥瑞的身上。他冷静地又听了听响声，毫不迟疑地说："是轴承坏了，必须拆！"根据他的提议，公司请来 900 吨的海上浮吊进行作业。然后，门机上半截被吊了起来，回转大轴承也拆了下来。但回转大轴承正面完好无损，未有异常。大家心想，难道老孔判断有误？他略加沉思，认定是轴承损坏了，要继续查检。紧接着，孔祥瑞冷静地指挥着浮吊将大轴承翻了过来，一看，真相终于大白了，只见正面完好的回转大轴承的背面，滚珠已散落出槽，如果继续使用的话，后果将不堪设想啊！门机故障及时排除了，孔祥瑞"听音断病"的绝活也出了名。

孔祥瑞创新成果非常显著，在于他执着、在于他能不断提升自己的认识。他认为，只要钻研，就一定有收获；只要熟练，就一定能精湛；只要不满足，就一定能创新；只要去追求，就一定会卓越。他有"三必改"的工作原则：影响生产的必改、存在隐患的必改、不便维护保养的必改。

2001 年，天津港"冲击亿吨"吞吐量，任务之重，自不待言。落实到孔祥瑞所在的第六公司，所应承担的作业量，必须达到 2500 万吨；也就是说，18 台门机要比以往多干出三分之一的活。怎么完成呢？经过深思熟虑，孔祥瑞发现门机抓斗放料时，抓斗要先下降进舱，然后打开放料，接着再提升。在打开抓斗放料那一刻，会有一小会儿的停滞，于是，他便琢磨起"停滞"两个字。紧接着，他开始尝试：把抓斗打开放料和车钩提升的两个动作合到一起，让抓斗一边放料、一边提升。这样，也就把操作杆移动轨迹由原来的"十"字形变为"☆"形了。[12] 由此，可以用一个指令控制两个动作，结果同时完成。此项发明，使门机每钩作业节省时间 15.8 秒，如此计算下来，平均每天多干 480 吨的活。此法的实施，第六公司当年超额完成了任务。后来，此项"门机主令器星形操作法"被天津市总工会命名为"孔祥瑞操作法"。这一成功经验，不但在天津市，而且已在全国推广，只因创效显著。

韩愈曰："业精于勤，荒于嬉。"孔祥瑞把自己的学法称为"专学专用"。专学是学跟设备有关的力学、机械原理、液压、电工学、材料等方面知识，弄不懂的问题找技术人员请教；专用是指学到的东西可以全部用于日常的工作，有问题自己能够解决。他认为，自己获国家级发明专利、技术创新项目、发表的论文，都与专学专用有关。为此，他每天把有关资料装在书包里、记在小本上，抽时间背，背完再到设备前对比了解。坚持数载，对所在岗位的各项设备了如指掌，对操作技术参数烂熟于心，成为有名的"门机大王"、"排障能手"。

公司为充分发挥孔祥瑞创新才能和集体智慧，决定成立了"孔祥瑞劳模创新工作室"。4 年来，该工作室共完成了 157 项创新成果，获得专利 10 项，创效千万元。该工作室凭借敬业精神、创新胆识、优异业绩，被评为天津市示范"劳模创新工作室"。

孔祥瑞由工人成长为"蓝领专家"，获得过全国优秀科技工作者、全国十大高技能人才楷模等高层次殊荣，"150 项革新，给国家带来 8000 万元效益"（颁奖词），充分展示了产业工人勤奋学习、执着追求、无私奉献的时代形象。

农家女雅姆尔"弃金营水",获利 6700 万美元

法国小说家巴尔扎克说过:"第一个形容女人像花的是聪明人,第二个再这样形容的人就是傻小子了。"你若不想当"傻小子"、"傻丫头",就要有创造性的思维,就要敢于去实践。

19 世纪中叶,美国加州发现金矿,这个消息迅速发酵,传遍各地。人们认为,这是一个千载难逢的发财良机,于是纷纷打点行囊,匆匆奔赴加州。在这支庞大的淘金队伍中,农家女雅姆尔也在其中。一段时间,加州的淘金人水源奇缺,所处生活十分艰难。大多数人没有淘到金,雅姆尔也没有,心情都很沮丧。不过,细心的雅姆尔却发现远处的山上有水。于是,她转变了原来的想法,即放弃了淘金生意,在山脚下挖沟引渠,积水成塘,囤积备用。然后,她把水装进小木桶,每天跑十几里路去卖水,做起了无本生意,来了个"厨子搬家——另起炉灶"。她的这一举动,引来了淘金队伍中某些人的嘲笑,说她不淘稀有的金子,却去卖廉价的水,"不务正业"、"傻帽"……但她不为所动。许多年过去了,大部分淘金人空手而归,而雅姆尔却获得了 6700 万美元的收益,从而成为当时为数不

多的富人之一。

由于思考，我们才能认识事物内部以及事物之间的联系，即学会对照比较、归纳概括、融会贯通、举一反三。做到了这四点，那就成了"白毛乌鸦——与众不同"！同时，必须保持对未知事物好奇心，做到博学而不浮躁，专注而不死板，这样才能有所创新。

路西欧·方达，是美国当代画家。他在早期创作油画过程中，遇到过一个大的挫折，并于心中留下了一个烙痕，难以挥去。一天，他站在画布前，准备创作。然而，竟然呆呆地望着画布好久，却不知如何下笔，估计十有八九是灵感枯竭了。突然，他丢下了画笔，手持一把刀子，将已铺就的画布用力割破。当画布"嘶"的一声破裂的那一瞬间，他脑海里便闪过一个思维火花："我将画布割破了，应不应该也算作一种创作呢？"然后，他将自己画布都找了出来，一块一块地用刀子割破；而这一割，竟然让他开创出一个新的艺术视野。也由此，使他还举办了一场展览会，从而他就成了当代最具代表性的艺术家之一。从中可见，他就像被苹果打中的牛顿，因为被苹果击中，才会有了惊人的顿悟与成就——发现万有引力。诚然，这只有亲身经历过的人才会明了。

所以说，发现问题是基础，这是解决问题、化解矛盾的根本前提。欲使你的思维敏锐起来，就必须学会发现，哪怕一点蛛丝马迹，你也不要放过它。

有一天，浦衫农场农工卜连宁打扫完马厩后，发现他老婆送他的怀表不见了。于是，他马上又跑回马厩认真寻找了一遍，但还是没有找到，他气馁地走出了马厩。这时，他发现外面有一群孩子在玩。他走过去，向孩子们说："如果你们中有谁能在马厩找到遗失的怀表，谁就能得到5毛钱。"他的话音刚落，孩子们一窝蜂似的跑进马厩里寻找怀表。20多分钟过去了，孩子们走出马厩，都表示没有找到怀表。卜连宁更加失望。

就在这时，一个男孩对卜连宁说："我可以再进去找一次吗？"他答应了这个男孩的要求。也就10分钟左右的工夫，这个男孩走出了马厩，他手里拿的正是卜连宁遗失的怀表，卜连宁很惊讶地问他，你是怎么找到的？男孩回答："我进去之后啥都不做，就只是静静地坐在地上，慢慢地我听到了嘀嗒嘀嗒的声音，于是循着声音我找到了这块怀表……"

从中可见，一个人的思维方式、工作方法，有多么的重要。一个男孩都能琢磨出的有效工作方法，可现实工作中，我们不少工作人员却因操作盲目而失误被罚，令人汗颜！

在经商史上，那些成功者都是思维敏锐、善于把握机会的高手。柳迅禾经营某一总公司，积累的资产已达14亿多了。但说来令人费解，即他只读到小学四年级就不读了，愿意做小买卖生意，老爸老妈也没辙。结果，他的买卖也越做越大，以至做到了今天的这般规模。

有一天，另一建材公司的雷工山，路上与柳迅禾偶遇，得知他生意做得红火，已是身家几十亿的富翁了，就问道："柳总，您的企业做这么大，赚了那么多的钱，您身边的人一定很有文化吧？"柳总回答说："那当然了，我下属的分公司经理、我身边的骨干人才，都是硕士以上的学历。"雷工山对柳总的这句话，没说什么，只是发出一声："啊？……"柳总见雷工山比较惊奇，便解释道："那些有知识的人未必有智慧，这个世界上真正有智慧的人，就能够让有文化的、高学历的人为他们工作。"雷工山又问：

"何以见得你比别人有智慧呢，您能告诉我，您的公司为什么能做到这么大吗？传授一下秘诀呗！"柳总说道："如果我拿不定主意是否要做一个项目时，就会去问身边那些有文化知识、高学历的人，如果他们十有八九说可以做，我就会放弃这样的项目，因为多个人认为可以做的项目，说明这个项目已是个成熟行业，不是最好的机会了；如果也就零星几个人主张做的项目，我就会去做，因为，有创意的、稀缺的项目能盈利嘛！要说秘诀，就这么简单。"你看，柳总经营思维有道吧！

须知，机会不是谁都能看得到的，只有那些思维敏锐、洞察力强的人，才能发现真正的机会，并且善于把握住这些难逢的机会！

诚然，没有或不善于独立思考，也是结不出创新成果、做不出正确决策的。更不可违背规律行事；否则的话，就会闹出天大的笑话，受到规律的惩罚。

说的是，有一家人养了一头母牛，平日里都是每天挤奶，一次性地供一家人自用。一天，这家的主人决定要宴请客人，就想每天挤下一些牛奶积存下来，待到请客的那天牛奶便会丰富些。但又一想，距离请客的那一天，还有一个月的时间呢，倘若将牛奶挤下来放到请客那天，不都变质了吗？如此想来，还不如在牛肚里"储藏"着，到请客时牛奶又多又新鲜，岂不更好！于是，他就这么做了。数日之后，请客的日子来到了，请来的宾客们纷纷入座后。这时，请客的主人便兴冲冲地跑去挤牛奶，结果令他大失所望，一滴牛奶也挤不出来了。

这个故事告诉人们：牛乳分泌奶汁是有自身规律的，人的认识必须符合这个规律。否则，仅凭想当然办事，就是认识上存在片面性，就会犯上面牛主人的错误——"储奶"导致"停奶"。

"只拿六分"利润，的确亏，但却赢利了！

章骏堂是一位年轻的建筑商，做事干练，但摸爬滚打了多年，公司经营得没有什么起色，结果破产了。在那段日子里，他心里很乱，处于迷茫的状态，不断反思经营失败的原因，可怎么也找不到答案。心想，论才智、勤奋、计谋，自己都不比别人差呀，怎么就远离了成功呢？有一天，在百无聊赖之际，他来到街头转悠，经过一家书报亭，顺手买了一份报纸，坐在路边椅子上，就翻看了起来。读着读着，只见报纸上的一段话，直接击中了他的心灵……

即时，章骏堂迅速从椅子上起身，回到家里，把自己关在小屋里，一连思考了好几天、燃起了思维火花，似乎看到了生意重启的前景。

后来，章骏堂用 10000 元为本金，再次杀入商海。这次，他从经营杂货店到创办水泥厂，从包工头到建筑商，一路畅顺，合作伙伴也越来越多。仅仅几年之内，他的资产就突飞猛进到 1 亿元，真乃经商路上的传奇。对此，不少记者追问他东山再起的秘诀，他只透露了四个字："只拿六分。"再追问，他还是说这四个字。又经营了几年，他的资产如滚雪球一般，竟然达到了 100 亿元。一次，章骏堂应邀来到某大学演讲。演讲完，学生们不断提问，问他从 10000 元变成 100 亿元，究竟有啥秘诀在里面？他答："由于我一直坚持少拿两分。"这突如其来的一句话，使学生们听得如坠云雾，分辨不清。见学生们渴望看其成功的眼神，他终于说出一段往事，以揭示这其中的谜底。

章骏堂说，当年在街头看见报上有一篇采访香港富商李嘉诚之子、企业家李泽楷的文章，他读后很受启示，记者问李泽楷："你的父亲李嘉诚究竟教会了你怎样的赚钱秘诀？"李泽楷说："父亲只教了我一些做人处世的道理。"对此回答，记者不信。李泽楷又说："父亲叮嘱过，你和别人合作，假如利润你拿七分公道，八分也可，那我们李家拿六分就可以了。"[13] 讲到此，章骏堂说：我数次看了这段采访，然后，终于弄明白了一个道理，即："精明的最高境界就是厚道。"但很少有人能做得到啊！

琢磨一番，便晓其然：每个人都知道与李嘉诚合作会多获利，所以就有更多的人愿意与他合作。这样一来，固然李家只拿六分，生意却多了一百个，如果拿八分的话，一百个会变成五个。到底哪个更赚钱呢？这个账，谁都会算。紧接着，章骏堂反省般地说：我最初犯下的最大错误，就是过于精明了，总是千方百计地从别人身上多赚钱，以为赚越多，就越成功，结果呢，多赚了眼前，输掉了未来。演讲、回答结束后，他从包里麻利地取出一张泛黄了的报纸，正是采访李泽楷的那张，多年来，他一直收藏着；报纸的空缺处，有一行羊毫书写的小楷字：七分公道，八分也可以，那我只拿六分，他说，这就是 100 亿的出发点。[14] 这也就是那些"赢者"的思维吧！

因而，我们认识任何事物，一个重要的方面，就是要揭示事物之间的内在联系，而这里，自然渗透着辩证思维的重要内容，促使我们于迷茫之中醒悟起来。

如果说，一份报纸燃起了章骏堂思维火花、获利丰厚的话；那么，经商失败的山崎在走投无路之际，视觉引发了他的思维变化，做成了"福神渍"，生意上重新崛起。

日本有位叫山崎的商人，因不堪经商的失败、经不住打击，如丢了魂似的来到了河边，其颓唐的眼睛茫然地望着流动的河水，意欲自尽，以解一了百了之困。这天恰好是该地的丰年祭祀日，河水上面浮着莲藕、生姜、萝卜、丝瓜等生菜，不大一会儿，越积越多。霎时间，山崎突发奇想：让这些蔬菜白白流走，实在太可惜了，该想办法利用起来。原来来此一心想死的他，却猛然涌起非活下来、大干一番不可的念头，心情豁然开朗。于是，山崎脱下了衣服，急忙跳进水里，将所有的蔬菜都拾起来。回家后，他把这些蔬菜切碎，做成酱菜，从此大做起了不要本钱的生意来，可谓"抱着黄连做生意——苦心经营"。由于他的酱菜风味独特，吃过的人都赞不绝口，生意越来越好，因而发了大财。因为，这酱菜使他从死亡的边缘扭转了过来，又带给他幸福和财富，因此命名为"福神渍"（什锦八宝菜）。山崎去世后，他的子孙把酱菜改为罐头装，向全国推销，又经过不断努力，"福神渍"已享誉世界。

所以，当你处在绝境时，不可轻言放弃，开动脑筋，寻觅出路，定能走出绝境。

在旧社会的长工史上，曾有过这么一件事儿：一个长工在寒冷的冬天里，因饥饿难忍，偷吃了地主家的食物，老地主发现后，本想将他乱棒打死，但又不想背上杀人的骂名，于是让人将他衣服扒光，然后将磨坊反锁上，想将他冻死在磨坊里。翌日，眼前的情景令老地主惊吓得说不出话来：长工不仅没有被冻死，反而正挥舞着两只胳膊，冲着自己笑呢，赤裸的身上居然淌着汗……直面此状，老地主只好让人将他放了出来，听其诉说。原来，被罚的长工为了不被冻死，整整推了一夜的石磨。被反锁在磨坊后，他不是没想过逃跑。但又一想，就是能逃出去，外面冰天雪地，也是会冻死的；但也不能睡，睡着了也会被冻死的。我要活下去！不然，家里的父母、老婆和孩子怎么办？再说，如果我死了，家里人苦盼了一年的口粮不就等于白白送给老地主了吗？当他镇定下来后，找到了活下去的途径——推磨，而且"只能如此"。即这个长工在困境中，有着强烈的自救思维，他不走以往的常规路线，创新性地找到了生存下去的方法。

在寒冬中赤裸长工的求生之道，给予我们以深刻的启示：寒冷中，我们只有一个选择——创新，创造自己的"御寒棉衣"。你看，一个长工于危机中，都能形成创造性的思维，而有的人已有相当的文化程度，可于困境中却没辙了，真的"活人让尿憋死"！

因而，当你处在逆境、处在迷茫时，就应该效法"诗仙"李白"天生我材必有用"，点燃你的自信之烛；当你处在受挫时，就应该效法大作家史铁生昂起不屈的头，点燃你的坚强之烛；当你处在浮躁时，就应该效法一代才女林徽因用心吟咏山水人生，点燃你的诗意之烛。

传世经典之作，竟由"写字漂亮"引燃的

工作和生活之中，因为我们少了一些思考，于是多了一些思维上的死角，少了一些创意。其实，很多事情换个思维角度，也许结果就会不同。

曾经有一个无职业的青年，流落到了法国的巴黎，想让父亲的朋友给他找一份工作。拜见后，父亲的朋友就问他："年轻人，你的数学怎么样？"青年摇摇头。然后又问："你的历史、地理怎么样？"青年还是摇摇头。接下来再问："那么你的法律或别的学科呢？"青年垂下了头，仍无言。这时，青年无奈地告诉父亲的朋友，自己一无所长，找不到一点儿优点。于是，父亲的朋友对青年说："那你先把你的住址写下来吧，你是我老朋友的孩子，我总得帮你找一份工作做呀。"青年羞愧得很，急忙写下了住址，就要离开，可父亲的朋友却一把将他拦住，说："年轻人，你的字写得很漂亮嘛，这就是你的优点啊，刚才你怎么没有提到呢？"[15]青年回道："字写得好也算一个优点？"因为，在这位无业青年看来，字写得好是一件无足挂齿的事儿。

青年走出老人家门后，他的思维定式动摇了，心想：父亲的朋友刚才

说得对啊，我的字真的很漂亮；其实，不但我的字漂亮，写文章也是我曾经努力的方向啊，而且中学时我的作文还被老师赞赏过呢，那么我肯定也能把文章写得漂亮……于是，受到初步肯定的青年，便开始把自己的优点筛了出来，并勇敢地放大了。从此，这个青年开始发奋向上。数年后，他就写出了小说《三个火枪手》和《基度山伯爵》，这已被誉为世界文学史上的经典之作。此作者，就是闻名于世的法国著名作家大仲马。自他登上文坛时起到他去世时止，在他40多年的文学生涯中，创作了大量的通俗历史叙事小说，并在这个领域取得了令人瞩目的成就。无疑，他是一位成功者、名副其实的大文豪，后人将他称为"通俗小说之王"。

可以试想，如果大仲马没有把自己写得一手好字的优点放大，仍然沉浸在我啥也不行的心理状态里不能自拔，那么他能成为世界一流的作家吗？显然无望。其实，很多成就卓著人士的成功，首先得益于他们充分了解自己的优点，并以其优点进行定位或重新定位。

如果说大仲马是在父亲的朋友点拨下燃起了思维火花、放大了自己优点的话，那么列夫·托尔斯泰则是在屠格涅夫的鼓励下、顺势放大了自己的优点，成为享誉世界的艺术家。

有一年的秋天，俄国大作家屠格涅夫打猎时，无意间拾到了一本《现代人》杂志。他随手翻了几页，却被里面的一篇"童年"小说吸引了。作者呢，是一个初出茅庐的小字辈，但屠格涅夫却十分看好。于是，他到处打听这篇小说的作者，终于找到了小说作者的姑妈，然后向她表达了对作者的肯定："这位青年人如果能继续写下去，他一定会很有前途。"小说作者从姑妈口里得到了屠格涅夫的鼓励，真是快不可言啊！因为，小说作者当然知道大名鼎鼎的屠格涅夫。其实，这篇"童年"小说，原系作者因为生活苦闷而信笔写出的小说。由于屠格涅夫的欣赏，竟一下子点燃了他心中的火焰，使他找回了人生目标，信心十足。尔后，这个小说作者一发而不可收地写了下去，在出版社接连发表，以至闻名于世界文坛。他就是列夫·托尔斯泰，代表作有《战争与和平》《安娜·卡列尼娜》《复活》，而且被制作成影视传播。对于俄国来说，列夫·托尔斯泰的名字，可谓家喻户晓；对于中国来说，许多人即便说不出他的作品，也知道他是个大文豪。所以，善于发现别人的优点，是一种大智慧、大境界。也就是说，倘若你善于发现别人的优点，那么，你的心胸必然是宽阔的；倘若你总是盯着别人的缺点不放，那么，你的心胸往往是狭隘的。

在我国古代，有一位著名的画家。有一天，他想画出一幅人人见了都喜欢、没有任何歧义的画。打定主意后，他没用多长时间就画出来了。然后，他拿着此画到市场上去展出。摆放下来后，他在画旁放了一支笔，并且附上了说明："每一位观赏者，如果您觉得此画还有需要修改的地方，就请您在相应之处做上记号。"结果呢，让这位著名画家大跌眼镜，因为他发现整个画面竟然被涂满了记号，即没有一笔一画不遭指责。对此，这位画家感到很难理解，心想以自己的画工，怎么也不至于受到这么多批评吧？因此，也就开始怀疑自己的能力了。

不过，这时的这位画家心态，恰如绘画大师唐寅所言："别人笑我太疯癫，我笑他人看不穿。"意即，世俗的人讥笑我疯癫的样子，其实我的内心是已经顿悟了的，只是俗人们不明白罢了。就这样，经过几天的苦思冥想，这位著名画家决定，换另一种思维方式做尝试。随即，他又画了一张同样的画，然后依旧拿着它到市场上去展出。此次，所不同的是，他让每位观赏者指出的，不再是画得欠佳或不妥之处，而是请每一位观赏者，在自认为精彩的地方赞赏、并做上记号。结果呢，令这位画家再次感到震惊，即原先所有被否定指责过的地方，现在也都被做上了标记，不过这次是赞美的记号。此也同样令他十分费解？

最后，这位画家充满感慨地说："我如今终于明白了一个奥妙，那就是：在任何时刻都要坚持自己的，不要太在意别人的看法。因为，别人的看法永远是别人的看法，有赞美就会有批评，谁都无法让所有人都满意。重要的是有自己的主见。"何谓主见？就是指你自己对事物的确定的意见或见解。有主见、有定力，不在乎别人说什么或做什么，对事物有自己的独立思维方式和方法，自己认为对的就不卑不亢去做，绝不动摇。

最肮脏的东西，却能完成最圣洁的"工作"

龚自珍诗云："落红不是无情物，化作春泥更护花。"意即，落花作为个体，它的生命是终止了；但一当它化作春泥了，就能滋养出新的花枝，必将孕育出一个繁花似锦的春天！此诗句，旨在说明事物的相互作用与内在联系。

对于"四害"之一的苍蝇，人们一直以来，似乎应有这样的思维定式：苍蝇→肮脏→消灭。因而，人们对其深恶痛绝，当为灭之。其实，我们完全可以反过来看待它。

例如，在第一次世界大战期间，战场上的医疗条件是很差的，这谁也否定不了。因此，不少伤兵不仅得不到外科的医疗处理，甚至连最简单的急救包扎、伤口消炎也来不及。几天后，这些伤兵的创口处布满了丝光绿蝇，即是人人皆知的"绿豆蝇"；因为，此蝇喜欢在脓疮、伤口、腐败的动物尸体等处产卵。丝光绿蝇的幼虫，可以用于蛆虫疗法，使人看起来、听起来非常恶心，但是对医学界却是有很大的帮助。那就是，战场上这些伤兵既不发烧，伤口也不腐烂；相反，创口竟然逐渐好转，不日愈合了。

这一奇妙的现象，让医生们困惑不解。

于是乎，有人倒转过来对此思考了，那就是，虽然苍蝇很脏，但它却能不被细菌所感染，这正从中说明苍蝇具有极强的抗菌功能。

临床上，丝光绿蝇也做出了"贡献"。据悉，在美国纽约，一位久病的老人长期卧床不起，因而身上长出了大面积的褥疮，医生使用了各种抗生素均无疗效，对此医院束手无策了。怎么办呢？这时，一位当地医生采用了"蝇蛆疗法"，即先用绿头苍蝇在马肉上产卵成蛆（幼虫），然后将蝇蛆处理后"放养"在这位老人的伤口上，结果褥疮腐肉被蛆虫一扫而光，伤口很快愈合了。这一疗法，令周围的人接连叫绝，赞叹不已！

正因如此，我们就会对那些司空见惯的、似乎已成定论的事物生疑了，只得换一种思维。

庄子是东周战国中期著名的哲学家，他曾讲过这样一个故事，说有人种下了葫芦种子，结果呢，一下子结了一个大葫芦。一般说来，葫芦是用于盛酒水液体的，由于这只葫芦太大，如装满水肯定会炸裂，如果将其锯开的话，用它的一半当瓢舀水用吧，又没有那么大的缸，怎么办呢？于是，庄子说话了，他说呀，你们这些人啊，只知道把水装在里面，而却不知道把水装在它的外面，即把它放在河中当船用不是很好吗？你看，庄子反转过来看这件事，给人以柳暗花明之感。

从我国的自然气候来看，夏季北方降雨量较小，而南方经常阴雨连绵，甚或大雨滂沱。在这样的自然气候下，说的是，有两个南方商人——甲、乙二人。他们各自带了一大批雨伞到北方去推销，因为南方的伞不但质量好、而且比北方便宜得多。然而，他们到了北方之后，却渐渐发现，北方人很少用伞，因为那里的天气常年干旱少雨，于是乎，两个商人都陷入了困境，无所适从。接下来，两个商人只好分头想办法销伞了。一个月之后，这两个南方商人在回家的路上相遇了，一个耷拉着脑袋、垂头丧气，一个却兴致盎然、志得意满。

甲对乙说："看你这样子是把伞都卖掉了，赚了不少的钱吧？"乙说："是啊，都卖掉了。"说话的底气十足。

甲说："北方不经常下雨，谁用雨伞啊，我都为此而破产了，那么，你是怎么卖掉的呢？"乙说："伞还是带来的那些伞，我只是卖的时候把所有'雨伞'字都改成了'阳伞'，我想，伞既有挡雨的作用，也有遮阳的功能啊！"你看，商人乙的思域宽吧！

我们在困境面前，如果能够反转过来思维的话，那么，就会出现另一种局面：苍蝇有害，却可以变害为宝，做出"贡献"；大葫芦盛不了水，反过来用水"盛"它，化废为用；南北方自然条件有差别，但可以将"雨伞"改成"阳伞"，这样销售量照样上去。所以，切不可低估反转思维的作用。

而创新，它是反转过来思维的一个基本要素。就是说，只要让你的思维跳出固有的圈子，能够闪现出思维创新的火花，结果肯定会有令你惊奇的收获，甚至会让你华美转身。

李·艾柯卡，22 岁以推销员的身份加入美国福特公司，25 岁成为某一地区的销售经理，36 岁成为福特公司副总裁兼总经理。20 世纪 60 年代中期，在福特某分公司任副总经理的他，正在寻求新的方法，以便改善公司的业绩。深度思考后，他认定，达到该目的的有效"良方"，就是推出一款设计大胆、能引起大众兴趣的新型小汽车。他认为，顾客买车的唯一途径是试车，在营销活动开始前必须造出小汽车，把车放进汽车交易商的展室里，对新车进行富有吸引力的商业推广，使交易商本人对新车型热情高涨。不然，难以交易，更别说畅销。

为达到此目标，李·艾柯卡一个不漏地征求了公司高级行政人员、市场营销、生产部门同仁们的意见、并得到支持，然后就将整个过程倒过来，从头向前推进。此后，他经常废寝忘食、夜以继日地研制。几个月过后，他的新型车——"野马"，从流水线上生产出来了！据统计："野马"第一年销售量竟高达41.9万辆，创下了全美汽车制造业的最高纪录。[16]两年之内，"野马"为公司创纯利11亿美元。"野马"型新车的成功，使李·艾科卡在福特公司一跃成为整个小汽车、卡车集团的副总裁，成了汽车行业的风云人物。

所以，实现华美转身，绝不可低估了创新思维的作用。在我们中国人的眼里，日本人似乎永远过着"不差钱"的生活。其实，在日本大城市里，生活成本很高，所以许多普通工薪族都崇尚节俭。学生也如此，尽管他们很想买上一款新式手机，但却因没有多少钱，也就难以形成过度消费的习惯，因而，在追逐新潮的人群里，也就很少见到他们的身影。日本人在汽车、生活日用品消费诸方面，日益讲究实用，即以经济实惠为主。因而，日本品牌不断在创新，努力把产品做得尽善尽美，以增加销售量。由于日本资源有限，许多资源又不可再生，所以人们在水电气、纸张等方面，讲求节约资源。例如，在复印机大量吞噬纸张时，他们便把一张白纸的正反两面都利用起来，如此能节省出50%的打印纸张。但日本理光公司的科学家，并不以此为满足，他们通过反转思维，经过苦心研制，发明了一种

"反复印机"，即已复印过的纸张通过反复印机后，结果上面的图文消失了，重新还原成一张白纸。这样，一张白纸就可以重复使用若干次，既创造了财富、又节约了资源；尤为重要的是，促使人们树立起新的价值观，那就是：节俭固然重要，创新更为可贵。

认识变化了，"有可能这三个条件一条也不要了"

有一次，王鹤滨（毛泽东的保健医）和他4岁的儿子陪毛泽东吃饭。毛泽东喜欢吃辣椒，所以餐桌上，自然少不了这道菜。菜都上齐之后，毛泽东看到王鹤滨的儿子一个劲儿地盯着桌子上的红辣椒，就说："啊，你喜欢吃这个啊，这个可好吃了。"说罢，毛泽东夹了一口放在嘴里，接着夹了一块给王鹤滨的儿子，随之，小家伙的小嘴就伸过去了。见此，王鹤滨连忙把儿子揽过来、不让他吃，并对毛泽东说："不能吃，主席。"可是，毛泽东并不理会王鹤滨，接着又夹起红辣椒说："这么好吃的东西，你爸爸不让你吃，来吃。"情急之中，王鹤滨就把孩子抱了过来。这时，毛泽东就不满意了，把筷子放下，说："哪有你这么当爸爸的？你叫孩子吃嘛，叫他上上当，让他知道知道大人也有坏的。"[17]是啊，你叫孩子"上上当"，他才能引以为戒，提高分辨力。我们应传承这种辩证思维的教育方法，并运用到育人用人的实践当中去。

如果我们具有独到的思维、敏锐的眼光，那么，自然会产生积极的效果。也就是说，原来那些被固化了的认识，随着时间的推移、认识的提升，都会得以改变。例如，过去的"一朝被蛇咬，十年怕井绳"的思维定式，不就是因噎废食、束缚自己的手脚吗？

抗战时期，我国有一位病理学家，是日本某医学院的毕业生，曾经在北平任过医学院教授，技术很高，他的学生遍及冀中平原。当时，有人动员他参加革命队伍，他却提出了三个条件：一是要一匹马代替步行；二是不吃粗粮；三是来去自由。我们的许多干部听后直摇头，难以接受，甚至认为不可思议。可晋察冀军区司令员聂荣臻却不然，他完全同意了这三个条件，非常欢迎这位病理学家参加革命队伍。他说，"一个好的医生参加革命队伍，成千上万的伤病员就会得救，就会重新走向战场消灭敌人。另外，我们这样做，不只是他一个人参加革命队伍，这会吸引更多的知识分子投身革命队伍，对革命事业作出贡献。何况，他们参加革命队伍以后，认识会逐步发生变化，有可能这三个条件一条也不要了。"[18] 你看，他的思维超前吧！

此事，聂荣臻表态不久，这位病理学家参加了革命队伍，他的很多学生也随着他参加了革命队伍。果然，过了一段时间，这位病理学家主动提出取消那三个条件了。

你会发问：聂荣臻对此的思维方式独特在哪儿呢？首先，就是从革命事业需要出发，大量吸引人才，使大量的伤病员能够得到救治；其次，体现出动态思考问题，即参加革命队伍后思想发生了变化，果然这位病理学家提出的条件都主动取消了。

其实，英雄和平凡人的区别，即英雄能在逆境中抓住机遇、创造奇迹；而平凡人，在逆境中选择随波逐流、选择放弃，自然也就"没戏"了！

可谓：不是路不平，而是你不行。

据说，当年乾隆皇帝下江南的时候，曾经问过高僧法磬："长江中船只来来往往，这么繁华，一天到底要过多少条船啊？"法磬回答："只有两条船。"顿时，乾隆皇帝生疑，便问："怎么会只有两条船呢？"法磬说："一条为名，一条为利，整个长江中来往的无非就是这两只船。"可见，法磬一句话就道出了事物的本质，的确令人折服。也表明，法磬是个理性之人，因为理性之人在思考问题时，不仅讲究人情世故，而且以科学的思维方式为原则，严格遵循事物的逻辑规则。因而，理性是欲望的向导，是心灵的眼睛。理性的本质，就是否定与怀疑。

徐文荣是浙江民营企业横店集团的老板，乡镇企业家。在十几年前，西北的一所高校研制出了一种磁性材料，在产品化过程中遇到困难——缺钱，需要200万。这在当时可不是个小数目！怎么办？研制组磋商后，找到了徐文荣，徐总竟然没有太多迟疑，当场拍板给钱，表示支持。事后，有的经济学家问他："你也不懂什么叫磁性材料，也不是搞这个行当的，你怎么敢投资呢？"对此，徐文荣的回答很令人吃惊："我就不相信，它这么一所知名大学，从我这么个农民手里拿走200万，就啥好处也不给我。"你看，他的思域多么的宽。

对此你会发问，是什么在徐总那里起了作用？是思维方式，即他能把事情看透：名气如此之大的高校，我借给你上百万的钱，你岂敢不了了之、当"水漂"打？此事儿，如果等你讨论来讨论去、论证来论证去，很多机会就可能错过了。后来，磁性材料成为横店集团迄今依旧的支柱产业，在产量方面是全国最高的。

诚然，看透问题本质，也与你的逻辑思维能力密切相关。有一位工程师和一位逻辑学者是好友，俩人相约去埃及旅游。住进宾馆后，逻辑学家照常写他的旅行日记，而工程师则上街溜达去了。这时，传来一位老妇人叫卖声："卖猫啦，卖猫啦！"工程师发现老妇人身旁放着一只黑色玩具猫，标价 500 美元。工程师凑近后，这位老妇人解释说，这只玩具猫是祖传的宝物，因孙子病重急需治疗费，才拿出来换钱的。工程师拿起猫，觉得似铁铸，而一双猫眼是珍珠镶的。工程师就对老妇人说："我给你 300 美元，只买下两只猫眼吧。"交易成功，老妇人同意了。

工程师回到宾馆，对逻辑学者说："我只花了 300 美元就买下了两颗硕大的珍珠。"逻辑学者一看这两颗大珍珠，少说也值上千美元。随之，工程师述说这大致过程，而这时，逻辑学者不容他再说下去，忙问："那位妇人是否还在原处？"工程师回答："估计她想卖掉那只没有眼珠的黑铁猫。"于是，逻辑学者跑去，给老妇人 200 美元，把猫买了回来。工程师嘲笑道："你呀，花 200 美元买个没眼珠的黑铁猫！"这当儿，逻辑学者不停地摆弄这只铁猫，并用小刀刮铁猫脚，当黑漆脱落后，露出的是一道金色印记。他兴奋地大叫起来："正如我料，这只猫是纯金的。"其实，当年铸造这只金猫的主人，怕金身暴露，就把猫身用黑漆漆过，似如铁猫。见此，工程师十分后悔。逻辑学者嘲笑他说："你虽然知识很渊博，可就是缺乏思维的艺术，分析和判断事物不全面、不深入。你想啊，猫眼珠既然是珍珠做的，那猫的全身会是不值钱的黑铁所铸吗？"你看，这就是逻辑思维的魅力之所在，切不可低估了它的作用。

苏轼诗云："若言琴上有琴声，放在匣中何不鸣？若言声在指头上，何不于君指上听?"旨在说明世间事物的相互作用与内在联系。此事,逻辑学者抓住了猫眼与猫身间存在的内在逻辑性,得到了比工程师更高的收获。因为事物间都是有联系的,而寻求这种内在联系,一旦达到透过现象看本质的目的,就需要你以缜密逻辑思维来帮助,以弄清事物的全貌。

虽然人世间的是是非非、因因果果,错综复杂、变幻莫测,但也不是毫无轨迹可循的。如果你愿意费心体察的话,或许就容易看得见那未发的轨迹。而"未发的轨迹",便是你进入正确思维、做出科学判断的原点。这个原点,将决定你能否看透事物的本质。

郭子仪的"通达"，使后人尊崇至今

其实，善于洞明世事的理智之人，古已有之。例如，唐明皇时期，大将郭子仪独力平息安禄山叛乱之后，皇帝赐给他汾阳王府，以示赞赏。兴工修建王府时，他闲来去监工，吩咐一个正在砌墙的泥工说，墙基要筑得坚固，万无一失。这名泥水匠对他说："请王爷放心，我家祖孙三代在长安，都是做泥水匠的，不知盖了多少房屋，可是只见过房屋换主人，还未见过哪栋房屋倒塌的。"虽然泥水匠出身卑微，但其寥寥数语，却充满了朴素的哲理。随即，郭子仪拄着杖走了，此后他再也不去监工了。因为，他思维变化了、"通达"了，即人生在世，长者百来年，短者几十年，大厦千间，夜眠七尺；珍馐百味，无非一餐。由此，他对皇帝赐予的王府淡漠喽；也由此，令世代国人一直记着他的这桩"通达"之事儿，努力做到自知之明，理智做人。

英国伟大的诗人约翰·弥尔顿说："我们的思想能令天堂变地狱，也能让地狱变天堂。"人们的思维方式不同，结果会别如天壤。比利时某大学有位知名度挺高的教授，他退休的那一天，把他的同事、朋友、他带过的研究生都请了来。大家分坐于 4 桌酒席的椅子上，杯觥交错，美美地撮了一顿。这时，老教授突然宣布：把自己的所有藏书、研究资料，以及研究成果全部且无偿地送给在座的诸位。即时，语惊四座，大家便问及原委，老教授说："自己退休了，就要不折不扣地做到既退又休，'长江后浪推前浪'，这是不争的事实，所以为在岗的同事、朋友、年轻人脱颖而出提供机会。而自己呢，将与妻子周游世界，尽情地享受这美好的生活，追求另一种生活方式，体会另一种人生滋味。"这是多么通达快乐的人生。

不知你发现没有，1988 年、1996 年版的 100 美元的头像，就是本杰明·富兰克林。他是美国的开国元勋之一。其实，他没有显赫的家世，靠的是理性做人、不屈奋斗。他年轻时，有着一股初生牛犊不怕虎的闯劲，在许多事情上高调出场。有一次，他去一位老前辈的家里做客，昂首挺胸地去那座低矮的小茅屋，进门时，只听"嘭"的一声，他的额头撞在了门框上，磕肿了一大块，老前辈出来迎接他，说："很痛吗？你知道吗？这是你今天来拜访我最大的收获。一个人要想洞明世事，练达人情，就必须时刻记住'低头'。"老前辈的这番话，他牢牢地记住了，他成功了（美国政治家、物理学家）。法国经济学家杜尔哥评价富兰克林："他从苍天那里取得了雷电，从暴君那里取得了民权。"富兰克林的《自传》，包含了人生奋斗与成功的真知灼见，被公认为是改变了无数人命运的精神读本，流传至今。

试想：一个人要在待人处世上，时时、处处做到切中客观情况的节、度，把问题全能圆满解决，是一件多么不容易的事儿啊？正因为不易做到，我们才需要练就这方面的功夫。

为什么美国第 16 任总统林肯长久地受到人们的尊重？除去他成就卓著之外，更缘于他所具有的理性、可贵的品德。例如，林肯做律师时，有人找到他，让他为一件诉讼中明显理亏的一方，进行辩护。他一想，不能接受此项委托啊，便对邀请者说："我不能这样做。如果我这样做了，那么出庭陈词时，我就会不知不觉地高声说：'林肯，你是个说谎者，你是个说谎者。'"因为，林肯的心里承受不下这失掉理性、不讲道义的事儿，所以林肯的品行受到人们的钦佩。对比说来，同样身为美国总统的比尔·克林顿，他任期内的业绩，世所瞩目；他的执政能力，也众所周知。但却做出了某些失掉理性、不光彩的事儿。譬如：1998 年，他同白宫女实习生莫尼卡·莱温斯基的性丑闻被曝光，受到司法部门的调查。共和党并在国会提出了弹劾议案，但定罪未获通过。这就是著名的"拉链门"案件，一般认为此案的政治意义大于其法律意义。[19] 这一丑闻，尽管美国人民原谅了他，但却令克林顿终生蒙羞，挥之不去啊！

可赞的是，富兰克林、林肯能够做到自知之明，洞明世事，终成大器；可憾的是，我国东汉末年谋士许攸，却始终执迷不悟，自以为是，终被灭掉。

许攸年轻时与袁绍、曹操友善，后来成为袁绍的谋士，虽然多次为袁献计，但均不被袁采纳，深感不满；加之，"官渡之战"（曹操获胜）时，许攸因家人犯法被收治而投奔曹操。

曹操听说许攸到来了，高兴得不得了，出来迎接，笑曰："许攸来降，我的大事成矣！"落座后，许攸问曹操："袁绍军力强盛，您有多少军粮呀？"曹操说："我的军粮多得很，可以支持一年。"许攸说："将军在说谎，我看您不会有那么多粮食。"曹操又说："你说得对。我的军粮可以支持半年。"许攸说："您为什么不对我说实话呢？"曹操这才如实说来："我的粮食只能够支持一个月，怎么办呢？"许攸见曹操交了底，这才把袁绍的虚实情况全都告诉了曹操，并献上了以轻兵袭击乌巢、断绝袁绍粮草之计策。曹操接受许攸倒袁之计，终于大败袁绍。此役，许攸立头等功。而后，曹操攻破邺城，占领冀州，许攸再次立功。

但是，许攸自恃功高，屡次轻慢曹操，表现在：每次议事，不计场合，直呼曹操小名："阿瞒啊，没有我，你得不了冀州……"曹操虽然表面上说："你说得对啊"，但心存芥蒂，自不待言。一天，许攸骑马进入冀州城东门，正好遇上许褚（曹营猛将）。许攸召呼许褚过去，先是自我炫耀一番，说夺取冀州是自己的功劳，在遭到许褚严词反驳后，他竟破口大骂许褚。许褚一怒之下，拔剑将许攸杀死。许褚显然清楚曹操对许攸之态度，才敢断然对许攸下毒手。曹操得知此事后，下令厚葬许攸，不了了之。

可见，自恃功高的许攸，高调过头了、张扬过分了。结果呢，被人给"灭"了。

应该说，一场战役、一件功业的获胜，是一个团队齐心协力奋战的结果，这其中包括领导的精准指挥、士兵的身先士卒，而你的贡献仅是其一。既然如此，你许攸凭啥没完没了地炫耀自己的"贡献"啊？据悉，每当有熟人来看宋美龄并当面夸奖她非常能干时（如抗战时期，她担任航空委员会秘书长，积极参与组建和领导中国空军），她便淡淡一笑，并引用《圣经》上的话，回答说："我要打的仗已经打过，要走的路已经走过，权、名、利已成硝烟散去，忘记这一切吧！"如此释然，也是她享年 106 岁原因之一吧。

然而，世间争名争利之事，也是令人深思、令人发指的。1965 年初，苏联处在勃列日涅夫执政时期。当时，苏联某一出版社拟出版朱可夫（著名军事家和战略家）元帅回忆录。为此，作者朱可夫倾注了心血，在翌年 3 月，将书稿交给了出版社。其实，他的书早就排出清样交苏共中央审查了，但却没有回音，他也不知何故。过了很久，出版社得到上面的暗示：说是这本书缺乏歌颂总书记勃列日涅夫的内容。这一暗示，可难坏了朱可夫和出版社的编辑，因为战争时期，勃氏担任第 18 集团军的政治部主任。问题是，朱可夫在战时从没见过、也从未听说过这位名不见经传的上校啊，怎么歌颂他呢？后来，还是出版社想出了妙招：由朱可夫虚晃一枪。即杜撰了一个虚假的情节：说朱可夫在战时视察第 18 集团军时，想与政治部主任勃列日涅夫商量一些问题，但回答是他到前线去了，结果未能见着。[20] 出版社也无奈嘛！就这样，勃列日涅夫的名字总算出现在朱可夫战争回忆录的书稿中了。这件事儿后，朱可夫元帅的女儿玛莎告白：在一段时间内，这件有悖于父亲真实经历的事情使他彻夜难眠，并患上了严重的偏头痛。1969 年，朱可夫所著《回忆与思考》一书历经磨难，终于在书店与读者见面了。看到这儿，相信你会感到有趣吧，但也更会发出感叹：勃氏有权不够，还得要名啊！

低调做人，不是低人一等、不是忍让；而是一种以退为进的攻伐之术。不争是一种低调的"争"、是符合天道的"争"、是以业绩去"争"，这样才能赢得人们的尊崇。

宋庆龄曾是中央人民政府副主席、全国妇联名誉主席、国家保卫儿童委员会主席、世界和平理事会理事，你说她的那个职务不显赫，但在她的名片上，只写着"孙逸仙夫人"的字样。

对个人的仕途来说，低调做人，不仅可以做好基础性的工作，也可以让人暗蓄力量、悄然潜行，在不显山不露水中成就事业。

其实，贪腐和违纪，无疑系为不理性的行为，并由此而葬送了自己的前途。

当今，曾有一个领导干部，因犯贪腐罪，被处极刑前哀叹："我要那么多钱干什么？结果，当了金钱的殉葬品，可悲可叹啊！"但令人遗憾的是，有的人总是如《红楼梦》里所说的："身后有余忘缩手，眼前无路想回头。"意即，明明已经拥有很多了，却还是不想停下来，继续为贪念所控制，一错再错，直到泥足深陷，才发现已无路可走，想浪子回头却为时晚矣。说的是，《红楼梦》里的贾雨村，因贪污徇私被革职，到林如海家当教师，成了林黛玉的启蒙老师。这期间，有一天，贾雨村外出郊游，见一座破庙宇，额题为"智通寺"，门旁有副破旧的对联，就是上述那两句话。他觉得"文虽甚浅，其意则深"，估计庙中必有高人，也就进去了。但他只见到寺内有一齿落舌钝的老僧在煮粥，旁无他人。而且，问话之中，老僧答非所问，无奈之下，他扫兴而归。遗憾的是，贾雨村有眼无珠，失去了这次良机。原来，老僧肯定就像那道人和癞头和尚一样，是特意来"点化"他的。

当今，也曾有一位年轻的领导干部，因受贿赂而被判刑收监。去年刑期已到，当他迈出监狱大门时，抬头看着那蓝蓝的天空，晒着暖暖的太阳，感到一切都真的太美了，随之，深情地说了一句话："现在才知道自由最快活啊！"可以认定，这个感叹是发自肺腑的；因为，他已体味过由不理智而失去自由的滋味。更有甚者，岂止失去了自由，还搭上了性命。

而要理性做人，就不应一味攀比，若不收敛，不是走上邪路、就是伤了身体。曾有一位国家机关的公务员，原本他工作积极向上、小日子过得平静、舒坦。可有一天，他应邀参加同学聚会，但因意志脆弱，思维被扭曲了。本来嘛，他是带着重逢的心情赴会的。聚餐间，一位老同学大谈经商之道，而且住着豪宅、开着名车，一副成功者的派头。聚会结束后，这位公务员觉得心里不是滋味，自认活得挺窝囊，从此好像变了一个人似的，整天唉声叹气，面容憔悴。他心里想：当年读书时，那位同学考试总是不及格，而现在，他凭什么有那么多钱、住豪宅、开名车？而我现在的工资，就是攒一辈子的话，也买不起一辆宝马车。同事见他牢骚不断，自我糟蹋，就直言安慰："你我都是坐办公室的，有钱咱也不买名车，对咱也没啥使用价值……"可他还是整天郁郁寡欢，没过多久，竟然因为心病而卧床不起了。

社会活动家海伦·凯勒说过："我一直哭，哭我没有鞋穿，但直到有一天，我看到了一个连脚也没有的人，我不再哭泣了，因为我发现自己至少还有脚。"鉴于此，我们应擅长发现自己拥有的东西，而不应把目光放在自己没有、别人有的物件上，这样也就能从狭窄的思维中解脱出来。你有在机关胜任某项工作能力，别人也有经商的长处。

是诚实所为、还是施毒计，都难逃法眼

人生成功的经验告诉我们：为数不少的人之所以失败，实际上不是因为他们无能，而是他的思维不敏锐、心志不够专一，缺乏观察事物的实际能力。据悉，国外的某一医科大学，有一次老师带领学生去实习。实习中，有一个外科医生告诉学生："我们当外科医生的，必须具备两项不可忽视的能力，一是眼见脏污之物，不会反胃；二是面对复杂事物，观察力强。"随即，这位外科医生伸出一只手指，探入一碟看来令人非常作呕的液体之中，然后他张开自己的口，舔了舔这只手指。就此，他要求实习的学生们，照着他示范过的样式去做，学生只好硬起头皮照做了一遍。但他却笑着说："各位，恭喜你们通过了第一关测验。不幸的是，第二关你们都没通过，因为你们没注意到我舔的手指头，不是我探入碟中的那根手指。"即他就像杂技演员变魔术一样，将自己的手指变换得非常快，学生还真的以为是沾污的手指呢。

具有法眼层次的人，不仅能看见事实，也能看清其来龙去脉，看清本质。观察力，非同一般。

战国时期，楚国三闾大夫屈原，回到家乡秭归县（位于宜昌市），并在那里举行场考，拟选人才。

当晚，屈原正在拟定考题，一群学生前来拜访。于是，他把定好的试题随手放在了一边，和蔼地招呼学生们。考试结束，试卷批阅下来，可结果让他费解：有99个并列第一，且成绩相同。只有一人成绩稍显逊色，排列第二。这个结果显然不正常。屈原熟虑后，认定是那个拟定文题的晚上，前来拜访的学生中有人偷看了试题，并泄露了出去。

随后，屈原便转换了思维方式、打定了主意，即在重考的聚会上，高声向学生宣布："你们的成绩都很好，但是国家更需要全面发展的通才。现在这场复试的题目就是'种谷子'。今天是谷雨，正是播种的好季节，你们每人都将获得一百粒谷种。回去后，细心照料，考试结果以秋后收谷多少为准。"于是，应考的学生便各自投入准备之中。

斗转星移，秋收到了！上次考试中那99个获得第一名的学生，有的背筐挑担，有的用车装载，看样子他们都获得大丰收了。只有那个考第二名的小伙子，手捧着一个小瓦罐，因收成太少，自觉丢脸。于是，屈原逐个检查他们丰收的谷子，脸色越来越阴沉。当他看到站在门外的小伙子时，眼睛兴奋得发亮，问道："你收的谷子呢？"小伙子不安地回答："学生无能，只收了900多粒。我已经尽了自己最大的努力，但是只有3颗种子发了芽，就结了这么点粮食。"说完，便羞愧地低下了头。99个第一名的学生都哄堂大笑起来。

这时，屈原却严肃地宣布："这次选拔他是唯一贤才，因为他是最诚实的一个。我发给你们的谷种里有97粒都是煮熟的，而你们交来的粮食却这么多，这不明明是欺骗我吗?"此后，那个诚实的小伙子，仕途一路畅顺，个中原因，显然是诚实! 因为，俗话说，"诚实带来福祉，欺骗招致失败"! 此乃世间的一般常理，岂可小觑!

可见，你若做成一件事情，必须进行周密分析、精心谋划，有了制胜的把握后，再采取果断措施。在此，先贤屈原的楷模作用，我们应该牢记、借鉴。要做到多观察、多思考、捕捉信息，由单一的一元思维走向丰富的多元思维，以形成独立见解、有力措施，力求实效。

据悉，世界推销学会，曾经把一个刻着"最伟大的推销员"字样的金靴子奖励给了赫伯特。因为，他成功地将一把斧头推销给了美国总统乔治·沃克·布什（小布什）。

笔者查到了赫伯特的推销语。如下：

尊敬的先生，有一次，我有幸参观了您的农场，发现那里长着许多矢菊树，有些已经死掉，木质也变得松软了。您一定需要一把小斧子吧? 不过，从树的材质来看，市场上的小斧子显然太轻，因此你应该需要一把不是那么锋利的老斧头。现在这里正好有一把这样的斧头，是我爷爷留下来的，十分适合于砍枯树。

你看，赫伯特把"需要一把小斧子"的现状分析得多么真切；你看，赫伯特的这段推销文字多么朴实无华，说的都是实话，丝毫没有对斧头的质量进行渲染，于是，打动了购买者——小布什，欣然接受了与他的这笔交易，付给了赫伯特 16 美元。

但是，如果你耍手腕、搞欺诈、施毒计，迟早会受到惩罚、自我毁掉。

包拯年轻的时候，曾经任过天长县县令（县长）。有一天，有个农民风尘仆仆地来到县衙告状，说他家的耕牛的舌头被人给割掉了（当时，为保护农业生产，官府曾颁布法令，严禁屠宰耕牛）。此牛主人的心情很沮丧，愁容满面，六神无主。

然而，由于割牛舌的凶手是趁着夜间乡民入睡时作案的，而且没有留下任何疑点可循，因此，此案判断起来非常的困难。怎么办呢？包拯思来想去，便问告状人："你来县衙告状，别人知道此事吗？"告状人回答："不知道。"包拯又问："耕牛被割去舌头，你的邻居们知道吗？"告状人回答："我没有跟任何人说过，别人也应该不会知道的。"

一番询问，包拯心里有谱了，便对告状人说："你听我的吩咐，你马上回去，不声不响地把牛杀了，然后把肉卖出去。但你切记：一定不要声张。我会有办法找到那个割牛舌的凶手的。"包拯这样决定，告状人虽然心里有些疑虑，但还是按照包拯的吩咐去做了。时隔数日，有个人跑到县衙，状告那个农民私宰耕牛。见此，智慧的包拯当即断定：这个人就是割牛舌的凶手！所以，看到他到县衙自投罗网，心里当然高兴。于是，包拯听完诉状，大声喝道："大胆刁民，你为什么要割掉人家耕牛的舌头？"

割牛舌的凶手，怎么也没有想到包拯竟然会查出自己是凶手。顿时，这个凶手呆若木鸡，张口结舌，只得供认出偷割牛舌的详细经过。

原来，案发之因，则是此案凶手是牛主人的仇人，想加害于牛主人，便偷偷地割了他家的牛舌头。凶手认为，牛没了舌头也就丧失了吃草能力，无奈之下，牛主人只能将牛杀死；杀死了耕牛，也就触犯了官府私宰耕牛的法令，既然如此，你牛主人的命都保不住啦！

然而，此案凶手，岂能想到，思维敏锐的包拯，已揣测到凶手的企图——自然关注牛主人的一举一动，牛主犯案，岂能不报？于此，包拯设计套凶。结果呢，不出包拯所料，割牛舌的凶手找上门来。凶手罪责难逃，包拯依法将其治罪。

此案告破后，包拯辩证断案的美名，更加赢得天下百姓的赞扬。辩证思维，能够反映事物的本来面目，揭露事物内部的深层次矛盾。在此基础上，对事物作出多方面、多角度、多侧面、多方位的预测。包拯这桩辩证断案，便是有力的例证。

注　解

[1] 黄建国：《有我与无我的关系》，求是理论网，2013 年 9 月 16 日。

[2] 周礼：《相信奇迹，才能创造奇迹》，《中国大学生就业》2015 年第 11 期。

[3] 《"芈月传"收视率一路飙升》，搜狐网，2015 年 12 月 4 日。

[4] 《北大才子卖猪肉成百亿富翁》，腾讯网，2015 年 10 月 30 日。

[5] 黄斌：《一句赞美改变一生》，《中国经济时报》2015 年 10 月 6 日。

[6] 杨佩昌：《欧美企业如何巧妙实现创新》，搜狐财经，2016 年 5 月 4 日。

[7] 陈鲁民：《站在台风口的猪》，《今晚报》2015 年 4 月 9 日。

[8] 《国学大师辜鸿铭：男人是茶壶，女人是茶杯》，中国网，2017 年 4 月 26 日。

[9] 王开林：《新文化与真文化》，中华书局 2006 年版。

[10] 董碧辉：《詹姆斯·卡梅隆：王者归来》，《钱江晚报》2010 年 1 月

11 日。

[11] 隋笑飞:《"蓝领专家"》,《光明日报》2011 年 9 月 7 日。

[12] 《人民英模:孔祥瑞》,新华网,2009 年 11 月 27 日。

[13] 《吃亏是福,发财买卖"赔本"做》,中国店网,2010 年 7 月 3 日。

[14] 《小包工头如何赚一个亿》,搜狐文化,2017 年 7 月 7 日。

[15] 《放大你的优点》,百度文库,2014 年 3 月 22 日。

[16] 《艾柯卡:逆境中东山再起》,新浪财经,2010 年 5 月 10 日。

[17] 陈晋主编:《温情毛泽东》,辽宁人民出版社 2005 年版,第 126 页。

[18] 《聂荣臻同志和知识分子》,《新华月报》1982 年第 10 期。

[19] 《威廉·杰斐逊·克林顿》,百度百科,2016 年 6 月 27 日。

[20] 张宏坤:《朱可夫元帅凄凉晚年:孤灯清影度余生》,《军事史林》2014 年第 2 期。

CHAPTER 2

第 二 章

换一种思维，让人转迷为悟了

从错误中醒悟起来，是人生智慧的倒嚼

历史上的司马牛，是宋国大夫桓魋的弟弟。因为，桓魋在宋国犯上作乱，遭到宋国当权者的打击，全家人只好出逃。司马牛逃到了鲁国，敬拜孔子为师，同时请教孔子：如何做一个君子？孔子说："君子不忧愁，不恐惧。"司马牛生疑，继问："不忧愁，不恐惧，这样就可以叫做君子了吗？"孔子说："自己问心无愧，那还有啥忧愁和恐惧的呢？"司马牛听后，顿悟，并认识到，要"问心无愧"，就得经常反省自己，做到了，当为君子也！

多少年来，人们只是一味地追逐列夫·托尔斯泰、让-雅克·卢梭等作家、思想家的作品，甚至能够背诵出《安娜·卡列尼娜》、《复活》、《社会契约论》、《爱弥儿》、《新爱洛猗丝》等作品的文词。这没错。但却很少了解或知道、也不愿提及他们堕落的一面。

譬如："托尔斯泰立志要用自己宗教般的思想拯救人类，却终日沉迷于赌博和嫖娼，如果不是因为他的小说给他挣了很多钱，他的庄园早就给输掉了……在两个哥哥贫病交加之时，他从未资助过他们，他的一个哥哥临死之前要见他，他竟然冷酷地拒绝了。"[1] "卢梭靠女人生活，他不断地从养母或者养母兼情人那里榨取钱财，而当这些女人穷困潦倒之时，他却从未想到要帮助一下她们。他把与自己同居多年并为其生子的女人看作仆人和动物，随意加以伤害和侮辱。"[2] 你看，他们够冷酷、够让人心寒的了吧？

我国宋代学者戴复古曾诗云："黄金无足色，白璧有微瑕。"意即，没有纯而又纯的金子，没有完全无瑕疵的白玉。也比喻不能要求一个人没有一点缺点、错误。所以，我们在肯定托尔斯泰、卢梭等对人类做出艺术成就的同时，也不要否定他们反省以往、自陈己过的正确思维，以及对我们后来人的启示意义。

列夫·托尔斯泰的《忏悔录》，自我剖析严酷苛刻，是部难得的心灵史。他自省道："每忆及当年往事，我内心无不充满恐惧、厌恶和悲叹……我给别人下战书并想在决斗中杀死对方、也赌过纸牌；我挥霍雇农的劳动果实，还惩罚他们；我与有夫之妇私通、行事虚伪、一副丑恶嘴脸、撒谎、偷盗、放荡不羁、烂醉、暴力、谋杀……"卢梭逝世前4年，开始写他的《忏悔录》。在他笔下，敢于公开披露自己生活中违背道德良心的事儿、揭示自己隐私和伤疤。他说："当时我是什么样的人，我就写成什么样的人；当时我是卑鄙龌龊的，就写我的卑鄙龌龊；当时我是善良忠厚、道德高尚的，就写我的善良忠厚和道德高尚。"你看，他们反省以往、自陈己过的力度，真的挺到位、挺够劲吧？

其实，人生谁都有出错、迷失的时候，即便某些伟大的人物、大家、名家，也是如此。但重要的是，能够有找回自我的思维，醒悟过来，此为你的人生智慧的倒嚼。

有一次，画家徐悲鸿正在画展上，认真地评议一些作品，这时一位乡下老农上前对他说："先生您这幅画里的鸭子画错了。您画的是麻鸭，雌麻鸭尾巴哪有那么长的啊？"何因呢？原来徐悲鸿展出的《写东坡春江水暖诗意》的作品，画中麻鸭的尾羽长且卷曲如环，失真了。趁此，老农告诉徐悲鸿，雄麻鸭的羽毛是鲜艳的，有的尾巴卷曲着，有的尾巴非为此状；雌麻鸭的毛是麻褐色的，其尾巴是很短的。对老农的真诚纠错，徐悲鸿接受了批评，并向老农表示深深的谢意。

1933 年，广东省某小学的一名教师吕蓬尊，在写信给鲁迅先生的一封信中，说在《老屋》后序中，您错将原作者索洛古勃（俄国剧作家）写成安特莱夫（俄国文学家）。而大师级别的鲁迅看过此信后，并没有对这位小学教师表现出丝毫不屑的态度。

因为，鲁迅认为，犯错是给他完善自我的机会，是无损自己颜面之事；认真对待错误，定会促使他越发严谨细致，精益求精。所以，对吕蓬尊信中指出的问题，他坦率认错，并表示感谢。还如，翌年 11 月，鲁迅以译者许遐的名义给读者吕蓬尊回信，就其指出《鼻子》的两条翻译问题给予答复，以尽其责。此后，即便叫不准的问题，鲁迅也以平和的心态，予以答复。即从他的《书信集·致吕蓬尊》信件中可以看出，他说："《十月》我没有加以删节，印本的缺少，是我漏译呢，还是漏排，却很难说了。"而非置之不理，不加说明。

应该说，出错似如百密中之一疏，看似微不足道，但鲁迅对小错，却取非常重视的态度，以珍惜读者宝贵意见之契机，使自己文学造诣臻至佳境，既追求深刻，又不忘细节。

其实，犯错是揭开虚伪面皮的锋刀，它刺穿笼罩着头脑的名气负累，焕发起自我反省的思维勇气。可以说，每出一次错，身后的脚印便凸显许多，行走起来也就稳当了！

上述，大师鲁迅先生犯错，乃为做事之疏忽所致；如此，他也没有忽略。但是，在做人问题的态度上，女作家林湄却摔了一跤；如此，她亦记心，深知了处世之要义。

1984 年后，林湄陆续采访了内地一批学者、名家，如钱钟书、冯友兰、巴金、丁玲、冰心、夏衍等，随之写出了一篇又一篇访问记。这些文章，先后被数十家华文报刊转载，从此，林湄成为香港的知名记者、很有影响的媒体人。第二年的春天，她通过中间人与钱钟书联系，钱先生在电话中说："这分明是引蛇出洞嘛！谢谢她的好意，这次免了。"倘若放弃采访，林湄有些不甘心。于是，她就约中间人搞"突然袭击"，即没有再给钱先生打电话预约，就直接找上门来了。到了钱宅，他们按了门铃，来开门的恰好是钱先生。双方落座后，林湄单刀直入地提问，钱先生就用沉默来抵挡。林湄口才很好，钱先生最后还是一一回答了她提出的问题，但钱先生提出：要求她不许做笔记、不准录音。

采访之后，林湄凭记忆写了一篇《速写钱钟书》文章，随之寄给了钱钟书，但钱先生将那些溢美之词全都删掉了，并回信强调："要还原真实。"通过此事，林湄也明白到在对人对事上犯了大错——吹捧他人，打了虚名幌子。[3] 此事她深有感触，认为这是处世要义，要做到实事求是。从此，她褪下自身光环，踏实研究学问，使人生有偏不倚，渐至佳境。1989 年，她离开香港闯荡西欧。在荷兰的几年间，她创作发表了近 10 部作品集和中长篇小说。其中，《天望》50 万字。林湄说："《天望》就是天人相望，现代人往往自视甚高，每天忙忙碌碌，但要问他到底忙个什么，在生活中到底要什么，他又说不上来……"后来，她又在撰写一部《对弈》的小说，是写男女两大阵营"对弈"的，成为著名的多产作家。

现实工作生活中，为数不少的人，一遇到错误，首先想到的，就是躲、就是放弃，殊不知错误是一个人成功的转机，只需要你换个方向去思维，就能创出一番新成就。因而，从错误中醒悟起来，不仅是你人生智慧的倒嚼，更是你潜在力量的定位式爆发。如果能认识到这种程度，那么在错误面前，你也就不用躲、不用藏！

精神支撑不可失，"要严肃地做个人"

1908 年，胡适在中国公学读书，这期间，血气方刚的学生们与校方闹纠纷，胡适也参与其中。终了，不少学生因此被校方开除，胡适虽不在开除之列，但却愤愤不平地主动退学了。此时，胡适的家里也遭遇了变故，他的大哥、二哥开始分家，他表示自己能自立，不要家里的任何财产。就这样，胡适成了一个"混"在上海滩的浪荡子，颓废落寞。

在那段日子里，胡适吃喝嫖赌，一一领教。如他在《藏晖室日记》所述："我们打牌不赌钱，谁赢谁请吃雅叙园。我们这一班人都能喝酒，每人面前摆一大壶，自斟自饮。从打牌到喝酒，从喝酒又到叫局（旧时叫妓女来陪席的意思），从叫局到吃花酒，不到两个月，我都学会了。幸而我们都没有钱，所以都只能玩一点穷开心的玩意儿：赌博到吃馆子为止，逛窑子到吃'镶边'的花酒或打一场合股份的牌为止。有时候，我们也同去看戏⋯⋯我那几个月之中真是在昏天黑地里胡混。有时候，整夜地打牌；有时候，连日地大醉。"[4]

从中可见，后来成了气候的、大名鼎鼎的胡适，也没有遮掩不彩的这段时日。

所以说，谁都不能说一无错误。即便那些已成为偶像的人，哪个没有错误？所以，胡适能在回忆的文字中，写下了荒唐的事情，值得嘉许！

这段"堕落时光"，一直持续到 1910 年的 3 月。而事实上，触动胡适思维发生变化的，则是他进了巡捕房。一天夜里，胡适醉酒后坐车回家，心生歹意的车夫便趁此机，掏走了他的钱、扒下了他的马褂。胡适察觉后，就进行反抗，车夫拉着车子就跑了，他因追车夫还掉了一只鞋。追赶之际，迎面过来了一个巡捕，见他衣冠不整，浑身泥水，便用手电筒照他。这时，仍处醉态的胡适就开口大骂，并与巡捕发生了肢体冲突。随即，巡捕叫了一辆空马车，把他带到巡捕房。天亮时，胡适酒劲已过，发现自己身处巡捕房。最终，他被判赔偿被打的巡捕养伤费 5 块大洋，可这是"抽烟烧枕头——怨不着别人"的事儿呀！

狼狈至此，胡适想到自己的堕落，终于醒悟了：想到含辛茹苦的老母亲，想起老师王云五劝他的话："离开那帮狐朋狗友，痛改前非，重新做人。"他想着想着，便流下了眼泪。

胡适命中幸运，正巧赶上庚子赔款公派留学，他决心报考。可是，他穷的连蚊帐一顶都买不起，还欠下了一屁股债，怎么进京赶考？幸好，这时遇到了他的两个同乡：许怡荪、程乐亭。许答应代他筹措经费，程当下慷慨解囊赠送胡适 200 块银圆作路费。他的同族叔父胡节甫，也为他筹款（拿出银元 300 块）并答应照顾他家里母亲的生活。此后，胡适告离了那段花天酒地、迷迷糊糊的放荡生活，一门心思读书，准备应考。也就在这时，胡适的老师王云五（后为商务印书馆总经理）也来了，非常支持他去报名应考，而且还热情地帮助他复习代数、解析几何题。在这些好友、老师的支持之下，胡适安心读了两个月的书，然后北上，参加留美考试，并顺利考中。幸哉！

显然，胡适真的"找回自己"了，做到了"以记吾过，并记吾悔"。1914 年，远在美国的胡适在日记中写道："吾在上海时，亦尝叫局吃酒，彼时亦不知耻也。今誓不复为，并誓提倡禁嫖之论，以自忏悔，以自赎罪，记此以记吾悔。"两年后，他在戏赠朱经农的诗中写道："那时我更不长进，往往喝酒不顾命；有时尽日醉不醒，明朝醒来害酒病。一日大醉几乎死，醒来忽然怪自己：父母生我该有用，似此真不成事体。"后来，胡适向妻子江冬秀举起了白旗，表示："把一切坏习惯改掉，以后要严肃地做个人，认真地做一番事业。"[5] 无疑，他已经以另一种思维——悔悟，对待今后的人生了。

归国后的胡适，兴趣广泛，著述繁富。他是第一位提倡白话文、新诗的学者，与陈独秀等同为新文化运动的领袖，对中国近代史产生过深远的影响；他是一位世界级的大学者，曾任北京大学校长、台湾"中央研究院"院长、中华民国驻美国大使等职，声名显赫。20 世纪 50 年代中期，毛泽东在怀仁堂宴请知识分子代表时说："说实话，新文化运动他是有功劳的，不能一笔抹杀，应当实事求是。到了 21 世纪，那时候替他恢复名誉吧。"[6]
1962 年 2 月 24 日，胡适在演讲中因心脏病突然跌倒，不治逝世。当天，蒋介石在日记中写道："晚，闻胡适心脏病暴卒"，并褒扬胡适"旧伦理中新思想之师表"。应该说，有过而不掩饰，有过而能省察，有过而能改掉，方成圣贤。胡适当属此类之人也。

因为，精神支撑左右着你的言行，哪怕在某个"细节"上，也是如此。北宋时期有一位州官（类似于市级官职），为人极其廉洁。一天晚上，有人从京城送来一封上司的来信。这位州官估计此信肯定是朝廷有什么重要的指示，于是，立即命令公差点上官家蜡烛阅读。谁知读了一半，这位州官又命令公差把官家的蜡烛吹灭，随即把自己买来的蜡烛点上，接着往下看信。这时，公差就觉得很难理解，心想：是不是官家买的蜡烛没有他自己出钱买的蜡烛亮啊？后来公差才明白，上司来的那封信，有一小半是关于这位州官留在京城家属的情况，所以他认为这是家里的私事，不能点官家的蜡烛阅读。从细节上，可以看出该官品质高尚，精神追求健康。

当今，有的青年一遇到工作生活上的不顺，便愁容满面、甚或选择极端手段，经受不起挫折或磨难。这无疑，表明你的精神支撑脆弱，所以必须加强这方面的历练。

在一个家属区的一栋楼的四楼，左门住着一位年轻人，名叫欧阳毅章；右门住着一位老人，名叫饶朔良。饶老的一生，可以说是相当的坎坷，不幸的事儿先后降临到了他的头上，诸如他年轻时，处于战争的年代，几乎失去了所有的亲人；他的一条腿也在敌人的空袭中，不幸被炸断了；"文化大革命"期间，由于妻子经受不了造反派的折磨，最后没能和他同甘共苦地生活下去，而是与他划清了界限，决然与他离婚了；再接下来的灾难，就是与他相依为命的儿子，在一次外出时遭遇了车祸，连抢救的时间都没了，又痛失爱子。

然而，在欧阳毅章的印象之中，饶老一直矍铄爽朗而又随和，见人总是笑眯眯的。欧阳毅章却经常愁眉苦脸的，显得很忧郁的样子。当他知道饶老坎坷的一生后，就找了个机会和饶老聊天，并把他自己的愁事都向饶老倒了出来，如自己与一个女友相处得挺不顺、现在的职业和自己所学专业不相吻合，自己的优势发挥不出来，等等。饶老听后，没有表示什么态度，仅是笑笑而已。对此，欧阳毅章终于忍不住了，就问："饶老，您经受了那么多苦难和不幸，可是为什么看不出您的伤感呢？"饶老仍然无言，但却一直注视着欧阳毅章的脸，然后，他将一片树叶举到欧阳毅章的眼前，说："你瞧，它像什么？"欧阳毅章说："这也许是白杨树叶，而至于像什么……"

饶老说："你能说它不像一颗心吗？或者说，它就是一颗心？"欧阳毅章听后，心为之一颤，心想：这叶子是十分像"心形"。饶老继续说："你再看看，它的上面都有些什么？"然后，饶老把手中的树叶交到了欧阳毅章的手里。这时，欧阳毅章清晰地看到，那叶子的上面，有着许多大小不等的孔洞，好像叶子的中间部分，被针扎了多次似的。

接下来，饶老似如描述般地道来："这个叶子在春风中绽放，在阳光中长成。这个叶子从冰雪中消融，又到了寒冷的秋末，它走过了自己的一生。这期间，这个叶子经受了虫咬石击，所以致它千疮百孔，可它并没有凋零。这个叶子之所以能够享尽天年，完全是因为对阳光泥土雨露充满了热爱，更对自己的生命充满热爱；相比之下，那些打击又算得了什么呢？"[7]最后，饶老说："欧阳毅章，你很年轻，这答案就交给你了，这实在是一部历史，更是一部哲学啊。"多少年过去了，欧阳毅章至今还保存着这片树叶。之因，自从他与饶老这次谈话以后，每当遭到工作和生活的打击时，他总能从这个叶子那里汲取足够的力量，不论在怎样的艰难困苦之中，总能保持一分乐观向上的精神。

必须清楚，倘若一个人的精神支撑失掉了，那么迟早会陷入堕落的泥沼。

在抗日战争中，一批曾经所谓的"热血青年"，卖国当了汉奸。例如，汪精卫便是其一，想当年在刺杀摄政王载沣被捕之后，他曾写过一首诗："慷慨歌燕市，从容作楚囚；引刀成一快，不负少年头。"何其悲壮！国人也赞佩不已，将其视为"倒清"之明星追捧着……

据说，周佛海在南京溪流湾8号的别墅有间地下室。"卢沟桥事变"后，一些知识分子出身的国民政府要员，经常到这里躲避日军空袭。他们认为，应该停止与日军对抗，"彻底忏悔和觉悟"，实现中日"和平、合作"。日本要"征服支那（中国）"，你却要跟人家搞"和平、合作"。此论，既为妥协、卖国之言，也反衬出"桌子底下打拳——出手不高"之举。可以说，他们的主张，是与汪精卫的卖国行径不谋而合的。当时，日本钢的年产量接近1000万吨，中国只不过十几万吨。钢产量意味着什么呀？意味着武器装备的强弱！

面对着外族入侵后的巨大的利益考验，一些知识分子的堕落路径，那就是汉奸化。由此，汪精卫等人被日本暂时强大的表象吓破了胆，当年那股刺杀载沣的勇气不见了。

1937年10月，国军第五战区司令长官李宗仁拜访汪精卫时，汪一再问李"你看这个仗能打下去吗？"说时摇头叹息，态度很是消极。看来，要与日本讲"和平、合作"！后来，汪精卫竟成了抗战年代中国的头号汉奸！陈公博、周佛海等也是如此。其实，他们只看到日本钢铁产量高的一面，没有看到中国人民抗战钢铁般意志的一面；只看到了日军军事训练有素、武器装备强的一面，却没看到中国人民抗日烈火已燃起的一面、中国人民抗日所爆发的磅礴力量的一面。因而，他们也就难以醒悟过来，所以至死也没有"找回自己"，结果被国人所声讨、被历史所唾弃。

鲁迅曾借喻过：羊分"胡羊"和"山羊"。山羊是带头羊，胡羊是大多数的羊。山羊脖子上挂着铃铛走在前面，后面一大群低眉顺目的胡羊挨挨齐齐地跟着。……一切悲喜剧，带头的无不是知识分子。一个失掉精神支撑的人，迟早会陷入堕落的泥沼。其他人的堕落，似如大江大河局部的混浊，而知识分子的堕落，则是水源浑了。

"梁上君子"的讥讽，使曾氏知耻而后勇

在做人的道理上，古今中外的哲人们均有论及。孟子说："无羞恶之心，非人也。"荀子说："人不知羞耻，乃不能成人。"马克·吐温说："人是唯一知道羞耻和有必要知道羞耻的动物。"可见，他们都在强调羞耻感（亦称"羞耻心"）在为人处事中所起的关键性作用。

其实，被称为"中华千古第一完人"的曾国藩，小时候的天赋也并不高。

根据曾国藩的回忆，有天晚上，正值少年的他居家读书，有一篇文章重复朗读已多遍了，还是背不下来。背不下来就不能睡觉，他只好赓继诵读此文。这时，一个小偷潜伏在曾家屋檐下，希望读书人入睡后捞点好处。然而，怎么等也不见曾国藩睡去，还是反反复复地读那篇文章。于是，小偷实在忍不住了，跳出来大声说：这种水平读什么书？接下来发生的事情让曾国藩目瞪口呆：只见那贼人将那文章很流畅地背诵了一遍，然后轻蔑地看了曾国藩一眼，扬长而去。[8]应该承认，那个小偷是很聪明的，至少他的天赋要比曾国藩高许多，不然也不会那么流畅地背诵文章，但不

知因何沦落为"梁上君子"，难以考证。此事，对曾国藩触动很深，从此大彻大悟，知耻而后勇，刻苦治学，奋发向上，终于实现了儒家修身、齐家、治国、平天下的人生使命，成为政治家、战略家、理学家、文学家，湘军的创立者和统帅，晚清"中兴名臣"之首，也是中国近代化建设的开拓者。

据考证，曾国藩曾为清朝廷举荐过的下属有千人之多，官至总督巡抚之位的就有 40 多人。既有李鸿章、左宗棠、郭嵩焘、彭玉麟、李瀚章等谋略作战军需人才，也有俞樾、李善兰、华蘅芳、徐寿等一流的学者、科学家。

所以，你也就不要仕途一不顺，就从自己天赋不高方面，没完没了地找原因或自责。其实，中外史上不少伟人、科学家，他们并非初始（青少期）天赋过人，而是古训"勤能补拙"、"天道酬勤"在起作用，是做事重视初始环节和基础步骤的观念在起作用。

清代学者朱起凤年轻时，曾经在一家书院任教书先生，因为没有弄清"首施两端"和"首鼠两端"两词通用（实则"首施"，源自《后汉书》），而错判了学生的作文，由此遭到了众人的奚落，见人抬不起头来，由此引发他思维变化。此后，他知羞耻而发愤苦读，潜心于词语的研究，凡是遇到别体异文，便随手摘记。这样坚持了 30 余年，勤勉不懈，博举例证，易稿 10 余次，终于独力著成《辞通》巨著。此巨著收 4 万多条词语，总计 300 余万字，与《辞源》、《辞海》并称为"三辞"。应该承认，朱起凤的治学态度是严谨的，如在浩如烟海的古书中，从搜集资料到研究、抄录，其工作量难以计数。在对词语研究过程中，他对一些沿讹已久的词，不厌其烦地加以考订、校正，对一些解释含糊的词，经过他的类比辨析，获得了明确的含义。对于那些一时难以决定下来的词，他就把它写在小纸条上贴起来，这样可以随时考核、审订，也由此，他家的书房墙上、窗户上均贴满了小纸条。以至外出坐在火车上，他也没有停止过编写。1930年，此巨著由夏丏尊、章锡琛主持的开明书店正式出版，定名为《辞通》。此巨著分编上下两卷，1934年上卷5000本在出版后，仅1个月内就全部售完，这在当时的中国是件盛况空前的事情，震动了整个出版界。

曾国藩少年时，一篇文章重复朗读已多遍了，还是背不下来，即为做事的初始环节、基础步骤。朱起凤年轻时，因没有弄清"首施两端"和"首鼠两端"两词通用，惨遭奚落，可同视为在做事的基础步骤上出了问题。可以说，倘若做事忽视了这两点，那么，就如同没有打好地基的一座楼似的，连三四级地震也经不起，更别说2015年尼泊尔的8.1级大地震了，那可真是"岌岌乎殆哉"！多少人会把命搭进去、多少财产都会损失掉。

你能想得到，美国前国务卿鲍威尔当初进公司时，是一个清洁工人吗？（因他是黑人，只能选此职业）尽管这是一份不起眼的工作，但他却做得有板有眼，即清洁中，他摸索出一种拖地板的姿势，这样可以把地板拖得又快又好，而且干起活来还不是很累。一段时间观察后，老板断定他是人才，于是破格提拔了他。后来，鲍威尔写回忆录时，还记得自己所积累的第一个人生经验："认真做好每一件小事儿"，不断"自检"。由于他不断努力，尤其对身边每一件小事都能付出100%的工作激情，他才由一个清洁工成长为大国、强国的国务卿（美国国务院的首长）。

革命导师列宁说："要成就一件大事业，必须从小事做起。"[9] 他是这样说的，也是这样做的。1920 年年底，他就直接给俄罗斯国家电气化委员会写信，要他们尽快解决 2000 万个电灯泡；不久，他又直接给邮电部写信，要他们尽快解决莫斯科一个会议厅的扩音器。因为，不解决电灯泡，照明就有困难，工作、生产受到影响；不解决扩音器，重要的会议开不好，就会延误全俄电气化和经济恢复发展等大事。因为，小事之中蕴含着巨大的影响。

2014 年 4 月 1 日，习近平总书记在比利时布鲁日欧洲学院演讲中，引用了老子的《道德经》里的一段话："图难于其易，为大于其细。天下难事，必作于易；天下大事，必作于细。"意即，谋划大事难事，要从小处和容易处考虑。天下的难事，都是先从容易的地方做起；天下的大事，都是从细微的小事做起。老子把难与易、大与细（小）的相互转化阐释得淋漓尽致。所以，生活中我们必须分辨出大小，绝不可"棒槌当针——粗细不分"！

福特大学毕业后，到一家汽车公司应聘。与他同时应聘的人都比他学历高。面试中，他前面的几个人一一闪过后，他觉得自己"没戏"了。又一想，既然来了，见就见呗。于是，他敲门走进了董事长办公室，一进办公室，他发现门口地上有一张纸，就弯下腰捡了起来，一看是一张渍纸，就顺手把它扔进了废纸篓里，而且动作非常自然。然后，走到董事长的办公桌前，说："我是来应聘的福特。"董事长说："很好，很好！福特先生，你已被我们录用了。"福特惊讶地说："董事长，我觉得前几位都比我好，你怎么把我录用了？"对此，董事长以自己的思维方式、以有力的说服力，分辩道："福特先生，前面三位的确学历比你高，且仪表堂堂，但是他们的眼睛只能'看见'大事，而看不见小事。你的眼睛能看见小事，我认为能看见小事的人，将来自然能做成大事，一个只能'看见'大事的人，他会忽略很多小事。他是不会成功的。所以，我才录用你。"[10] 于是，福特就这样进了这家公司。这就是今天"美国福特公司"的创始人福特。你说，福特捡起的这张废纸，它的分量重不重？所以，对"小事"，不应不屑一顾，而是应给予足够的重视。

应该承认，当今许多大学生就业的难题之一，就是他（她）们的就业观、实际能力，与当今社会、与生活工作的现实，距离明显。而在他们的思维方式上，往往又不认知这一事实，高估了自己的能力。对此，有位老知识分子曾担心地说过："他们的理想太伟大了，一个个都觉得离伟人的距离不过是近在咫尺，对一切都不屑一顾，可一检验他们的实际能力，不能不使人扼腕。"笔者援引此话，非带讽刺意味，而是为你理解其意，尽点微力。针对他们身上的这种虚势，一位老员工曾直截了当地说，但是"'理想很丰满，现实很骨感'，进入职场不久，那种好高骛远的心态暴露无遗"。而这种心态，对你的成长是十分有害的。所以，不免降低点就业条件，注重一下成才的初始环节、基础步骤。

在我国，有哪个有大专文凭的人，愿意选择制作办公图钉的职业？但在德国，即便有硕士文凭的人，也愿意从事这一行当，将图钉制作得精益求精，使该产品畅销国内外，在人家的手里把"瞧不起"的事儿，做成了"了不起"！须知，无论你具有何等学历，那也只能代表着你的过去；老板既不会给你固定的工薪，也不会给你圆满的未来。所以，不可坐井观天，思维狭窄，不要以为自己是武大郎（喻义个子矮小），就以为 2.26 米、前

NBA 球星的姚明是两个人垒成的。因此，你必须从浮躁中走出来，逐步养成脚踏实地的好习惯，重视做事的初始环节、基础步骤；如此，才能把担负的工作任务做好做实。我们坚信，在我国青年群休中，将会有越来越多的人，一定会重视起发展的初始环节和基础步骤，成就一番事业！

只有先"扫一屋",才能实现"扫天下"的理想

东汉时期,有一名15岁的少年,名叫陈蕃,自命不凡,一心只想干大事业。一天,父友同郡薛勤来访,只见陈蕃独居的院内龌龊不堪,就对他说:"孺子何不洒扫以待宾客?"是说,孩子,你为啥不清扫庭院以迎接宾客呢?陈蕃答道:"大丈夫处世,当扫除天下,安事一室乎?"是说,大丈夫处世,当以扫除天下为己任,怎么能局限于整理一间房子呢?薛勤认为,陈蕃有让世道澄清的志向,这是很有见解的,与众不同;但薛勤自有见解,当即反问道:"一屋不扫,何以扫天下?"意即,连一间屋子都不打扫,怎么能治理天下呢?

应该说,陈蕃欲"扫天下"的胸怀固然不错,但错的是他没有意识到"扫天下"正是从"扫一屋"开始的,"扫天下"显然包含了"扫一屋",而不"扫一屋"是断然不能实现"扫天下"的理想的。不过,即便你扫了一屋,也不见得就一定能"扫天下"。但须清晰,带给人们纠结的,不应是这句话带来的结果,而是这句话带给人们的启示:岂可浮躁!

在中国古代,不浮躁的人,只有那些仕途失落,看破了儒家文化本质的田园诗人。如晋末宋初的大诗人陶渊明,可以算得上一个。他最初做过

州里的小官，但因看不惯官场上的那一套恶劣作风，不久便辞职回家了。他 41 岁时，在朋友的劝说下，再次出任彭泽县令（县长一职）。有一次，上面派督邮（官职，各郡的重要属吏）来彭泽了解情况。即时，有人告诉他，"那是上面派下来的人，你应当穿戴整齐、恭恭敬敬地去迎接"。陶渊明一听，叹了一口气说："我不愿为了小小县令的五斗薪俸，就低声下气地去向这些家伙献殷勤。"说罢，他就辞掉了仅任 80 多天的县令，回家去了。由此，他"不为五斗米折腰"的精神，赢得了后世许多人的称赞、乃至效仿；并且，传诵着他的《归园田居》诗句，即为："种豆南山下，草盛豆苗稀。晨兴理荒秽，戴月荷锄归。道狭草木长，夕露沾我衣。衣沾不足惜，但使愿无违。"你看，大诗人陶渊明心平气和地种豆呢……

诚然，也不可否认中国儒家文化中浮躁的一面，即某些仕途不得志者，也浮躁起来。如延续至今的"终南捷径"典故，似乎很能说明这一问题。典故中的卢藏用，出身大族，又是天下有名的文学青年之一，精通琴、棋、书法，所以很容易就考上了进士。不过，他却怎么也得不到官府人事部主管的赏识，好久都没有安排他上岗工作。据《新唐书·卢藏用传》载：唐朝进士卢藏用没有官职，他来到京城长安（今西安）附近的终南山隐居，以便扩大自己的影响。而且，终南山离大唐的首都非常近，站在山上都能望到大明宫的屋脊。当他听说皇帝经常路过终南山的消息后，就终日打探皇帝出宫的行走路线；并且，他经常搬迁隐居的地点。终于，有一次"碰巧"遇到了路过此地的皇帝，向圣上倾诉了一番"衷肠"、"壮志"，后来朝廷果真让他出来做了大官，如愿以偿，够有心机的吧！

显而易见，卢藏用谋官之举与当今某些干部跑官要官，可谓同出一辙。也因此，2016 年 6 月 28 日，习近平总书记在中央政治局第 33 次集体学习时强调，"让那些阳奉阴违、阿谀逢迎、弄虚作假、不干实事、会跑会要的干部没市场、受惩戒"。话说回来，后来呢，同僚司马承祯拟定退隐至天台山，卢藏用听说后，极力建议他隐居终南山，并说那是我卢某人独特的成功经验。可见，儒文化之下的社会浮躁并不限于庙堂之高，也不限于江湖之远，甚至不远不近的终南山，也是浮躁的捷径，勾人心魂；不言自明，这里能够"巧遇"到皇上啊！

后来卢藏用做吏部侍郎（主管官吏任免、考核、升降、调动）时，面对各路权贵跑官要官，却没有应对措施，只好出卖良心，当滥忠厚之人。再后来，唐玄宗以他曾拍过太平公主的马屁为由，把他流放到了广东。

心比天高，但又不安于踏实做事的人，似如没有根基的水生植物浮萍，会即刻消逝在时代的大潮之中。你想成就自己的一番事业，就必须清心寡欲，脚踏实地做人做事。

明代著名医药学家李时珍先后到过武当山、庐山、茅山、牛首山及湖广、安徽、河南、河北等地收集药物标本、处方，尝遍百草，并且，虚心拜渔人、樵夫、农民、车夫、药工、捕蛇者为师，历经 27 个寒暑，才完成了 192 万字的巨著《本草纲目》。据媒体报道，2011 年金陵版的《本草纲目》巨著，成功入选世界记忆名录。英国生物学家达尔文，曾经乘坐贝格尔号舰作了 5 年的环球航行，一丝不苟地对动植物、对地质结构进行了大量观察和采集，才写成了《物种起源》，提出了生物进化论学说，从而摧毁了各种唯心的神造论、物种不变论，可称得上是来自"地气"的研究成果。北宋史学家司马光，耗时十五载，翻阅了大量书籍资料，以"日力不足，继之以夜"的韧劲，主持编纂了中国史上第一部编年体通史《资治通鉴》。他曾问好友邵雍："你看我是怎样一个人？"邵氏回答说："君实，脚踏实地人也。"正是这分踏实与坚毅，成就了司马光一生的伟业。李时珍、达尔文的成功人生，也是如此，均为脚踏实地做人做事之人。

纵观中外历史，大凡卓越成就之人，必经长年累月积淀而成，此为铁则。周恩来堪称欲"扫天下"而先"扫一屋"的杰出代表。在他的青少年时代，学习成绩是一流的，社会活动是广泛的。他创办过报纸，写过文章，有过人的口才、超常的机敏、宽阔的视野、非凡的组织能力。这些铺垫，对于他日后出任国务院总理有相当大的影响。如果他没有当年脚踏实地先"扫一屋"地工作，那么当他面对一个6亿人口的泱泱大国，面对纷繁复杂的国内外局势，面对那些突如其来的天灾人祸，他能够驾驭得了吗？显然不能，当然也就实现不了"扫天下"的理想。

袁隆平的杂交水稻被西方称为"东方魔稻"。此成果，也是脚踏实地探索的结晶。

2017年10月15日，据多家权威媒体报道：袁隆平超级杂交稻品种"湘两优900（超优千号）"，在河北省硅谷农科院超级杂交稻示范基地，通过了该省科技厅组织的测产验收。平均亩产1149.02公斤，即每公顷17.2吨。创造了世界水稻单产的最新、最高纪录，这也是中国水稻最高亩产。[11] 此消息传来，真的太让国人振奋了！

然而，我们许多不了解诺贝尔奖设立规则的人，都为袁隆平不能获得诺贝尔奖而遗憾。其实，贝恩哈德·诺贝尔立嘱设立的奖金，有物理、化学、生理或医学、文学及和平5种（即诺贝尔奖）。没有设立生物学奖，自然与作为"世界杂交水稻之父"的袁隆平无缘！当然，这也仅仅是我们的遗憾而已，并非袁隆平的遗憾。因为，在他的脑子里压根就没有打过这些名利上的算盘。而时下，他所追求的、梦想的，则是杂交稻更高的亩产量。

杂交水稻之所以是世界难题，是因为，需要培育一个雄花不育的稻株（雄性不育系），然后才能与其他品种杂交。袁隆平认为，雄性不育系的原始亲本，是一株自然突变的雄性不育株，也可以天然存在。于是，他走进了水稻的绿海，去寻找这从未见过的水稻雄性不育株。日复一日，他头顶烈日，脚踩烂泥，一穗一穗地观察寻找，终于在第 14 天发现了一株雄花花药不开裂、性状奇特的植株。时隔一年，他和妻子邓则又找到了 6 株雄性不育的植株。然后，经过试验、数据分析，发表文章阐述论证、过关，终于配制种子成功。大面积播种结果，10 年累计增产稻谷 1000 亿公斤以上，增加总产值 280 亿元，取得了巨大的经济效益和社会效益 [12]。

据统计，袁隆平创造的杂交水稻，每年增产的粮食能多养活 7000 万人，靠科学填饱了中国人的肚子，成为世界公认的顶级科学家，他的贡献获什么奖都不为过。他说："我的主要精力是做研究。只要田里有稻子，从播种到收获，每天都要下田，这是我的本职工作，也是我的兴趣。"对于袁隆平，尽管天上有一颗以他的名字命名的行星，地上到处有他的画像，但他衣着朴素，比农民还农民，没有浮躁的印记。

有一天，袁隆平与夫人邓哲逛商场，看到柜台上有 10 元钱一件的打折衬衫，他说："太便宜了，加 2 块吧，12 块一件。"谁见过这等事儿，让人费解吧？见此，售货员笑着说："你这位同志真怪，人家买东西讨价还价，你却往上加，不可理喻！"结果，他一口气买了 10 多件，并说："这样的衬衣好，下田的时候穿起来方便，不用担心弄脏了。"有人说，你是院士、大科学家，应该穿一些高档的服装，袁隆平说："我天天和农民在一起，如果穿得像个城里人，就会让他们觉得生分，他们就不会和你交心了。我国农民有很丰富的水稻种植经验，应该向他们学习。"袁隆平是国家杂交水稻工程技术研究中心主任，手里每年掌握着几千万元的经费，但他下田地工作经常骑摩托车。田里的秧苗分蘖了，抽穗了，扬花了，结实了……他跨上摩托车，一溜烟窜上马路，拐入小径，走上田埂，随之身影便闪动在稻田里了。后来，朋友们劝说袁隆平，说你已经 70 多岁高龄了，骑摩托车是"肉包铁"，开汽车是"铁包肉"，比较起来还是开汽车安全一些，于是，他买了一辆赛欧牌家用汽车，兴致勃勃地学起开车来，感觉还不错，还考了个驾驶证。有时，他把汽车开到了田边，查看稻秧。

从中可见，袁隆平依然过着朴素无华的生活，执着地追求杂交稻的亩产量。不可否认，功利委实是一种驱动力。但有境界的人，更有自己的事业追求，是不为功利所左右的，而更具脚踏实地的品性。说来，袁隆平正是具有这种品性的大科学家，令人钦佩！

所以，在人生的很多时候，我们都急需在心中添一把火，以燃起某些希望，心存高远；也有很多的时候，我们都急需在心中洒那么一点水，以浇灭某些欲望，脚踏实地。因而，人的一生是同浮躁作斗争的一生。倘若拭去心灵深处的浮躁，你也就找到了成功之路。

从"一张书单上",悟出了一个文学家

家居安徽寿县的金克木,中学一年级就失学了,说来学历也就小学毕业。虽然他只有小学学历,出身寒微,但他志向远大,一心向学,不想碌碌无为地度过一生。

1935 年,经友人的介绍,金克木在北京大学图书馆当了一名馆员。

金克木当馆员后,尤爱读书、且读书也方便,但因不能如大学生那样有老师的指导,所以对于应该读哪些书、学哪些知识,他却感到一片茫然,无从下手。思来想去,他找到了一个办法,就是看别人读啥书,他也就跟着读啥书,所以,每当有读者来还书的时候,他就留心那些书籍,把书名记下来,自己再看一遍,找一下感觉!

有一天,图书馆来了一位身穿长袍的大名鼎鼎的教授,只见他夹着一个布包,手拿一张纸,往图书馆的借书台上一放,一言不发。金克木接过借书单子一看,上面列的全是些珍贵的古书(借的全是善本和珍本)末尾还备注着"为校注书籍所需,请馆长准予借取"。但借书人不顺的是,馆长那天又刚好不在校内,无奈,这位教授只好悻悻地离开了。

后来，金克木在他的《咫尺天颜应对难》一书曾写到，待这位教授走后，"我连忙抓张废纸，把进出书库时硬记下来的书名默写出来，以后有了空隙，便照单到善本书库中　　查看。我很想知道，这些书中有什么奥妙值得他远道来借，这些互不相干的书之间有什么关系，对他正在校注的那部古书有什么用处"。在此过程中，金克木通过亲见原书，同时又得到了书库中人的指点，一本本地研读，不断增加了对古书、对版本的知识，结果有了很大的收获。多年过后，他深切表白："我真感谢这位我久仰大名的教授。他不远几十里从城外来，给我用一张书单上了一次无言之课。当然他对我这个土头土脑的毛孩子不屑一顾，而且不会想到有人偷他的学问。"[13] 此段文字，显系金克木真诚的思维表白，即"偷他的学问"，充实自己。

不仅如此，金克木在北大图书馆当管理员期间，还自学多国语言，开始翻译书籍和写作文章。1938 年他去了香港，担任《立报》国际新闻编辑；1939 年后，他先后在湖南桃源女子中学教授英文、在湖南大学教授法文。1941 年，他去了印度，担任《印度日报》及一家中文报纸的编辑，同时开始学习印度语言和梵语，走上了梵学研究之路，研究成果不断刊发。

1946 年，金克木回到了祖国，先任武汉大学哲学系教授，后任北京大学东方语言文学系教授。随后，他在北京与从西南联大毕业的女才子、我国著名的历史学家唐长孺的妹妹唐季雍女士结为伉俪。后来，金克木和季羡林、张中行、邓广铭一起被称为"燕园四老"。他是中国当代文学家、翻译家。曾任第三至第七届全国政协委员。

金克木临终时说："我是哭着来，笑着走。"显见，自己装满了知识、亦为世人留满了精神财富，为我国的学术发展作出了重大贡献。他的诗歌，注重诗"质"之美。他主张情知合一，以简约追求丰富，以有限追求无限，营造出悠远深微的诗境，给人以充满哲理的"美"。他的散文，文字精细而立意宏远，在漫不经心的叙述中，潜伏着一种严密而不可肢解的精神脉络，思想被整合在天马行空的文字之中[14]，启发人们睁眼看世界，以拓展思维领域。

人生在世，处处是学堂。关键的是，看你是否有一颗求学之心，是否乐于为求学而察微细思。懂得借力发力的人，就能以小博大，以弱胜强，以柔克刚，就能四两拨千斤。

尤其要在"悟"字上下功夫。谁"悟"得深了，谁也就非同一般了。明朝的嘉靖年间，北京城里居住着一位裁缝师。到他家做衣服的人，无论你是高矮胖瘦，经过他缝制的衣服，没有一件不合身的。一天，有一位当朝的御史（监察性质的官职），慕名找到了这位裁缝师，言明要做官服。按序，几乎所有的裁缝师，都是先给做衣人量尺寸，而这位裁缝师却不急着给御史量尺寸，而是跪下来，询问御史的年龄、官龄。裁缝师说："初任高官意高气盛，身躯往往微仰，衣服应后短前长；任职稍久，在官场经过磨炼，意气微平，衣服应前后一般长短；如果任职久了，而且还可能升官，则内心装着的是谦逊，身体往往微俯，衣服就应前短后长。"你看，这位裁缝师"悟"得深吧？思维视角有多么的鲜明，岂能制作不好衣服？

全希利从汽车学院毕业后，加盟隆浩公司，踏入了汽车推销行业。他上班后，虽然在外面奔波了四个多月，但仍无业绩可言，所拜访的客户兴趣寥寥，一张订单也没下来。而公司里的其他推销员业绩都不菲，有订单有客户。由此，使全希利逐渐心灰意冷起来，并萌生了退出公司的想法。鉴于此，他就给自己订了一个期限，如果到了最后期限，仍然没有订单的话，就离开汽车推销行业，只好再谋他路了。

然而，在他所订的期限内，还是没能收获订单。待到期限的最后一天，他走访客户、吃了几次闭门羹后，非常疲惫地路过郊区的一处农田，准备回公司后就提交辞呈。过田埂时，他突然感到尿急，就走到田埂旁准备小便。这时，他发现田埂的旁边蹲着一只青蛙，他就想把自己没有收获业绩的一肚子怨气，全都发泄在这只青蛙身，于是，全希利就故意往青蛙的头上浇尿。心想，这只青蛙被自己的尿液乱撒一通，一定会因此而惊惶地跳走，但令他没料到的是，这只被他浇尿的青蛙，不但没有跳走，反而若无其事地睁着眼睛，似乎在享受一次大自然的沐浴一般。青蛙的怡然自得表情，给予他莫大的启悟，认识到：想要推销成功，就必须善待客户，即如青蛙一样，不论顾客多么无礼，都要逆来顺受。也由此，心中再次燃起了留下来的斗志。可以说，这只青蛙状态，改变了全希利的人生命运。在遭遇客户的多次拒绝后，全希利获得了第一份订单。此后的第一年，他每个月平均能卖出 6 台车，到了第二年平均每个月能卖出 10 台车，到了第五年，每个月平均能卖出的数量，已上升至 14 台车。再后来，全希利开办了自己的汽车配件公司，供需两旺。

其实，无法改变的，抱怨也没用，但选择的权利和办法，就掌握在你的手里，就看你怎样"修理"自己。

在美国的加州岛屿上，生存着美洲鹰。之因市场上有人高价收购它，当地人对它疯狂捕杀，致使它在岛上绝迹，人们再也看不到它了，认为它已从世上消失了。

一只成年的美洲鹰，体重可达 20 公斤，两翼展开可达 3 公尺。它出现在海面上，飞行时，一个俯冲下来，便可抓起一只小海豹，迅即飞上天空，够厉害吧？但多少年后，研究美洲鹰的科学家阿·史蒂文，在南美安第斯山脉考察时，却在一个岩洞里发现了美洲鹰。

考察中，阿·史蒂文发现，岩洞中岩石与岩石之间，最大的距离只有 0.5 英尺。这连麻雀都很难栖身的环境，岂能容得下体态庞大的美洲鹰？为解疑惑，他在洞里捉到了一只美洲鹰，然后，就用许多树枝把它围在了中间，再用铁蒺藜做成直径为 0.5 英尺的小洞，试探着让它从洞里往外飞。准备就绪后，在他的追赶下，美洲鹰一下子就从 0.5 英尺的小洞里飞了出去，飞的速度相当的快，使人一时难以看清楚怎么过去的。为此，他通过现场录像的慢动作，发现美洲鹰在穿过小洞的一刹那，两个原来挺大的翅膀，紧紧地贴在自己的肚子上，双脚直直伸到尾部。它原来巨大的躯体，在瞬间似如"一条又柔又软的面条"，轻松通过了设计的"洞"的程度，真的令人难以置信。

不仅如此，阿·史蒂文在对所发现的美洲鹰研究中，还发现了它的身上，业已布满了大小不等的老茧子，而且很坚硬。无疑，当时它为躲避人类的追杀，避难于这样的岩洞里，为能使庞大的身躯穿过岩石之间那狭小的缝隙，在一次次地撞击、流血中调整、改变着自己，终使自己身上布满了老茧子，以抵御岩石的摩擦。

从中可见，美洲鹰是无法躲避人类的捕杀的，同时，也是无法改变岩洞狭小的，但它却能够改变自己，进而获得生存空间，让濒临绝迹的自己得以生存下来。

如此说来，无论是当年的金克木、裁缝师、全希利，还是现实生活中的我们每一个人，自己都是无法选择出身、父母、家庭的。这些改变不了的现状，我们不必抱怨。但问题的另一方面，就是我们只有勇于并甘愿适应环境，赋予自己以第二次生命，如美洲鹰一样，磨砺、"缩小自己"，就能够穿过狭小的缝隙，获得更广阔的天空，大展宏图。

请罗素来指点迷津的，可他却心生惭愧和自责

1920 年 10 月，伯特兰·罗素应梁启超等人的邀请来华讲学，是为中国人指点迷津的。你会发问，罗素什么身份啊？此人系英国著名哲学家，大名鼎鼎、享誉世纪思想界之人。此行，罗素还来过我国的四川。当时的中国，军阀割据，民不聊生、生活困苦。

罗素和陪同他的几个人坐着两人抬的竹轿子，上峨眉山参观，山路陡峭险峻。时值夏天，天气十分闷热，所以几位轿夫累得大汗淋漓，气喘吁吁。见此，罗素已没心情观景啦，而是揣摩起几位轿夫的心情来。他心想，此时轿夫们一定痛恨他们几位坐轿的人，这样的大热天，还要他们抬着上山，太不人道了吧！他还想到，轿夫们或许正在思考，为啥自己是抬轿的人而不是坐轿的人呢？哲学家嘛，他琢磨这些也算常理儿。

罗素正在琢磨这些问题时，竹轿到了山腰的小平台。

就在几位轿夫休息之际，罗素认真地观察了轿夫们的表情。他看到轿夫们坐成一行，拿出自己的烟斗，又说又笑，丝毫没有怨恨天气热和坐轿人的意思，更没有一丝不快。

不仅如此，轿夫们还给罗素讲自己家乡的笑话，同时还给这位大哲学家出了一道智力题："你能用 11 画，写出两个中国人的名字吗？"此题，罗素如实承认写不上来。于是，轿夫笑呵呵地说出了答案："王一、王二。"然后，轿夫们好奇地问罗素一些外国的事情，罗素也讲给轿夫们。彼此交谈中，轿夫们不时发出爽朗的笑声。见此，罗素陡然心生一丝惭愧和自责，我凭什么去宽慰他们呢？我凭什么认为他们不幸福呢？我这不自作多情嘛！

真是不虚此行啊！罗素不仅对古老悠久的中国文化极为敬佩，而且对中国人的教养和幽默感十分欣赏。但他对日本的一个报社，表示很不满！其原因，就是他在中国讲学期间生了一场大病。生病后，他拒绝任何媒体人的采访，对此一家日本报刊就很不满，于是就谎登了"罗素已经去世"的消息。消息刊出后，虽然交涉了，但日方仍不收回此消息，令他非常气愤！在返回英国的路上，他取道日本，这家谎登他死了的报社，又要采访他。作为报复的手段，罗素让自己的秘书给每个记者分发印好的字条，上面写着："由于罗素先生已死，他无法接受采访。"有趣吧？你一个名不经传的报社记者，岂能斗过享誉世界的大哲学家?!

话说回来，罗素通过来中国讲学、游历，他得出结论："用自以为是的眼光看待别人的幸福是错误的（指轿夫）。"回国后，他撰写了《中国人的性格》，也讲过轿夫的故事，感到挺欣慰。

据《庄子·秋水》上载：庄子和惠子漫步在濠河的桥上。庄子说："鲦鱼游弋得很从容，这鱼很快乐啊。"惠子说："你不是鱼，你怎么知道鱼的快乐呢？"庄子说："你也不是我，你怎么知道我不知道鱼快乐呢？"惠子说：

"我不是您，当然不知道您的感知吗；您原本不是鱼，您不知道鱼的快乐，这不就完了。"此段对话，说明不要总是用自己的眼光或观点去看待、左右他人。

夏季，无论是北京还是外地，你可能常会在辅路上见到卖西瓜的夫妇。当太阳西斜的当儿，夫妻就守着三轮车旁边的西瓜摊，拿着自带的饭盒在吃着晚饭（饭后还能卖一阵子西瓜），不时地喝着自带的白开水。你会发现，夫妻的生活很清苦，但从他们的表情上看，并没有任何惆怅和怨气。夫妻吃得津津有味，还在谈论着家长里短，真的应验了《天仙配》的唱词："夫妻恩爱苦也甜……"实际上，他们并没有因为生活的艰难而痛苦，而是会因为今天生意不错感到高兴、自得。我们旁观者不是他们，当然也就不能感受到他们的幸福。

其实，那些坐在轿子上的人，未必是幸福的；而抬轿子的人，也未必不是幸福的。幸福原来就在你我、每一个人的心里。他人可以分享你的幸福，但不会真正体味其中的奥妙。对此，不妨你换一种思维，你也许会发现：你是这个世界上一个幸福的人。

例如，甄佑桓人生经历坎坷，受过很多苦难，尤其经受了下岗待业、婚姻不幸的两度磨难，这样的遭遇，一般人会很同情他，说他不幸，但他却认为，正因为拥有这些苦难的历程，磨炼了自己的顽强意志，丰富了生活阅历，所以苦难对自己来说，成了一笔难得的宝贵财富，自当愈挫愈奋，后来，他成了一个小有名气的公司老板。还如，同样是生病，常人把它看成是坏事，但史铁生却说："生病的经验，是一步步懂得满足。发烧了，才体会不发烧的日子多清爽；咳嗽了，才知道不咳嗽的嗓子多舒服。"

也由此，使他对人生体味得更深刻，珍惜生命、与疾病抗争，坚持写作，探索人生价值，以至成为人们敬仰的著名作家。

现实生活中，还有不少的人，经常羡慕别人的幸福。羡慕别人单位的福利待遇比自己的单位好，即年终奖金多、季节性福利跟得上；羡慕别人找了个英俊潇洒的老公；羡慕别人没到而立之年就当上了处级干部，而自己还是一个普通干部。也由此，她心理失衡，自以为自己活得窝囊，活得没劲！但她哪里会想得到，她所羡慕的这个人抑或那个人，也同样在羡慕着她。羡慕她，我要有这么轻松的工作多好啊！羡慕她，我要有她那样多的好朋友多快乐啊！羡慕她，我要能像她那样平淡地生活多幸福啊！

如此说来，这就像"新月派"诗人卞之琳的《断章》，对此所论道的那样："一个人总在仰望和羡慕着别人的幸福，一回头，却发现自己正被别人仰望和羡慕着。"因而，你就应以辩证思维去看待人和事。

虽为同一种事物，是幸福、还是不幸福；是乐观、还是悲观，由于人们观察事物的角度不同、思维方式和方法不同，所以在理解上，往往也就截然相反！

几十年前，有一台电视转播音乐大师哈尼·杰斐尔的音乐会。杰斐尔出场前，音乐会设计师给他挂了许多花环。当他登上指挥台、全神贯注地指挥乐队时，花环上的花瓣接连落到他的脚下，这时，一位女士议论道："等他指挥完了这几支曲子，他会站在一堆可爱的花瓣之中，多么美呀！"也就在这时，另一位男士有点忧伤地说："我想，等到他指挥完了的时候，花儿都掉光了，他的脖子上只会挂着一道绳索喽！"显而易见，那位女士看到的，是花环撒落下的"可爱的花瓣"；而那位男士呢，他看到的却是已无花的花环，即"一道绳索"。究竟谁乐观、谁悲观，那不是"小葱拌豆腐——一清二白"了吗？

可见，如果你感觉到了幸福，那么，即便是一片普通的落叶，你也会倾倒出一个金黄的时节；即便是芝麻大的小事儿，你也会做得有鼻子有眼；即便是仅仅能够遮风挡雨的简陋屋子，你也能够住成安然舒适的皇宫……所以说，你能感觉到的，才是幸福。

以往，你总认为自己的那些痛苦，是问题本身带来的，实际上是你对这些问题的看法所产生的。尤其那些自卑者，他们怎么也看不到自己的优点，所能看到的，全是自己的缺陷与不足。而那些抑郁症患者呢，在他们的眼睛里，没有明媚灿烂的春光，所有的，也只是萧瑟凄凉的秋风。

"从头再来"需要勇气，但也不能离谱！

　　李立三的原名，叫李隆郅。他之所以改名李立三，可以说与邓中夏有直接的关系。笔者查了一下，在李立三的自传里，有如下一段文字："我原叫李隆郅，这名字工人不容易认识。1924 年 11 月左右，我与中夏同志去吴淞，在火车上，中夏又说我的名字不好写，改一个吧！改什么呢？刚好看见三个人立在火车门口，中夏就说叫立三吧。所以自此以后我的名字就改为李立三。"从此以后，李立三就成了他的名字，一直沿用下来。

　　1930 年，李立三担任中央政治局常委兼秘书长、宣传部长，掌握着中共中央的实际权力。在此期间，推行"左"倾冒险主义错误（被称为"立三路线"），即主张集中全国红军进攻中心城市的冒险主义计划，曾使革命事业遭到重大损失，但不久他就认识改正了错误。

　　随后，李立三应召去了苏联，共产国际决定，李立三化名"李明"，以研究生身份进入莫斯科列宁学院学习。一次，在学院安排下、在学院召开的大会上，"李明"作主题发言，题为《批判"立三路线"》。报告会开始后，"李明"历数了"立三路线"给中共和红军造成的严重危害……会场上，大家出于义愤、纷纷议论：如果李立三在这里，非得给他点颜色看看，出出气！报告结束时，"李明"走下台时，人们问道："你怎么讲得那么活灵活现？好像身临其境，亲自经历的一样！"即时，"李明"羞愧地低下了头，说："我就是李立三。"大家惊愕了，一时说不出话来，霎时，响起了热烈的掌声，为他自我剖析、承认错误的勇气所感动。

离开莫斯科列宁学院后，李立三担任中华全国总工会驻赤色职工国际代表，参加赤色职工国际和外文出版局的工作。在这期间，美丽的俄罗斯姑娘李莎（原名叶丽莎维塔·基什金娜）闯入了李立三的生活。有一天，李莎与女友柯拉娃一同去看望好友萨尔达。当时，萨尔达在共产国际做英语翻译工作，她的丈夫是中国湖北人杨松（后任《解放日报》社总编辑），杨松与李立三同在共产国际机关里工作，与李立三算是"半个老乡"。宾主落座之后，李莎发现客厅里有一位陌生的中国人，他正在与杨松谈话。他个子高挑，英俊潇洒。就在这时，萨尔达向李莎介绍说："这是李明（李立三），也是从中国来共产国际机关工作的。"萨尔达介绍完，李立三礼貌地欠了欠身子，显得十分儒雅。后来李莎回忆，说他："俄语说得不太好，不大爱讲话，静静地坐在那里"。就在李莎、柯拉娃、萨尔达欢聚、交谈的过程中，李立三发现，面前的李莎，却是天生的丽质，语出文雅……

应该说，俄罗斯人有一个良好的习惯，就是好朋友之间总是相约在一起，举行节日聚会或到野外郊游，比如到公园划船等活动。如果在人多船少的情况下，使用"李明"的赤色职工国际执行委员的红皮证件，就能很快把游船租下来。由于他们经常在一起游玩、聚会，"李明"为人谦和、坦诚的品格，给一起参加聚会活动的李莎留下了深刻的印象。

　　有一次，"李明"与李莎聚会、相互交谈时，"李明"突然问李莎："你知道中国共产党的'立三路线'吗？"李莎顺口答道："听政治报告时听说过，报纸上也刊登过，那是一次大的'左'倾盲动主义错误，同苏联布哈林的错误差不多，是吗？"李莎的话音刚落，"李明"笑着说："你猜猜，李立三是何许人也？"沉默片刻，"李明"自问自答："我就是'立三路线'的负责人李立三。'李明'是我来苏联起的化名。"顿时，李莎站了起来，非常惊疑地望着眼前的李立三，说："天哪，你就是那个赫赫有名的李立三？"心想，眼前这个可爱的人怎么会是机会主义分子呢？也需要反对吗？她怎么也想不通，感到十分地费解、失望。

　　与李莎相处过程中，李立三还多次向她谈到"立三路线"的错误。他说："我走上领导岗位才 20 多岁，经验不足，有些飘飘然，又很急躁，觉得中国革命在一夜之间就能成功。特别是进了政治局、成为核心人物之后，更是忘乎所以……夸大了革命力量的发展和反动统治的危机，以致头脑发热，终于形成冒险主义路线，使整个形势的发展走向了反面。"[15]

　　事实上，"爱"是婚姻的基石，两颗心的爱缺一不可。只要双方能够真心面对、坦诚相待，那么爱的种子就一定能够开出幸福之花的。经过不断的接触与倾心交谈，李莎与李立三之间的情感日益加深。1936 年 2 月初的一天，这对恋人终于喜结良缘。当时在苏联的陈云、杨之华（瞿秋白的妻子）及女儿独伊、欧阳欣、康生等 10 多位在苏联的中国同志，一齐向新娘新郎表示由衷的祝福，大家在一起品尝了自己做的中国风味的菜肴。他们的婚礼，既简朴而又充满着欢声笑语。从此以后，李莎与李立三的命运就连在了一起。

1949 年春，当李立三见到刚从国统区来到身边、已经成长起来的儿子时，便直言相问："我曾犯过错误，你们听说了吗？"然后，把他犯的错误和被撤职的过程，向儿子一五一十地讲述了。紧接着，他说："共产党人不讲个人的面子，只讲人民的面子。你们想，四万万七千五百万人的面子和一个人的面子，究竟哪个大？共产党员犯了错误，首先要想到人民的面子，不但要求承认错误，还要把自己犯错误的教训告诉大家。比如说，这墙上有个钉子，你碰了一下，就应该记住，别再去碰它。不但自己不要再碰，还要不断提醒别人：'这里有钉子，我就吃过亏，你们千万要注意。'大家都不碰钉子，就会保全了党的面子，人民的面子。"[16] 显而易见，李立三不仅自我批评得深刻，而且对由此被撤职、面对公众认错的心理承受力也是很强的。所以，他真的实现了"从头再来"。新中国成立后，李立三任中共中央工委书记、中华全国总工会副主席等要职，为党和国家的发展做出了重要贡献。

学业没有选择好，点灯熬油，埋头奋发，"从头再来"；婚姻没有选择好，快刀斩乱麻，说散就散，"从头再来"；事业没有选择好，忍痛割爱，说走就走，"从头再来"。这需要多么大的勇气、付出多么大的代价、多么令人心痛的选择！

面对失败，能否"从头再来"？难道只是取决年龄的原因吗？倘若到了知天命、而耳顺的年龄失败了，就不能重新崛起吗？笔者认为，还不应将此绝对化，这不是唯一的因素。

1914 年 12 月 9 日，托马斯·阿尔瓦·爱迪生（发明家、企业家）的影片试验室，燃起了一场令人意外的大火，多年的心血被烧了个精光。火灾现场，爱迪生的 24 岁的小儿子查尔斯非常痛心地说："父亲已经 67 岁了，不再年轻了，他一生的心血就这样化为灰烬了，这叫父亲如何能够承受得起。"你看，从爱迪生的小儿子口中说出了火灾发生时父亲的年龄：已经"67 岁了"。面对火海，爱迪生一面指挥人们救火、抢救实验设备，一面还在小本子上记录着什么，令人不解，都这个时候了，他还记什么呀？见此，不少人担心：他会不会因受"大火刺激"、导致神经失常啊？后来，大家才明白他是在画着再建胶片车间的方案草图。当大火扑灭时，爱迪生的重建实验室的蓝图也绘制出来了。

爱迪生的夫人米娜也十分伤心地说："多少年的心血被一场大火烧了个精光。如今年老力衰，要重修这座实验室，可不容易啊。"你看，从爱迪生的夫人口中说出了"火灾"发生时丈夫的身体状况：他"如今年老力衰"了。为此，爱迪生反倒安慰他的夫人，说："不要紧，别看我已经 67 岁了，可是我并不老。上帝真厉害，知道我理不清头绪，让这一切都回到了原处，让我重新开始新的研究。从明天早晨起，一切都将重新开始，我相信没有一个人会老得不能重新开始工作的。"你看，爱迪生自己更是直截了当："我已经 67 岁了。"

第二天早晨，爱迪生穿过烧焦的灰烬，开始动工建造新车间，全然像没有发生这场灾难似的，重整旗鼓，甚至比以往更加勤奋。火灾后短短几个月，他便着手推出了他的留声机。可见，一场大火对他没有造成多大的影响。

在大火灾面前，爱迪生的坚强、乐观，不怕失败，能让一切"从头再来"的气场，你不觉得让人感到震撼吗？灾难面前，业已 67 岁的爱迪生能行，你年纪轻轻的，为什么不行呢？在失败、灾难面前，有的人风趣、幽默地说："失败了就赶快爬起来，不要停下来欣赏你砸的那个坑！"而是应该采取"决不能放弃"的态度。这才是正确的、唯一的选择。

可以说，"从头再来"的勇气，是源自你的思维方式、来自于坚持不懈的意志。1948 年，英国牛津大学举办了"成功秘诀"的讲座，邀请到了世界反法西斯"三巨头"（罗斯福、斯大林、丘吉尔）之一的丘吉尔来演讲。会场上人山人海，喧闹非凡。人们准备洗耳恭听他的成功秘诀。演讲会开始后，丘吉尔用手势止住大家雷鸣般的掌声，说："我成功的秘诀有三个：第一是，决不放弃；第二是，决不、决不放弃；第三是，决不、决不、决不能放弃！我的讲演结束了。"说完就走下讲台。会场上沉寂了一分钟左右，才爆发出热烈的掌声，而且，经久不息！当然，作为支撑"决不放弃"意志的，也就是他的心理承受力。当时，丘吉尔已经 74 岁。这位集政治家、历史学家、文学家（曾获诺贝尔文学奖）、外交家、演说家、画家和记者于一身之人，人生体会绝非一般，其"成功秘诀"高度可信。之因，他在人生路上，已经将自己修历练这种程度！

当然，有些离谱的"从头再来"，最好别再干、别再说了，人贵有自知之明嘛！

所谓离谱，形容事物的发展脱离了规律性、脱离了实际。不着调，不和谐，比喻一个人在说话、办事等方面不遵循惯例、习惯和规则，随意性很大。

2003 年 8 月 20 日，广州羊城公司原副总经理张穗生（副局级），在广州市中级人民法院公开开庭审理此案时，是这样表白的："虽然羊城集团亏损 30 多个亿，给国家造成巨额损失，但是我对工作是严谨的，任职期间对得起党，对得起国家，对得起广州市政府。只要再给我机会，我会把损失补回来。"检察机关指控，张穗生涉嫌受贿港币 576.5 万元、人民币 20 万元。[17] 张穗生的上述几句话，你说，不令人发醒、耻笑？

你看，这么重大的失败在张穗生的眼里却不算什么。他在公开庭审大会上，直接表白："只要再给我机会，我会把损失补回来。"这不是还想"从头再来"吗？国家和人民还能给他"从头再来"的机会吗？再说了，30 多个亿的失败，他还敢动用"对得起"的词儿，还敢拿出向党和国家表白的"勇气"。这不是"唱歌不看曲本——离了谱"了吗？

由于过去我们忽略了经济追责，一些人便一味地为失败寻找种种理由、借口，为自己开脱，所谓："招商招来骗子，是坏人太阴险、太狡猾，而不是我们无能"，即把战争年代的"不是我们无能，而是敌人太狡猾了"演绎过来；"进口设备进来垃圾，是外商失去了诚信，而不能说我们就是草包"。并且，美其名曰："失败了权当交学费，可以'从头再来'！"

对于失误、对于错误造成的损失，还有不少人给自己找所谓的理论依据。譬如，他们可能会引用古典名句："亡羊而补牢，未为迟也。"但笔者认为，此成语，这仅是让人们应该注意"反思和预防"！对此，你还必须想到为什么会出现"亡羊"（羊逃跑了）这样的局面？为什么非要等到"亡羊"了，才想到做"补牢"（再去修补羊圈）的工作？此类问题，倘若单纯地用"亡羊而补牢，未为迟也"的思维去认识，显然不是一个健全的科学的思维定式。如此只强调"补"，不立足"防"，那不使危机泛滥成灾了吗!？

对于为官从政者来说，没有代价的失败，谁还怕失败？因你的失误给国家造成的损失已经够大了，你还要"从头再来"，那不是"崽卖爷田心不痛"（孙子卖掉爷爷的地产，不心痛、没感觉）吗？国家能答应吗？人民能答应吗？

还有一种情况，是难以"从头再来"的，即你的追求目标与你的个人素质不成正比，致使你所做的努力一直得不到社会和公众的认可。

有一位青年，一直相信自己是个文学创作的天才，从高中时便迷恋上文学艺术，对其他学科均不屑一顾，数学、物理、化学成绩经常不及格，很少参加学校组织的公益活动，几乎全身心投入到文学创作上。虽然他的文学梦既辛酸且漫长，但却在文坛上始终得不到认可。如今，他仍然认为有一天自己会像弗兰兹·卡夫卡（捷克小说家）一样扬名世界……这样似乎离谱的梦还是别做了！认为自己正确，这本身无可非议，有自信心嘛！但是，单凭主观愿望而脱离客观现实的状况，这条文学之路怎么能走得顺畅呢？何必等到困死在象牙塔里而无力回天之时，那不就晚了吗？其实，很多事情，不是因为与你以前的人生目标相悖就是错。须知，人生的智慧、做人的机敏，只有通过自己不断地反省和思考，才会有恰当的答案。既然没有答案，又何必庸人自扰呢？终了，毁掉的是你自己。而人生的"电量"又是有限的，所以，该舍弃就应舍弃，没有那么多的"从头再来"、"来日方长"啊！

所以，笔者认为，立身处世，要思维宽些，处世不能死板，在一棵树上吊死。因为，一个人太死板了，就会钻牛角尖，往往会走向极端。

"老师重大义而轻小是非，学生深感惭愧！"

湖北黄石市阳新县南山湾，是一个邹姓的自然湾。两百多年前，由于邹姓两兄弟产生了矛盾，由此作出了"生不同祖堂，死不共坟山"的决定，并以"家规"的方式传给了后代，结果一个自然湾有两个祖堂，多么让人费解。2015 年，时任黄石市委书记的周先旺到南山湾调研过程中，得知了这一奇怪的现象，并作进一步了解。然后，他耐心地做两个宗族的说服工作，同时，帮助村民拆除了东边破旧祖堂，又维修改造了西边祖堂，这样两个宗族的矛盾得以化解，在此基础上，把两个宗族祖堂改造成"文化礼堂"，此后才真正实现了美满幸福的大家庭，两族老少倍感鼓舞，从此和睦相处，回归了邹姓宗族，回归到重大义上来。

我们之所以要学会宽容，因为，它能使人生跃上新的台阶，带来良好的人际关系，非常有利于我们的社会和谐、有利于我们的生产生活。

其实，重大义而轻小是非，先师孔子早已引导过。一次，孔子的得意门生颜回，在街上看到一个买布的人与卖布的人在吵架，只听到，买布的人大声说："三八二十三，你为什么收我二十四个钱！"见此，颜回急忙上前劝架，对买布的人说："是三八二十四，你算错了，别吵了。"买布人不但不知错，反而指责颜回："你算老几呀？我就听孔夫子的，不然，咱们找他评理去。"颜回问："如果你错了怎么办？"买布人回答："我把脑袋给你。并问，那你错了怎么办？"颜回答道："我把帽子输给你。"于是，两人找到了孔子。孔子问明情况后，对颜回笑笑说："三八就是二十三嘛，颜回，你输了，快把你的帽子给人家吧。"

即时，颜回心想，老师您一定是老糊涂了……但又无奈！颜回只好把帽子摘下来，买布人拿着颜回的帽子高兴地走了。后来呢，孔子直截了当地对颜回说："说你输了，只是输了一顶帽子，说他（买布人）输了，那可是一条人命啊！你说是帽子重要呢，还是人命重要呢？"老师的一番话，令颜回恍然大悟，扑通一声跪在孔子面前，诚恳地说："老师重大义而轻小是非，学生深感惭愧！"颜回虽然自己吃了点小亏——"认输"了，但却使别人不受到大的损失。由此可见，不重表面形式的输赢，而重思想境界的高低，此乃孔子处世的宗旨。

民国14年，在一个风雪交加的夜晚，骑着自行车的曹纯卿，被困在冰天雪地的凤凰山脚下。一眼望去，四处无人，曹纯卿非常焦急，因为他如不能离开这里，只能被冻死。这时，一个骑马的中年男子路过这里，见此，他毫无迟疑，就用马把曹纯卿和他的自行车拉出了雪地，来到了山河小镇。因曹纯卿得救，深受感动，当他拿出钱要对这个陌生人表示感谢时，中年男子说："我不要求你回报什么，更不收你的钱，但我要你必须给我一个承诺，就是：当别人有困难的时候，你也要尽力去这样帮助他，这就足够了。"此后，曹纯卿始终记着这个承诺，也真的帮助了许多人。当有人诚心诚意地向曹纯卿表示感谢时，他把那位中年男子让他作的承诺，也要求他所帮助的人向他做出承诺。因为，无论是救了曹纯卿的中年男子，还是延续这种承诺、继续助他人的曹纯卿，他们都认为，"有爱才有快乐"！如果你想体味心中这种快乐，也应帮助他人，做到重大义而轻小是非。

其实，古代圣人都重视仁义、助人，认为只有仁义、助人才能常胜，才有快乐。因为，成功在很大程度上取决于个人的修养。可以说，一个心胸狭窄的人、不知宽容的人，往往是成不了大事的。所以，颜回的"认输"以及助人的彼此"承诺"，我们都应效之。

当然，在人际交往中，懂得感恩的人或事儿，也是大有人在的。有一次，吉柏、马沙两位好友一起旅行，作家阿里同行，三人非常快活。当他们走到一处山谷时，马沙不慎失足滑落了下去，危急之际，吉柏拼命将马沙往上拉，一阵使劲，马沙得救了。于是，马沙在就近的大石头上，郑重地刻下了"1955年3月16日，吉柏救了我一命"的字句，以示记恩。然后，他们继续走了几天，来到一处河边休息。这时，为了一件小事吉柏与马沙争吵了起来，气愤之下，吉柏打了马沙一记耳光。随即，同处激愤之下的马沙，跑到沙滩上，写下"1955年3月21日，吉柏打了马沙一记耳光"的字句。两天后，他们的旅游结束了。这时，同行的阿里好奇地问马沙："为啥要把吉柏救你的事刻在石头上，而把吉柏打你的事写在沙滩上？"马沙回答："我永远感激吉柏救我的命，至于他打我的事，我会随着沙滩上字迹的消失而会忘得一干二净。"[18]可见，这就是马沙的思维方式，即恩怨分明，把搭救他的事儿刻在石头上，铭记在心，而打他的事儿，随风沙散去。

　　生活中，你是否满足、快乐，这主要取决于你心里的感觉，以及你对事物的思维角度。实际上，许多人对待事物，不同程度地怀有某种怨恨的情绪。如果你能感恩知足，那么你对生活就会有满足感，怨恨之心就会减少了，乃至于冰消如水。同时，知否感恩，也会测定出你的思维正确与否。

文一朵桃花也掩饰不了额头上的疤痕！

善于"悟己"、自知之明的人，是非常讨厌对事对人持模棱两可、失掉原则之人的。

曾经的伤与疼，也可能有碍尊容，所以总想遮掩它。如唐朝上官婉儿文一朵桃花来掩饰额头的疤痕，这也算是国人美容的先驱吧。其实，对于所犯错误大可不必遮掩，它可以时刻警醒你。人生懂得"悟己"不易。曾国藩便是善于"悟己"、修身的典范，他写了30年自我批判的《求阙斋日记》，只为与自己比、比前天的自己、比上一刻的自己。

一天，曾国藩的日记里这样记载，他说昨天夜晚做了一个梦，梦到别人得到一笔额外的好处，自己很羡慕，醒来之后对自己痛加指责，说自己好利之心如此严重，做梦居然梦到了，这是不能容忍的。中午，曾国藩到朋友家吃饭，得知朋友被派了一个美差——某地的主考，他的内心也是非常羡慕的，于是，在日记里也写到，刚刚上午批判了自己，中午又犯了，太不成气了。由此可见，曾国藩就是通过"悟己"、自揭"疤痕"，做到自知之明，不断向圣人靠拢，官也越做越大。而且，在政治、战略、理学、文学诸方面卓有建树。

人能做到自知之明，不是一件容易的事，伟人亦然。俄罗斯前总统叶利钦每次出去钓鱼，都钓得很多，欣喜而归。由此，难免使人生疑：难道他的钓鱼技术真的那么高超吗？不是！叶利钦哪里知道，他每次去钓鱼之前，他的下属都吩咐劳务人员，往鱼塘里放入几千斤的鱼？你想，那么多的鱼游聚在鱼塘里，他怎么能空手而归呢？美国前总统乔治·赫伯特·沃克·布什（老布什）自认高尔夫球打得好，周围的下属也为他吹捧，什么"天下无敌手"之类的词，也都蹦出来了。后来，老布什退休了，他说："卸任以后才知道高尔夫球打得比我好的人有那么多。"他的这话假不了，退休了、打球时间多了，也领教了不少对手的球技。

所以，你也好、我也罢，既要做到自知之明，更不可把自己看得过重了。有一天，爱尔兰剧作家萧伯纳，闲暇之余，与一个素不相识的小女孩子，玩耍谈天。太阳落山之际，萧伯纳对小女孩说："回去告诉你妈妈，说是萧伯纳先生和你玩了一下午。"可他哪曾想得到，这位小女孩当即就回敬了一句："你（萧伯纳）也回去告诉你妈妈，就说玛丽和你玩了一下午。"言辞犀利，萧大师感到吃惊！后来，萧对他人说："谁也好，切不可把自己看得过重啊！"现在，常在媒体上露面的导演英达，其父英若诚曾任国家文化部副部长、著名表演艺术家，生前讲过这样一个故事：他生长在一个大家庭里，开饭后，都是几十个人坐在大餐厅里一起吃。这一场景，引发了他的奇想，所以有一次，他决定跟大家开个玩笑，即吃饭前，他藏在饭厅内一个不被大家注意的柜子里，然后呢，想等大家到处找遍了，也找不到的情况下，自己再跳出来。可是，令他十分尴尬的是：大家吃饭时，却丝毫没有注意到他的缺席，个个酒足饭饱之后，纷纷离去！无奈，他走出来后，吃了点残汤剩菜。此事儿，促使他认识到，永远不要把自己看得太重了，否则就会大失所望。

所以说，你可以自信，但不可自大；可以狂放，但不可狂妄；以一颗最平常的心去为人处世，遇事懂得换位思考，这样，你才能懂得人情世故，你的心才会变得安逸。

而历史上，善于遮掩错误、不讲原则之人，也是可圈可点的。如唐朝的政治家、文学家苏味道，曾经官至相位，可是，这个人向来处世圆滑，模棱两可，他对人传授的处世经，即为"处世不欲决断明白……以持两端可矣"，所以人们将他称之"苏模棱"。"模棱"之意，也就是：比喻遇到事情，不置可否，态度含糊。因而，苏味道历来为后人所讥讽，令人厌恶。当然，明代也有此类人，如东汉末年的名士（精通经学）司马徽，无论别人讲什么事或向他问好，他一律都回答"好"。时间长了，别人送他一个"好好先生"的绰号。有一次，有人告诉司马徽自己儿子的死讯，司马徽便回答说："很好。"当司马徽的妻子听说此事儿后，非常气愤，便责备他："人们认为您有高尚的道德，所以告诉您。您为什么忽然听说他人的儿子死了，而对他人说好呢！"可是，对妻子这番真言相劝，司马徽也竟然回答说："您的话也很好！"今人见此字句，一定会说：真乃"病态"也！

无论是人们送的"苏模棱"外号、还是司马徽"好好先生"的绰号，其实，他们的共同特点，就是讲面子不讲人格，讲人情不讲原则，遮掩错误，是非不分。

陈毅元帅曾经说过：一个人听不到批评，不能说明他是"完人"，而只能说明他"完了"。此话道理很简单，即"人无完人"嘛！如果你听不到批评，岂知改进的方向？不知道怎样改进，错误也就会越来越严重，那又何谈前途呢？

然而，现在为数不少的人犯了错误，非但不能自我忏悔，反而到处遮遮掩掩，成天想着找机会为自己开脱。还有的人开展批评与自我批评时缺乏针对性、尖锐性，使用"有些"、"有时"、"好像"、"似乎"、"恐怕"之类的词句，使被批评者享受隔靴搔痒的快慰，失掉了原则；其实，这种态度，就是掩饰错误，生怕一不小心得罪了他人。更有甚者，一味地唯上媚上，可谓"矮子观光——随声附和"，就像《红楼梦》里薛宝钗那样："老太太（贾母）喜欢的我都喜欢"，简直得了"软骨症"。当年，孔子把这类人称为"乡愿"，无情地批评道："乡愿德之贼也。"意即，没有是非的好好先生，是足以败坏道德的小人。对此，孔子揭露得多么透骨！

华为公司之所以能位列世界500强企业，与总裁任正非对损害公司形象的歪风邪气，绝不姑息、敢于治理，有直接的关系。如当他得知，本公司有两个员工出差住宾馆用宾馆的毛巾擦皮鞋时，尤为气愤。随即，便以此事为题，在公司内部报纸《华为人》上开展"丑陋的华为人"的大讨论，组织发动员工"举一反三"，开展批评与自我批评，通过讨论以此警示员工，那就是：要不断提高自我的道德修养，以避免此类事件再度发生。可见，对公司出现的劣迹，真的做到了"变戏法的亮手帕——不藏不掖"。你说，这样刺刀见红的触及、警示，大家能不受到深刻教育吗？而员工素养的提高，非常利于公司的整体发展。

当然，某些刚柔相济的教育，我们也应提倡，而且使批评能够"软着陆"。如小约翰·卡尔文·柯立芝任美国总统时，有一位漂亮的女秘书。但工作中，她做的活可就"不漂亮"了，即经常因粗心大意而把公文弄错，令人不满。一天早晨，柯立芝对她说："今天你穿的这身衣服真漂亮，正适合你这样漂亮的小姐。"此话，让女秘书受宠若惊。他接着说："但也不要骄傲啊，我相信你同样能把公文处理得像你一样漂亮的。"此后，女秘书在处理公文时便很少出错了。一周后，有位知道此事的朋友问柯立芝："这个方法很妙，你是怎么想出来的？"柯立芝得意地说："这很简单，你看见过理发师给人刮胡子（老式刮胡子的方法）吗？他要先给人涂些肥皂水，之所以如此，就是为了刮起来使人不觉得痛。"也就是说，把批评夹在赞美声中，以减少批评的负面效应，从而使被批评者愉快地接受对自己的批评。

所以，当你站在人生的悬崖边时，先不要动，要做的或许只是静静的，等待着那股能让自己清醒的风猛的吹过来，将自己吹醒、分辨是非，醒悟过来，你也就不见得从悬崖上掉下去了。

唐朝宰相狄仁杰，做事公道正派，在朝廷内外是出了名的。表现在：他既敢于向武则天推荐自己的大儿子做官，也敢于在自己的二儿子犯了错误后，毫不客气地将其官职罢免掉。

一天，女皇武则天让狄仁杰物色一个尚书郎（古代官名，在皇帝左右处理政务）的人选。对此，狄仁杰并不避嫌，直截了当地推荐了自己的长子狄光嗣。他敢推荐，武则天也敢用，即采纳了他的意见。随即，任命狄光嗣的文件就下发了。狄光嗣也挺争气的，到任之后，勤政爱民，不贪腐，得到了各方面的赞扬。武则天听后，高兴地说："狄仁杰不避嫌疑，敢于举荐自己有真才实学的儿子为官，这才是将相之德啊！"你看，武则天就这么三句话，把狄家爷俩都认可、表扬了。诚然，狄家爷俩人的品和能力也过得硬。

而狄仁杰的二儿子狄景晖，刚上任、履行官职的那段时日，他是比较谨慎的、勤政的，也有了一些政绩。然而，伴随着狄景晖官位的不断晋升，就变得不能约束自己了，表现为行为不检，贪财好色，损害百姓利益，由此激起民愤。狄仁杰察觉、得报后，断然罢免了二儿子狄景晖的官职。当时，许多大臣都为狄景晖求情，希望狄仁杰给二儿子一个改错的机会。但谁进言狄仁杰也不接受，坚持贬子官职的态度绝不动摇，并教育儿子说："贤者当举，贪暴当罚。这是用人之道，兴邦之法。"身为宰相的狄仁杰，不但这样说了，也这样做了，因为他深知：只有自己坦荡才能逍遥地生活在天地之间。这就是狄仁杰为人处世的高尚品质之所在，至今受到国人的敬仰！

当今，公正公平，已成为我们社会的流行语。社会公正，就是指"给每个人他（她）所应得"；社会公平，则是指对待人或对待事要"一视同仁"。英国前首相布莱尔任首相期间，有一次，带领全家到一个小镇去度假，然而，当地的一切平静如常，丝毫没有"风吹草动"的迹象。当地的酒吧门上写着："欢迎布莱尔先生和太太，很抱歉，现在我们在放假，假期结束我们会回来的。"一天，美国有一个公司的现任经理，家里接到了一个电话，是美国总统有事找他。当时经理正忙着，一时脱不开身，对人说："我现在没空，请总统过一会儿再打电话过来。"这两件对待总统"态度"的事儿，非为对方太牛！而是西方没有君臣父子这套文化，自然也就制造不出什么差别来。普通人敢于平视权威，才能不受束缚、不会感到自卑，活得精神自在。所谓做人尊严，其内核，即为平等。所以，对待人、对待你的服务对象，都应平等相处相待、做到一视同仁。

唐代著名诗人孟郊曾曰："大贤秉高鉴，公烛无私光。"公道正派作为一种政治品质、一种思想作风、一种人格力量，是做人的立身之本、为人之道、处世之基，不可小觑。

谦让，会使你在得与失之间，受益无穷

清朝年间，山东济阳人董笃行在京城任都察院左副都御史（官名，正三品）。有一天，他接到家里母亲的来信。信里说道，家里盖房子为地基的事，与邻居之间发生了争吵，想借助他的权力来解决这件争端。董笃行看完家信后，决定以自己的思维方式，促使家里人醒悟，以便处理好与邻里的关系，于是，他立刻修书一封，写道："千里捎书只为墙，不禁使我笑断肠；你仁我义结近邻，让出两尺又何妨。"笃行写完，令邮差快马加鞭，尽快送达，以免事态升级。董母读了回信后，脑里再现与邻家纠纷一幕，深感儿子信里说得在理儿，自感内疚。于是，就在盖房子时主动让出了4尺。邻家见董家如此大度，也有感悟，就效仿董家的做法，也让出了4尺。结果呢，两家共让出8尺宽的地方，真乃"裁缝师傅做衣服——有尺有寸"！这样，两家的房子盖成后，中间空出了一条胡同，世称"仁义胡同"，传颂至今。

此事，告诉人们什么呢？就是要增加一分谦让，消除一分怨恨，这样会使人在得与失之间受益无穷。虽为董家与邻家之关系，但其影响之深远，笔者便无须赘言！

在美国的一个市场里面，中国人鞠莉经营的摊位，生意特别红火，由此而引起了其他摊贩的嫉妒，其恶劣手段，就是大家经常把垃圾扫到她的店门口。每当见此，鞠莉沉着而宽厚地笑笑，不仅不予计较，反而把垃圾都清扫到自己摊位的角落。对此，与她比邻的墨西哥经商妇人蒂瓦·安德蕾，不禁问道："大家都把垃圾扫到你这里来了，你为啥不生气？"鞠莉笑着说："在我们的国家，过年的时候，都会把垃圾往自己家里扫，垃圾越多就意味着会赚越多的钱。现在每天都有人送钱到我这里，我怎么舍得拒绝呢？你看，我的生意不是越来越好吗？"她的这番话，寓意非同一般，那些不轨业主心里自然明白。此后，再也没人往她家店门口倒垃圾了。可见，鞠莉解决此事的思路多么清晰、多么智慧！更令人敬佩的是，她那与人为善的宽容的美德。她宽恕了别人，也为自己创造了融洽的人际关系，自然她的生意越做越好。可以设想，如果她采取针锋相对的态度，估计是不会有这般结果的。

三国时期的蜀国，蒋琬与诸葛亮、董允、费祎合称"蜀汉四相"。蒋琬这个人，读书好学，聪明过人，气度不凡。诸葛亮每次征伐，蒋琬常筹集粮食，补充兵源。诸葛亮常说："蒋琬忠心耿耿，雅量宽和，应该与我一起复兴汉室。"于是，诸葛亮密表刘禅（蜀汉后主）："臣如果出了什么意外，军国大事可以全部交给蒋琬。"果然，诸葛亮去世后朝廷任用了蒋琬主持朝政。蒋琬的属下有个叫杨戏的，性格孤僻，语言迟钝，表现在蒋琬与他说话时，他也是只应不答。这时，有人就看不惯了，在蒋琬面前便嘀咕道："杨戏这人对您如此怠慢，太不像话了！"蒋琬听后，坦然一笑，说："人嘛，都有各自的脾气秉性。让杨戏当面说赞扬我的话，那可不是他的本性；让他当着众人的面说我的不是，他会觉得我下不来台。所以，他只好不作声了。其实，这正是他为人的可贵之处。"后来，有人赞蒋琬："善解人意"、"海纳百川"。此类词儿，用在蒋琬的身上，再恰当不过了。

谦让是一种做人的风度，如果我们都能谦让，那我们就都能受益。洪应明《菜根谭》上说："径路窄处，留一步与人行；滋味浓时，减三分让人尝。此是涉世一极安乐法。"譬如，我们俩走在同一山间小路上，当你我不能同时通过时，如果你我都要争先恐后通过，就有可能堕入深谷的危险，最终必然导致同归于尽；但是，如果你先停住脚步，让我先通过或我先停住脚步让你先通过，那么我们就都能顺利地通过这条小路了。

谦让是一种修养，它与心胸狭窄，不可相融。纵观三国，是一个英雄辈出的年代，但又有多少英雄豪杰不是死在敌手，却倒在了彼此嫉妒的血泊之中。周瑜（字公瑾），一代帅才。因为心胸狭窄，容不得人，致使自己吐血而死，年仅36岁。周瑜死前还仰声长叹："既生瑜，何生亮（当指诸葛亮）！"其因简单，即没有健康的心态。对智谋高过自己的人，他不是去讨教，而是嫉妒、与之争斗甚至陷害，这种心态使自己英年早逝。可以设想，如果当时周瑜知道谦让并与诸葛亮共同伐魏，那么三国壮观的军事态势，我们还用在此赘述吗！？

上述可见，史上那些心胸狭窄之人，所缺少的就是做人的气度。而气度不仅是人的素质修养的产物，也是决定人生成败的必要因素。现实某些单位的团队中，有的心胸狭窄之人不但容不得别人（尤其比自己强的人）、不当陪衬，更有甚者拉帮结伙，互相残杀，结果团队被毁掉了、个人利益也受损了，这不是在"用花生油炸花生米——自己整自己"吗？

"你怎样对待别人，别人也会怎样对待你"

春秋战国时期，邹国与鲁国曾发生军事冲突。邹穆公向本国著名"公知"（"公共知识分子"的简称）孟子提出这样一个问题：两国冲突之中，"我的官吏死了 33 个，而百姓没有一人为他们而死的。杀了他们吧，则杀不胜杀；不杀他们吧，又恨其眼看上司被杀而不营救。到底怎么办才好呢？"孟子回答："灾荒年岁，您的老百姓，年老体弱的弃尸于山沟，年轻力壮的四处逃荒，差不多有上千人吧；而您的粮仓里堆满粮食，货库里装满财宝，官吏们却从来不向您报告老百姓情况，这是官员罔顾民瘼、残害百姓啊！"然后，孟子抬出了宗圣曾子的圣训："'警惕啊！警惕啊！你怎样对待别人，别人也会怎样对待你！'（原文：戒之戒之！出乎尔者，反乎尔者也。）这句话真对啊！你的民众今天才得到报复的机会了。因此，你不要责备民众了，你只要实行仁政，你的民众就会亲爱他们的上级，愿意为长官们去牺牲了。"孟子的无情揭露，使邹穆公意识到，这是官民敌意所酿，再也不与孟子争辩了。

对于那些人格卑下的小人，最好的办法就是同他们保持一定距离，但又不必疾恶如仇地和他们划清界限，毕竟他们也是需要面子的，以防其寻机报复于你。

有一次，唐朝军事家郭子仪生病了，当朝大臣卢杞前来探望。这位卢大人，为人阴险狡诈，忌能妒贤，先后陷害大臣杨炎（财政改革家）、名臣颜真卿（杰出书法家），排斥宰相张镒等人。你说，这般奸诈的小人，谁不提防？再说了，此人面相似如活鬼：脸色铁青，脸型宽短，鼻子扁平，鼻孔朝天，眼睛奇小。因此，妇女们若看到他这副丑相，都不免掩口失笑，避而远之。所以，郭子仪听到门人报告后，马上让左右姬妾退到后屋去，由他独自等待。卢杞落座后，与郭子仪寒暄了一阵子，便走了。然后，郭子仪把姬妻侍女唤了出来。对此，姬妻侍女们疑惑地对郭子仪说："许多官员都来探望您的病情，您从来不让我们躲避。卢中丞来为啥就让我们都躲起来呢？"郭子仪直言相告："你们有所不知，这位卢中丞相貌极为丑陋而内心又十分阴险。你们看到他一定会忍不住发笑的。那么，他一定会记恨在心，如果此人将来掌权，我们的家族就要遭殃了。"可见，奸诈阴险、靠陷害人过日子的卢杞，是得不到正常人礼遇的，恰如曾子所言"你怎样对待别人，别人也会怎样对待你！"即便手握兵权的郭子仪，也对其取防备、保持距离的态度。一句话，奸诈阴险换不来真诚相待！

苏联党的领导人勃列日涅夫执政期间，搞得很糟糕，政绩不佳，苏联的老百姓意见很大，"民心"发生了偏离。我国研究苏联问题的专家沈志华说，对于苏联，"在披露出的档案中，有一大批当时的群众写的人民来信、上访信，比如说饥荒来了没饭吃、对官员腐败的指责、对住房紧张的抱怨……人民对于很多问题的不满是很强烈的。"[19] 在群众这般抱怨声中，有一次，勃列日涅夫去视察一家书店，见到书店里的墙上挂满了自己的肖像，就故作谦虚地对书店的经理说："不要只挂我的像嘛，马克思、恩格斯、列宁的像也都要挂嘛。"书店经理一听，不打好气地说："他们的都卖光了，只剩下你的了。"此话不难理解，即群众讨厌你勃列日涅夫，当然你的肖像也就卖不出去了。而从勃列日涅夫的思维可见，其没有真正认识到国内糟糕的形势、人心的偏离，当然他也就做不到自知之明！正确的思维，应该是：只有把人民群众放在心上，人民群众才能让你坐在台上，你也才能执政得好、坐得也稳。

但事实上，能够真正做到"将心比心"，并非易事。2015年5月6日，中国政府网报道：在当天的国务院常务会议上，讨论、确定进一步简政放权问题时，李克强总理以真实的故事为佐证，痛斥某些政府办事机构人员对百姓的态度。他讲道："我看到有家媒体报道，一个公民要出国旅游，需要填写'紧急联系人'，他写了他母亲的名字，结果有关部门要求他提供材料，证明'你妈是你妈'！"李克强总理的话音刚落，会场顿时笑声一片。接着，李克强说："这怎么证明呢？简直是天大的笑话！人家本来是想出去旅游，放松放松，结果呢？""这些办事机构到底是出于对老百姓负责的态度，还是在故意给老百姓设置障碍？"

如果这些办事机构人员能够设身处地想一想，即老百姓出国一趟有多么不容易，还能这样设置多道的障碍吗？所以，不要为难他们，设置无名障碍，凉了他们的心……

1943年8月10日，巴顿将军驱车赶往前线，途中发现了通往第93医院的路标，马上命令司机把车开过去。下车后，当巴顿赞杨士兵的勇敢精神时，他发现一名未受伤的士兵也住在医院里，顿时他变得冷酷无情，几乎面目都扭曲了。其实，这位士兵住在此院，并非没有原因，而是患有"炮弹休克症"。此时，士兵十分胆怯地回答巴顿的问话："我的神经有病，我能听到炮弹飞过，但听不到它的爆炸。"士兵说完，便哭了起来。巴顿根本不听，勃然大怒，大声叫骂："你的神经有毛病，你完全是个胆小鬼，狗娘养的。"说着，巴顿打了他一个耳光，大声吼道："你是集团军的耻辱，你要马上回去参加战斗，但这太便宜你了。你应该被枪毙。事实上，我现在就要枪毙你！"说罢，巴顿抽出手枪，在士兵眼前晃动着，然后走出医院。很快，巴顿打士兵的消息传遍了第 7 集团军。后来，虽然有了集团军司令的空缺，但他的上司艾森豪威尔从未考虑到巴顿，因为他认为巴顿的某些性格"令人遗憾"，过于冷酷。

同时，也必须认识到，你走得直、行得正，周围的人就崇敬你、愿意与你往来；否则的话，就会遭到人们的鄙视，更不愿与你交往！王诤对待张国焘的态度，便是一例。

遵义会议以后，张国焘自恃四方面军人多枪多，打算解决红一方面军总部、扣押随红一方面军行动的毛泽东等中央领导，分裂党、另立中央。为此，张国焘急电驻在毛儿盖以西的红四方面军两个师，下令要他们火速行军，以逼近红一方面军驻扎营地待命。中央红军电讯专家王诤同志，收悉了这份密电之后，立即向毛泽东、张闻天、周恩来几位首长报告，于是，中央首长连夜开会，商讨对策。当时，红一方面军已不足 2 万人，且伤病员多、机关人员多，缺少重型武器，形势十分危急。对此，消除危险的上策，就是速与贺龙、萧克等领导的红二方面军取得联系，请他们急速向中央红军驻地靠拢。

这时，王诤的主导思维很明显，就是绝不让张国焘分裂党、另立中央的阴谋得逞，所以他亲自上机发报，决意与红二方面军电台联系上。他戴上耳机，神态坚毅、沉着。"喂，喂，苍龙，你在哪里？在哪个方向？听见我的呼叫了吗？"他一遍又一遍地呼叫着。然而，回音却是杂乱无章、叽叽喳喳的电波信号……此时，王诤的身边站着毛泽东、张闻天、周恩来、王稼祥、博古、刘伯承等中央首长，他们个个神态焦虑……

王诤手脑并用，不断调频，他是自信的……

两个小时过去了，仍然没有与红二方面军联系上。王诤焦急的脸上挂满了汗珠。毛泽东接连吸着土造的香烟，他对王诤温和地说："不要着急，耐心是成功的保证。"王诤含泪点头："主席，我有这个信心，一定能够呼通的。"因为电台昨天出过故障，他又作了一次检修。终于，就在确认是二、六军团电台正与红四方面军通报之时，他将发报机调至其通报的频率上，强行呼叫，与红二方面军的电讯联络上了，声音越来越清晰……霎时，军用帐篷里的气氛变得欢快起来，首长们相互握手。毛泽东用力地拍着王诤的肩膀说："好哇，王诤同志，这就好！非常之好哟！你为党中央、为工农红军又立下大功，历史将永远铭记你的功绩！"[20]

就这样，张国焘危害中共中央的阴谋最终失败了。迫于当时变化了的形势，他勉强同意红四方面军停止进军西康，转而北上。其实，张国焘早就听说中央红军有个名叫王诤的电讯专家，知道他多次截获破解日军、国民党军的密电码。但令他吃惊的是：中央红军怎么能这么快就与远在数百里外的红二方面军取得联系？张国焘多方打听王诤，还想见见王诤。王诤听了这传言后，只是淡然一笑而已，他对张国焘的分裂行为极为鄙视。而这种鄙视带有群体的性质，因为张国焘的分裂行为，损害的是红军的整体利益，王诤系为这一群体的杰出代表之一。

人与人之间的误会、隔阂，怨恨等都会时有发生，但只要心地善良些，互谅互让，误会、怨恨就会消除。但如果待人缺乏诚意，又不善于换位思考，那么你的麻烦也就来了！

某日，一位女士入住一家酒店，仅住一宿。翌日早，当她到前台结账时，账单上竟然亮出 800 元，她说收费太高。于是，值班生把经理找来了，经理对女士说，这是我们酒店的"标准收费"，并具体说明：酒店附设泳池、健身房和 Wi–Fi。女士说，我这一宿，完全没使用这些设备。经理却说："酒店有提供，是你自己不用。"听罢，女士便打开皮包掏钱付账，并说要扣除该酒店消费她的烟酒钱 700 元，只付出 100 元。经理急呼："我店哪有消费你的烟酒？"女士却说："我入住时，将一瓶五粮液和一条芙蓉王香烟放在前台储存箱了，我今早发现你酒店并未上锁，我有提供，是你店不用！"说罢，只见女士将 100 元甩给服务生，便扬长而去。这位女士与该酒店较上劲了！只因，你酒店收费不合理，系为"侵犯消费者利益"行为。倘若你经理是顾客的话，酒店也这样收你的宿费，你能接受得了吗？

总之，如果你能够与百姓和谐相处，那么，将是一种心平气和的颖悟、心满意足的雅致、心中满满的谦让、心甘情愿的付出；否则的话，那就是另一番情景了，什么"冰火不相容"、"针尖对麦芒"之类的词儿，估计就都会用得上！

失掉一段恋情，别再搭上自己

笔者记得一部电视剧有句独白，导播读道：婚姻，与其说是生活的开始，不如说是一个等待已久的美好结局；婚姻，不要以为有个美好的开始，就一定会有一个完美的结局……

十几年前的一天，张仪浩和董怡侠走上了婚姻的红地毯……然而，婚后的张仪浩却风流成性；董怡侠呢，因不堪受辱而决定结束这桩婚姻。其间二十余载，董一直没有再婚，张也孤身一人。虽然张多次登门，但均被董撵走了。尽管那段姻缘已经断了。但是，这份亲情，还是藕断丝连，绵绵延延。毕竟，他们曾经是彼此生命里最亲近的人。

前几年，医院查出董怡侠患了肺癌，而且已经处于晚期，随后的化疗之苦，董已深知时日不多了。于是，已近60岁的两位老人终于冰释前嫌，重归于好。病床前，子女及外人看到的是两位老人经常有说有笑。董怡侠去世前，紧紧握住张仪浩的手，依恋地说："我不想死，你别离开我。"此言，令所有周围的人都落泪了。就在董去世的那天晚上，亲朋好友去送她最后一程，目睹了张仪浩哭得像孩子一样，令人痛心！

往往就是如此，即"情"被伤了以后，彼此才知道珍惜的重要。伤过以后，也才会努力地收起所有的感情，在漫长的人生岁月里，独自舔舐着伤痕。而且，"情"总是在懂得之后遗憾留心；"心"总是在受过伤之后埋葬于"情"。而此时，才真正认识到，在人世间两个人取暖，总比一个人取暖要好，能够体味到真正的温暖。

在爱恋路上，你说谁不想与他（她）牵手到老，可缘分尽了，谁又拦得住呢。但此时，必须清醒认识到：你失去的只是一段恋情，不应再搭上你自己！

一次，在老乡聚会上，同在一城工作的乌倩敏和宁南宸相识了。交谈中，发现彼此的爱好和饮食口味都很相近。乌倩敏聪明活泼、美丽善良，宁南宸才思敏捷、英俊潇洒。

聚会后，倩敏和南宸很快坠入了爱河。然而，他们的爱情充溢甜蜜的同时，烦恼也不经意地扰搅过来。乌倩敏有不少同学、朋友常邀她聚会，渐渐地倩敏与南宸疏远了，甚至不接他的电话了。这些表象，南宸怀疑她可能另攀高枝了。两周后的一天，南宸去华威酒店接外宾，发现一个穿短裙的女孩特像倩敏，被一个高大的男人牵着手往里走，南宸追上去一看，果然是她！当倩敏发现南宸后，脸色突变，很不自然，急忙与那个男人上了电梯。南宸愣在那里许久，没有勇气再追上去。当天晚上，南宸一夜没睡，思维变化了；倩敏也没和他联系。第二天，南宸发短信给倩敏："梦已醒了，再见。"虽仅6字短信，但为理智之举！因为，彼此再持续下去，也不会有理想的结果，又何必各误婚姻大事呢？

彼此稍微冷静下来，也许会掰扯一下分开原因：或因彼此性格不合，或因彼此身居两地，或因"差钱"挡住去路，或因对方把男方给"绿了"。只有如实解读"分了"的真相，才会走出痛苦泥潭。世上有太多的不公平，婚姻亦然。不要以为你付出了就会有收获，执着了就能得到想要的答案。这时，也许一位老者的话使你醒悟——"那是因为你们的感情基础还不够牢靠！"可谓诤言一句值千斤。终于明白了分手的原因，由此，你也就会从迷惑中走出来，继续寻觅你的另一半，找到幸福。

一般来说，能离开的就不再是爱人，即使再次牵手裂缝依然存在，所以最好别指望破镜重圆。尤其涉及出轨类的事，对方难以原谅。出轨有了第一次，就会有第二次。如同做错题一般，每当面临选择时她（他）都会走进同一思维。试想，第一次她（他）会背叛你，第二次她（他）就能忠诚于你吗？只会比第一次更容易下决心，谁劝也没用？婚姻出轨，无疑是伤感情的事。危机状态，同样在考验着夫妻的真情。

4年前，王漪莹跟着老公陈凡勃驾车出行。老婆王漪莹坐在副驾驶位子上。车行约摸5公里的样子，迎面冲过来一辆中巴，于是陈凡勃本能打左转向；这样转向，副驾驶（王漪莹座位）的位置就暴露在冲击点上了。结果，驾车的老公陈凡勃受了轻伤，其老婆王漪莹险些命丧黄泉，因脾脏严重受损，不得不被摘除。出院后，王漪莹便郑重地向陈凡勃提出离婚。原因即如她向别人倾诉的那样："光顾着保自己的小命了，却让老婆去送死，他还是个人吗？还是个男子汉吗？"老公岂愿离婚，但祸根已种下，无可奈何！只能分手。

生活中，情感的嬗变，谁能讲清楚？因为人的身上均有背叛的基因。它就潜伏在感情周围，随时会化身为"魔"，给你送出那邪性的一刀。为不使这一刀"结果"了你，你就必须用体贴让柴保湿（背叛是燃烧的柴），以"真心"将氧气抽成真空，不给柴燃起的机会。

事实上，那些常去钓鱼的人，大都知道这样一个规律：即便根据水势、地形找到一个最佳垂钓位置上，装上香饵，然后静等，五六个小时之内，你鱼竿的浮标也可能丝毫不动。怎么办？重新换一个地方吧，似乎有点让人不太甘心；可是，再不换一个地方，西边的太阳就要落山了。这时，你可能重新碰碰运气了，不料，没到十分钟，就钓起了一条3斤左右的大鱼……其实，谁都如此：人生就是一个不断选择的过程，因为有不同的选择，所以人生轨迹也就发生了不同的变化，鉴于此，还是不要让自己吊死在一棵树上。

《西方经济学》中曾有经典提示："不要把鸡蛋放在一个篮子里面。"这是一个分散风险、趋利避害的有效手段。如果把此观点延伸到恋爱中，即你可以对一个人好，但是不能把她（他）作为你的全部、你的唯一；否则，你就完全无法实现风险控制了。你想啊，把赌注（鸡蛋）都放在一个篮子里，如果这个篮子(内装鸡蛋)一旦被风吹走了，那么你将一无所有，会很惨的。笔者此主张，并非暗示你去培养"备胎"，而是希望你把精力均匀放置；即便，某些不确定因素致你们的爱情终结了，回过头来一看，你还有上进的学业、稳定的工作、比较可观的月薪、舒适的独处房间、健康的朋友圈子。有了这些，你也就有了重新站起来的勇气，不至于悲观到极点或把自己推向极端。而且，当失恋不期而至时，你可能还会感谢对方的拒绝，从而你才拥有了再度选择美好人生的机会。这与"游戏人生"是两码事。

曾经有一位失恋的姑娘，在公园里的一处僻静之地，往返地走来走去，不断哭泣。这时，一位老者路过这里，看到姑娘挺伤心的，便向她问清事因后，不但没有安慰她，反而笑道："你有什么可值得哭的呢，你不过是丢弃了一个不爱你的人而已，而他却丢掉了一位爱他的人，你琢磨一下吧，其实，他的损失要比你大得多，既然如此，你还有什么可恨的呢？不甘心的人应该是他才对。"姑娘领悟了老者的这几句话后，也就转泣为笑了。这一情节告诉我们：一念之迷，那便万念俱灰、心灰意冷；一念之悟，那便海阔天空、怡然自得。这便是婚恋中的哲理，我们要正视、要领悟。

应该认识到，不容易得到的缘分，不一定是适合你的；而容易得到的缘分，也不一定是不适合你的。失恋了，别趴下！而且，越是此时，越应自我醒悟：正因为有了对方的拒绝，才有了自我的高度自由和飞跃，也就是说，你再也无须为对方牵肠挂肚了，人生境界更高了。……当今的大学生、年轻人、社会白领、领导干部，有几个没有学过辩证法的？可在自己的婚恋上，他们中为数不少的人，却不能很好地运用起来。这也许验证了"当事者迷，旁观者清"那句话吧！

的确，恋人所愿："执子之手，与子偕老。"这好似两棵独立的大树，树的枝叶在蓝天下盛放，树的根在地底下相互扶持。然而，当大诗人苏轼把酒问青天时，问道"明月几时有"？叹一声月的阴晴圆缺、人的悲欢离合，都是自古难全。大诗人都尚且如此呢，又何况我们凡人喽？苏轼又曰："但愿人长久，千里共婵娟。"显然，是让对于明月的共同的爱把彼此分离的人结合在一起。应该说，这两句话里有多少美丽的期盼，就会有多少残酷的无奈！

消除憎恨使人忏悔，宽恕罪恶使人自新

1991 年 11 月 1 日，留学爱荷华大学的中国留学生卢刚（物理学博士），在校园开枪射杀了自己的同胞山林华博士，还有该校副校长安·柯莱瑞。然后，卢刚当场饮弹自尽。你会发问，卢刚为什么杀人？聪明但自负的卢刚有个夙愿，就是能获得诺贝尔奖学金，但因学校人际关系纠纷而对导师心怀不满、对同窗业绩嫉妒，最终酿成了这次悲惨血案。

对此，卢刚在给二姐的信中说："无论如何也咽不下这口气"、"死也找到几个贴（垫）背的。"[21] 真乃"被窝里磨牙——怀恨在心"！如此，那还不干出极端的事儿来？

据与卢刚同舍的赤旭明博士说：卢刚这种冷血杀人行为，不仅是由于妒恨，而且是因为他天性中潜伏着一种可怕的"杀机"。卢刚是一个自恋型的人。一位熟悉卢刚的教授说，"自恋性格的人……并不是看人的本身、并不看人的本质，而是根据自己的解释看这些人怎么伤害他"。卢父说，几个月前，卢刚曾在家书中提及，"由于美国经济不景气，毕业后一直没找到工作"。家人表示，打算为他在国内设法安排工作，但却遭到卢刚的拒绝。

安·柯莱瑞是爱荷华大学最有权威的女性。她的父亲曾到过中国传教，她出生在上海，对中国很有感情，并对中国留学生相当爱护，岂料却被中国留学生枪杀在血泊之中。

三天后，爱荷华大学停课一天，全体师生为安·柯莱瑞举行了葬礼。也就在这一天，安·柯莱瑞的兄弟们出人意料地宣读了一封致卢刚家人的书信。信中写道："当我们在悲痛和回忆中相聚一起的时候，也想到了你们一家人，并为你们祈祷。因为这个周末你们肯定是十分悲痛和震惊的……在这痛苦的时候，安是会希望我们大家的心都充满同情、宽容和爱的。"并表示："请你们理解，我们愿和你们共同承受这悲伤。"这种"出人意料"的持事态度、高尚的境界，实乃令人感动、使人震惊！

必须认识到，凡属宣扬杀戮的文字，都是人类文化的劣质遗产。虽然这起暴虐元凶卢刚自尽了，但这封致卢家人的书信，定会使无数人受到启悟，避免暴虐的发生。

清朝初年，扬州商人程伯麟，虔诚拜佛。乙酉年，清兵攻打扬州。一天，程梦见菩萨显灵：你家共17口人，其余16人均可保平安无事，唯独你劫数难逃，因为你前世砍了王麻子26刀，今世须偿还。听后，程求破解之法。菩萨道：破城之时，你千万不能逃走，否则将连累全家遭殃。五天后，扬州城破，尸横遍野。程让家人躲进厢房，自己独坐堂屋，待死。当晚，有人大声叫门，程问：来者可是王麻子？我在这里已等候你多时，尽管进来砍我26刀吧。王问：你焉知我姓王？程答：系观音菩萨相告如此，并详述梦中所见。而这时的王麻子，却以另一种思维对待此事，他叹道："你前世砍我26刀，所以才招致我今世找你报仇，如果我今世再砍你26刀，来世你岂不是又要找我偿还，冤冤相报何时了？不如二人和好，以解冤结。"说罢，王麻子抽出佩刀，用刀背在程伯麟身上敲了 26 下，随即骑马疾驰而去。[22] 古人叙事善添神怪志异，用以教化世人。其实程某能逢凶化吉，并非菩萨显灵，而是他的忏悔感化了别人，别人也就宽恕了他。

当今，在某些地方，世代仇恨，因果循环，仇恨者与被仇恨者的身份因此而不断切换，即暴力复仇。这种复仇逻辑必将指向更多无辜受到牵连。一方宽恕了，也就避免了。

几十年前，张铭浩的祖父得罪了公社王社长（当时还是人民公社体制），所以常遭遇王社长的刁难。在那些年里，张铭浩家里的日子很是坎坷、难过，一家老小心有怨气。后来，张铭浩的叔叔考上了大学，毕业后在大城市里站稳了脚、掌了权，村里人有什么事都找张叔叔帮忙。一次，曾经刁难过张家的王社长有件事，求到张铭浩的叔叔相助。对此，张家人义愤填膺，认为报仇的时机终于来到了！岂料，祖父并不把王的求助当作报仇良机，只见他深抽了两口旱烟袋，随即把它往旁边一扔，慢悠悠地说："那些事都是老皇历了，别记在心里，能帮他一把就帮一把吧，乡里乡亲的！"时过境迁，岁月沧桑，祖父看透了桩桩纷争，而选择了宽恕。事实上，选择宽恕，被宽恕者会羞愧难当（包括王社长），定会醒悟、懊悔。其实，宽恕的力量是强大的，它自然能胜过剑拔弩张的复仇形式。

宽恕，是既能赐福于宽恕的人，也赐福于被宽恕的人，但要做到宽恕，岂非易事。因为，它要冲破"有仇必报"的藩篱，是需要宽阔的心胸和勇气的。

如果坚持有仇必报，认为只有如此，始解心头之恨，那你想到结果如何了吗？

东汉时期，有一个叫苏不韦的人，苏不韦的父亲苏谦曾经当过司隶校尉（古代的监察官）。另一个当官的叫李皓，他因与苏谦有仇怨，为了泄私愤，也就把苏谦判了死刑。这时的苏不韦仅18岁。于是，处在痛苦之中的苏不韦，便把父亲的灵柩送回了家，急忙下葬了。料理完父亲的亡灵，苏不韦又把母亲隐匿在武都山里。苏不韦改名换姓之后，就用家里的钱到处招募刺客，并且拟订了刺杀李皓的计划，但事不凑巧，没有刺杀成功。多少年过去了，这时的李皓，已经升任为大司农（当时全国财经主管官），难下手了。怎么办呢？苏不韦就挖空心思地想报仇，终于有办法了：他和人暗中在大司农官署的北墙下开始挖洞，夜里轮班挖洞、白天就躲藏起来，神不知鬼不觉的。他们挖了1个多月的洞，终于把洞挖到了仇人李皓的寝室下。

有一天，苏不韦和他的同伙从李皓的床底下冲了出来，又是一个不凑巧，即李皓上厕所去了，于是，就杀了他的小儿子和李皓的小老婆，然后苏不韦留下一封信，便匆匆离开。李皓从厕所回来后，见此惨状，大吃一惊，吓得在屋子里设置了不少荆棘，晚上也不敢安睡。李皓的防范措施，苏不韦自然料到了，想杀死李皓很难实现了。接下来，苏不韦又想出一招，就是盗挖了李皓的家坟，取下了李皓父亲的头，然后拿到集市上去示众。李皓得知此事后，心里当然是又气又恨了，但又无可奈何，不敢说什么，不久，急火攻心，吐血而亡。

如此说来，李皓只因一点私人恩怨，就非要将苏不韦之父置于死地，太狠毒了！哪能这般为人呢！而苏不韦呢，一辈子只为报仇尽心竭力，耽误了大好时光，也的确太可惜了。

为生命留个空间，就可能会重获新生！

　　有两个处于饥饿状态的人，曾得到了一位老人的恩赐，礼物是两样东西：一样是一根鱼竿，另一样是一篓鲜活的鱼。然后，任由他俩选择，选择的结果是，一个人选择了一篓鱼，另一个人选择了一根鱼竿。随后，他俩就各走各的路了。选择鱼的人，急忙以干柴取火的方式，把鱼煮熟后，就吃了起来，一会儿工夫，连鱼带汤一点都没有剩。一篓鱼都吃掉了，自然下顿没有吃的了，没过多久，他就饿死在空鱼篓的旁边。而那个选择一根鱼竿的人，则是提着鱼竿找不到钓鱼的河流，无奈之下，继续忍受着饥饿的折磨，非常艰难地向海边走去，可当他已看到不远处那一片海洋时，他浑身的最后一点力气也使完了，他也只能带着人生无尽的遗憾，撒手人寰了。从中可见，拿一篓鱼的人，连鱼带汤还来一顿呢；而拿鱼竿的人，一直空腹。但结局都是死！

　　事情也凑巧。过了一段时日，又有两个饥饿的人过来，他们同样得到了老人赐予的一根鱼竿、一篓鱼。与上者不同的是，他俩的思维发生了变化，即没有各奔东西，而是商定共同去寻找大海，打算过上打渔为生的日子。对于仅有的生存食物——一篓鱼的使用，他俩也是计划着进行，即每次只煮一条鱼，再往小锅里下些野菜、甚至无毒野草，以维持生命。他们经过遥远的跋涉，克服了各种困难，最后来到了海边。从此，他俩开始了捕鱼为生的日子。几年之后，他们盖起了房子，各自娶了老婆，有了各自的家庭、孩子，当然也有了自己建造的渔船，过上了幸福安康的小日子。

上述事实表明，如果你只顾眼前利益的话，那么，你得到的也只能是短暂的快乐；如果你目标高远的话，当然值得肯定，但也须面对现实生活，所以，我们想事、做事必须讲究客观实际。因而，有的时候，就那么一个简单的道理，却足以给你以意味深长的生命启示，令你叹服。

许多事情，只要我们变换一种思维方式，往往就能起到意想不到的效果；许多事情，只要我们变换一种做法，结果就明显不同了。因而，不可忽视思维方式的改善。

尤其对于一个人，在已经撞了南墙的情况下，仍然固守着过去的思维定式，那么，其下场将会是可悲的！说的是，一个叫国闻铭的男人，从事房地产开发事业，有着一个幸福的家庭，不仅有名车、有宽敞的住房，还有一双可爱的儿女、一个温柔美丽的太太，如此理想的生活美态，令许多人羡慕不已。然而，不知不觉地，他却痴迷上了股票。

见此，国闻铭的妻子很是担心、他的朋友们也劝说："股票风险很大，不要再投入了！"但他却置若罔闻，固执己见地说："我已经赚了很多，我有分寸，不会有什么风险的，你们就放心吧。"过了一段时间，股票一直下滑……计算下来，国闻铭不但把赚来的钱赔进去了，而且，还搭上了自己好几十万的存款。事已至此，他的妻子以为这下丈夫可以收手了，从此可以重新过上踏实的日子了，但令妻子遗憾的是，丈夫不但不收手，还一心想着套回已经赔掉的钱。最后，国闻铭不但卖掉了名车和房子，还举借外债、欠下了几百万元。

鉴于此，国闻铭已无法面对贤妻和两个可爱的孩子，以及接连不断的上门讨债人，处在追悔绝望和四面楚歌之中，最后，他给妻子留下了一封遗书，从此在这个世界上消失了……

应该说，生活在经济社会中，谁都想使自己的生活更精彩。为此，他们竭力地奔波着、折腾着，透支着自己的精力和生命。但要知道，你所规划的"希望"是否适合自己？此路是否走得通？在事业、学业和生活上，有的时候，委实需要执着、需要坚持，但执着和坚持不可等同于固执。当年"大禹治水"三过家门而不入，拯救黎民于水深火热之中，这样的坚持是"执着"。而当今有的学生，却把一生的前途，都押在高考上，一旦高考落榜，他就走上极端之路——结束生命；有的大学生或研究生，一旦成绩"挂科"了、失恋了，往往就想不开了，或是病倒了甚或自寻短见了，这那里是什么"执着"，而是再典型不过的"固执"！连一个转身的余地也不给自己留下来，你不觉得太遗憾、太亏了吗？高考落榜了，你可以复读再考、也可以就业；"挂科"了，你可以再复习，补考；失恋了，你可以重新选择、再处嘛！处朋友、恋爱（互选）期间，你就要"从一而终"，给自己定下这么窄的思维路子，一旦对方觉得你不适合人家时，你又经受不住这一打击，也就容易做出极端的事情来。

所以，我们理应珍视生命，让人生价值充分展现出来，活出人生的精彩。据悉，在一次关于生命科学的讲座会上，一位生物学副教授阐述生命的价值时，"以事证理"地手举一张 30 美元的钞票，问道：谁要这 30 美元？随即，许多人的手举了起来。然后，他把这张 30 美元的钞票揉成一团，便问：谁还要？这时，仍有人举起手来。接下来，他把钞票扔到地上，又踏上一只脚、用脚碾它。他拾起了钞票，此时的钞票，已变得皱皱巴巴的。他又问：在座的哪位还要？即便如此，但仍有人举起手来。面对此状，他说：无论我如何对待那张钞票，你们还是想要它，因它并没贬值，它依旧值 30 美元。在人生的路上，我们会无数次被自己的决定或碰到的逆境所击倒、甚至被碾伤。也因此，我们会觉得自己似乎一文不值了。但事实上，无论发生了什么，或将要发生什么，你也好、我也罢，永远不会丧失价值。因为，生命的价值不依赖我们的所作所为，而是取决于我们本身！这是我们都应永远牢记的一点！

所以，当你的人生之路，一时走不通时，不免转换一种思维方式，尝试一下其他的路径，也许能走得通呢。只要能为生命留个空间，就有可能在人生路上，重获新生！

人生的路、仕途的路、学业的路……显然是需要你走下去的，但怎么个走法，那就得看你的思维正确与否了。民国时期，有一位旅行者，他听说有一个地方，风景绝佳，似如仙境。于是，他决定要不惜一切代价，一定要找到那个地方。然而，他经历了一年多的时间，跋山涉水、风餐露宿，千辛万苦之后，他已经处于非常疲惫的状态，但所追寻的目的地依然遥遥无期，如果再走下去的话，可能命都得搭上。就在这当儿，有位老人给他指了一条岔路，并真诚地告诉他："中国美丽的地方很多很多，没有必要执着于一个景区，更没有必要非得沿着一条路走到头，你可任选一条可走之路嘛!"老人的话,旅行者完全听进去了,然后他就按照老人的话去做了,不久,他就看到了许多特别美丽的景色,他越是观赏到一桩桩美景,越是庆幸自己没有一味地去找寻梦中的那个美丽的地方。老人的一句话,令他回味无穷,颇受启示。

应该正视,我们生活在大千世界,认识问题受到局限;跋涉于生命之旅,视野难以宽阔。如《孙子兵法》所言:"声不过五,五声之变,不可胜听也;色不过五,五色之变,不可胜观也;味不过五,五味之变,不可胜尝也。"所以,我们听不完、看不完、尝不完。即便再好的景区,也会错过。对于错过,我们只有放下纠结和叹息,才会欣赏到真正的美景。

人生之中,哪有不发生事的,如何处理所发生的事,就要看我们处理事情的方式和态度了。如果我们转身、面朝阳光的话,也就不可能身陷在阴影里;如果我们拿着鲜花送给别人时,毫无疑问,首先闻到花香的是我们自己。因此,我们要心存善意,身行好事。即便是曾一度使我们难以承受的痛苦磨难,也不能说没有一点价值的,因为它可以使我们的意志更坚定、思想更成熟。所以,当困难与挫折到来的时候,我们应该平静地面对、乐观地、恰当地处理。实际上,一个人的快乐,往往不是因为他拥有的多,而是因为他计较的少;实际上,我们都不能决定生命的长度,但是我们可以扩展生命的宽度。生活之中,我们显然不能事事顺利,但是我们能够事事努力。

怜悯、敬畏生命，恢复人类良知良能

2003 年 7 月 21 日后半夜 4 点多钟，南京市下关区上元门发生特大交通事故，一辆满载着陶制瓦片的大卡车失控，一头扎进三间民房里。顿时，房屋倒塌，致使卡车内的几个人当场死亡，房屋内也埋下了 5 个人、4 人受伤。此时，即使被惊醒的人们也束手无策。等待救援之际，在倒塌的房屋废墟里，有一个人头露在外面，身子埋在废墟里，呼吸微弱。这时，一个青年男子对那个被埋者喊话："要坚强，你可以和我说说话，但千万不要闭上眼睛。"被埋者的眼睛睁开了，流露出一丝谢意。年轻男子问被埋者："你今年多大年龄了？你在哪里工作啊？你做什么工作啊……"但不一会儿，被埋者又一次闭上眼睛，年轻男子又一次喊道："要睁开你的眼睛……"随即，年轻男子找来了医生，给被埋者输入了氧气，他的眼睛再次睁开了，送往医院抢救。对此，有人问喊话的年轻男子和被埋者是什么关系，年轻男子说："我不认识他，我开出租车路过这里。"素不相识、毫无血缘关系，他的呼喊，只是对生命怜悯的正确思维。

其实，当人类的动物性（"食色性也"）需求满足之后，人类还要自我升华，做一个关心百姓、关爱社会之人。

一个美国青年在一场车祸中丧生，家人都非常悲痛。根据这名青年的生前捐赠（"生命礼物"）的愿望，医生摘取了他身上可供利用的器官，并及时移植给了急需器官的患者。移植的结果，使四名垂死者重获了新生，两人重见了光明。这当儿，新闻记者采访这位青年的母亲，她说："我很为儿子的行为感到骄傲，同时我还要感谢那些接受我儿子器官的人，他们使我的儿子的生命以另一种形式得以延续，看到他们，就像看到我的儿子一样。"老妇人的这番话情真意切，她所表达的儿子的思愿，令在场的人无不为之感动，流下了热泪。无疑，这位青年和他的母亲所为，系为关心他人、关爱社会之举！

我国古代哲学家老子曾曰："道德之备，犹日月也，夷狄蛮貊不能易其指。"意思是说，具备了道德的人，就像天上的太阳和月亮，不论多么偏远的天下人民，永远都不会改变对他的热爱和向往。显见，把那些有道德的人，都视为"日月"，加以赞颂。

路易·巴斯德是法国微生物学家，对细菌学研究作出了杰出贡献，如他发明的巴氏消毒法，至今仍被许多国家广泛应用。有一次，一艘轮船到法国西南的一个港口城市波尔多，巴斯德听说这艘船上乘客患了"黄热病"（是黄热病毒引起的急性传染病），他几乎忘掉了一切，立即赶往那里，希望能够发现一种细菌，进行研究。当时，身边的同仁、家属都劝阻他："你这样去是有危险的。"而他却毫不迟疑地回答："为了能使其他人活得更好，我愿意用自己的生命做一次实验。"如此敬畏生命的这番话说完，巴斯德义无反顾地奔向了细菌流行的船只……

据统计，当时世上的狂犬病，死亡率已经达到了100%。鉴于此，巴斯德组成了研究小组，全力研制狂犬病疫苗。在寻找病原体过程中，他经常冒着生命危险。有一次，他为了收集一条疯狗的唾液，竟然跪在狂犬的脚下耐心等待，以不失采集机会。虽然经历了多次失败，最后还是在患狂犬病的动物脑和脊髓中发现一种毒性很强的病原体（棒状病毒）。

1885年，一位母亲带着被狂犬咬伤了14处的、刚刚9岁的男孩约瑟芬，在医院医生诊断后、宣布这个男孩生存已无望的情况下，这位几乎绝望的母亲，请求巴斯德挽救她的孩子。因为不忍目睹约瑟芬死去，巴斯德决定为他打下人类的第一针疫苗。在此后的10天里，他连续、按时给约瑟芬注射了不同毒性的疫苗。每天晚上，巴斯德彻夜不眠，焦虑地等待约瑟芬的病况有起色，1个月过去了，约瑟芬终归死里逃生，母子异常兴奋，安然返回家乡。无疑，巴斯德是世界上第一个能从狂犬病中挽救生命的人。约瑟芬得救了的消息，很快传开了，于是，国内外络绎不绝的狂犬病患者，纷纷来到巴斯德实验室。巴斯德和他的助手们，也因此日夜忙碌起来。

巴斯德长年的过度劳累，已严重损害了自己的健康。两年后的一个上午，巴斯德脑出血又发作了，直接倒在了写字台上，他舌头严重麻痹，已说不出话来……

巴斯德怜悯、敬畏生命的思维，并以科学拯救生命的崇高品格，令世人敬重！因而，当他70岁生日时，法国举行了盛大的庆祝会。会场上，身体状况糟糕的巴斯德，由法国总统亲自搀扶，从欢呼的人群中走向主席台，受到人们的敬仰，大会送给他一枚纪念章，上面刻着："纪念巴斯德

70岁生日，一个感谢你的法兰西，一个感谢你的人。"

　　然而，时至今日，世界上有的地方，暴虐行为仍在重演。2013年10月，在印度东部的恰尔肯德邦的一名女佣，遭到了女雇主长达4个月的虐待。雇主逼迫她喝尿，用煎锅将她烫伤，用扫帚、皮带甚至铁链击打她。经过调查，救援的印度人权组织说，这名女佣还遭到刀砍，被雇主的5条狗攻击，雇主把这名女佣指甲拔出。警方调查时，这名女佣说："她（雇主）会在打我后发笑。"为此，警方将这名女佣从新德里的富人区救出，送往医院治疗。这名女佣接受《法新社》记者采访时，她的头部仍缠有挺厚的绷带，左脸颊和胸口布满伤痕。警方称，涉案雇主现年50岁，在一家法国跨国公司工作，已经被捕。

　　这种对生命的暴虐、凶残的杀戮，以至达到了"艺术"的病态，实乃令人发指。

　　我们立身处世，如果任意而为，那么天理就没了；如果不守本分，那么道理就失掉了；如果做事奸诈，那么情理也就沦丧了。结果，天理没有了就会酿成灾祸，道理没有了就会生病，情理没有了就会有罪。丢掉天理的伤福了，亏了道理的伤禄了，失掉情理的伤寿了。一个人的"福、禄、寿"都损失掉了，身处于世，岂能有好的结果？

　　如果我们的教化丢掉了"仁义礼智信"，置做人的责任与义务于不顾的思维，而却一味地强调、传授弱肉强食的竞争技巧，那么人心就会变成狼心了，人性就会变成兽性了。所以，我们要通过传统文化的教育途径，找回已经失掉的做人之道，恢复人类的良知良能。

注 解

[1] 一舟：《双重人格与双重标准》，《光明日报》2013 年 10 月 29 日。

[2] 何玉兴：《最绝望的堕落》，《管理学家》2014 年 6 月刊。

[3] 张振旭：《别违反我的人生哲学》，《演讲与口才》2013 年第 18 期。

[4] 欧阳哲生：《胡适文集》，北京大学出版社 1998 年版，第 65 页。

[5] 《胡适日记》，山西教育出版社 1997 年版。

[6] 李秀潭：《百年学人胡适》，《学习时报》2013 年 10 月 14 日。

[7] 刘墉：《树叶里的人生》，《新世界〈社会生活〉》2007 年第 7 期。

[8] 刘继兴：《历史上那些牛人们》，北京航空航天大学出版社 2009 年版，第 186 页。

[9] 杨旭、王进庆：《认真做好小事》，《人民武警报》2013 年 12 月 23 日。

[10] 白岚：《把小事做精、把细节做亮》，《神州》2013 年第 21 期。

[11] 《世界第一：水稻亩产 1149.02 公斤》，《新华每日电讯》2017 年 10 月 18 日。

[12] 《袁隆平："杂交水稻之父"》，互动百科，2015 年 7 月 18 日。

[13] 李工真：《我所认识的金克木先生》，《人物》2001 年第 7 期。

[14] 《著名学者金克木》，搜狗百科，2017 年 12 月 12 日。

[15] 黄允升、唐宝林：《红色档案：毛泽东与中共早期领导人》，西苑出版社 2012 年版。

[16] 贺新辉：《生死绝恋：李莎与李立三的婚姻》，中共党史出版社 2008 年版，第 126 页。

[17] 《羊城公司原副总受审，受贿 600 万辩称对得起政府》，人民网，

2003 年 8 月 21 日。

[18] 雪峰:《记住的和忘却的》,《益智阅读》2012 年第 5 期。

[19] 《时代周报》记者马俊采访沈志华:《前苏联如何由"榜样"变为"镜鉴"》,2009 年 11 月 13 日。

[20] 《红军电讯专家王诤》,《党史信息报》2004 年 10 月 27 日。

[21] 欣林:《亲历卢刚枪击案》,网易新闻,2007 年 4 月 17 日。

[22] 计六奇:《明季南略》,中华书局 1984 年版,第 86 页。

CHAPTER 3

第 三 章

换一种思维，让人品行升华了

"要想面对未来，就不能歪歪斜斜地站着"

俄罗斯有句谚语，叫做"要想面对未来，就不能歪歪斜斜地站着。"其实，现实生活中，"歪歪斜斜地站着"的事也是时有发生的。

据说，北京一所大学的一名考生，被法国某大学录取为博士研究生。他考出的成绩高得都令招生的教授、工作人员赞叹不已！一番准备后，该生飞往法国入学。到校后的一天，新任导师给他派了任务，即让他某日上午 10：00 至 11：00 在实验室做实验。实验室有一部电话，可以打法国境内的长途电话，结果这名北京来的新生，竟然在这 1 小时内打了 40 多分钟的长途，与在法国的同学、师兄聊天。你看，初来乍到的，胆子就这么大。

事隔数日，新任导师偶然从记录电话的电脑上，发现了这名新生的"电聊"一事，非常气愤。随之，新任导师就把他叫来询问："那天上午 10：00 至 11：00 你在做什么呢？这名新生回答："按照您的安排，在实验室做实验。"紧接着，导师又问："除了做实验，你还做了什么吗？"这名新生回答："没有，我一直在专心做实验，心无旁骛。"铁证面前，却换来令人难以置信的一片谎言，新任导师气得都难以启齿了。此事，新任导师向校方如实汇报了。几天以后，校方宣布：开除这个来自中国的"优秀学生"。这种违规、不诚实的事，不就是"歪歪斜斜地站着"、自毁前途吗？

既然俄罗斯谚语告诫你，不让"歪歪斜斜地站着"，那就端端正正地做人做事吧！

农村青年罗校刚满怀着梦想，来到石家庄市打工，因为他工作勤奋、踏实，几年后公司老板将一个部门交给小罗主管。经过两年的治理和经营，小罗把这个部门管理得井井有条，业绩直线上升，深得公司老板的信任。有一次，小罗代表公司老板与外商洽谈合作项目，谈判进行得很顺利。结束后，小罗与外商共进晚餐。晚餐很简单，小罗只按出席人数点了一些家常饭菜，结果几盘菜都吃得净光，只剩下两个小包子。离开时，小罗对服务员说："请把这两个包子装进食品袋里，我带走。"岂料，当天夜里外商便打电话给小罗，表示明天就同该公司签订合作合同。第二天，小罗设宴款待外商。席间，外商轻声问小罗："你受过什么教育？"他如实回答："我家很穷，父亲去世多年，是母亲辛辛苦苦地供我上学。母亲说不指望我高人一等，我能做好自己的事就行……"可见，一个人的良好品行，即便在细微的小事中也可以折射出来。

当人处在危困、又没有解决办法的时候，什么是让人感到最恐惧的？其实，不是没有钱、没有水、没有食物、没有车，而是没有方向。理想如当今一部汽车上的 GPS，生活的导航。

在秘鲁的某个村镇里，为数不少的小男孩，干着最低贱的活儿——替路人擦皮鞋、到街上卖报、到酒店代人传话等。但令人难以置信的是，他们都有着很大的志向，即每当别人问他们长大想做什么时，孩子们总喜欢说："当总统"！这么大的官，他们也敢喊敢当，天真吧？

你还别说，在这群孩子中，还真有一个"擦鞋童"，后来当上了一国的总统。他的名字叫亚历杭德罗·托莱多·曼里克，是一名白人与印第安人的混血儿。当"擦鞋童"时，也不知什么原因促使的，他却萌生了当总统的想法。可他听说当总统的人都是读过书的，所以就恳求父亲让他上学。但家境不好，父亲不同意！托莱多脑子一转，有办法了：他向父亲承诺，说："我不会因为上学而浪费做工的时间，我会赚回与从前一样多的钱。"于是，父亲同意他上学了。此后，托莱多白天上学，早晚仍去做从前的擦皮鞋等杂活。学习上，为了实现他的总统梦想，他努力学习各门课程，所以考出的成绩，也是所有孩子中最优秀的。

中学毕业后，18 岁的托莱多获得美国旧金山大学奖学金，只身飞往美国读书。在美国读书期间，他还利用学习余暇打工，寄钱给家里，以填补生活。大学毕业后，他又进入斯坦福大学学习，获得了经济学硕士学位和教育学博士学位。而且，在美国求学期间，他还收获了爱情，结识了比利时籍的埃利安尼·卡普女士，两人结婚并生有一女，名叫香塔。

不忘初心、初志、初愿的托莱多，不懈奋斗，距他的总统梦越来越近。2001 年秘鲁大选中，托莱多终于当选为秘鲁新一届总统。2005 年 6 月 2 日至 6 日，应国家主席胡锦涛的邀请，托莱多对中国进行了国事访问。

可以设想，如果年幼的托莱多与其他小伙伴一样，即只是口头上回答"当总统"或只是有这个梦想，但却不为之辛勤耕耘，那么，他可能永远只是一个平庸的孩子。所以，实现人生目标，关键在于始终如一地去践行。而且，初现人生目标后，下一个目标也要跟上来。如思维宽阔的韩国前总统金泳三，在中学读书时，便在房间里挂上了"未来总统金泳三"的条幅！并以总统的素养修炼自己，朝着这一目标不懈努力。在战胜了一系列挫折之后，他终于当选为韩国第 14 届总统。任总统后，金泳三治国有方，大刮改革旋风，提出消除腐败、发展经济、完善纲纪。他以身作则，韩国实现了官员财产公开化。他的两个儿子因腐败受审。金泳三 83 岁时宣布，将把个人财产全部捐献给社会，而不是留给子女。

事实上，梦想一旦被付诸实际行动，就会变得神圣。因为，梦想就是欲望与行动的结合体。如果只是想，而没有目标的"梦"的指引，结果什么都没有做好。因而，必须促使你的性格适应于梦想的实现，并能不忘初心、恒守志向。

"五四运动"爆发后，陈望道结束了在日本留学的生活，回到国内当教师。

陈望道是上海共产党组织的发起人。此前，在留学日本的早稻田大学期间（学习文学、哲学、法律等），陈望道结识了在此校任教的河上肇教授，他是日本最早的马克思主义学者。同时，陈望道接触了马克思主义的日文译著和文章，在课外努力钻研马克思主义经典著作。他回国之后，看到中国新旧文化、势力、制度的较量异常激烈，这使得中国的改革步履维艰。也由此，他意识到，必须要对旧制度进行根本的改革，必须有一个更高的辨别准绳。这个准绳，就是马克思主义。可见，这时他已认定了改造旧制度的思想武器。

陈望道的家乡是浙江义乌分水塘村。当年，就在这里他翻译出了第一本中文全译本的《共产党宣言》。原来，就在陈望道不知何去何从的时候，他接到邵力子的来信，得到《星期评论》杂志的主编戴季陶邀请他翻译《共产党宣言》的消息。随即，陈望道收到了戴季陶和李大钊寄来的日文版和英文版的《共产党宣言》。为什么让陈望道翻译此书呢？因为，他对日语、英语、汉语都有扎实的功底，又具有马克思主义理论的基础。因而，他义不容辞地担起了翻译此书的重任。

1920 年农历春节前，陈望道回到家乡。义乌春节的传统食物，就是吃粽子蘸红糖。有一天，陈望道的母亲张翠姐送完餐之后，在屋外忙活着家务时，向儿子陈望道喊："红糖够不够，要不要我再给你添些？"正在里屋忙着翻译此书的他，便应声答道："够甜，够甜了！"岂料，当母亲来里屋收拾碗筷时，却发现儿子的嘴角满是墨汁，可红糖却一点儿也没有动，他是蘸着墨汁吃的。母亲见此，母子二人相视大笑。陈望道用粽子蘸墨汁吃、还连声说甜的事，让信仰有了滋味。这就是不忘初心、信仰的力量！

经过两个月的苦战，陈望道终于完成了《共产党宣言》的翻译工作。然后，他将此书的中文全译本稿带到了上海，交由陈独秀（上海共产党组织负责人）和李汉俊校阅，随后在上海印刷出版。而后，他在上海参与成立了马克思主义研究会、对工人和青年进行马克思主义宣传、编辑《民国日报》副刊《觉悟》等工作，巩固和宣传马克思主义思想舆论阵地。新中国成立以后，他被任命为复旦大学首任校长。任职期间，他曾多次对学生说："马克思主义就是一种科学，而且是一种极其重要的科学，是一切科学的科学、一切工作的科学，对于一切科学、一切工作都有指南的作用，它能帮助我们高瞻远瞩，勇往直前。"陈望道是我国著名的教育家和语言学家，对马克思主义在中国的早期传播作出了卓越的贡献。

齐白石大师也是如此，他专注画业，心无旁骛。1902 年，经朋友介绍，他结识了朝廷大员兼大诗人的樊樊山。樊非常赏识齐白石的为人和画工。一些湖南老乡认为，樊如此赏识齐白石，齐应该抓住机会，在官府里弄个好差事。樊还确实说过，可以在慈禧太后面前推荐齐，给太后代笔（指替别人写），做宫廷画师，弄个六七品的官衔不在话下。而且，还不耽误齐在外面卖画刻印。但齐白石婉言拒绝了，他说："我是个没见过世面的人，叫我去当内廷供奉，怎么能行呢？我没有别的本事，只想卖卖画，刻刻印章，凭着一双劳苦的手，积蓄得三两千两银子，带回家去，够我一生吃喝，也就心满意足了。"事实表明，齐白石的思维选择方式是正确的，不然他哪里会有 14600 件的作品问世呢？又怎么能够蜚声海外呢？官场上少了他无所谓，但如果我国近现代书画界少了他的话，那将会是黯然失色的。可见，他坚守的结果换来了人生的辉煌！

在某些场合你会发现，有的人动辄声言："我就这么个性格、就这么个脾气"，以敦使人家跟着他的主张走。试问，你的主张是否合乎情理啊？应该承认，良好的性格有助于梦想的实现。每个人的性格，都是有相对稳定性的，但也不是不可以改变的。

笔者认为，欲塑造良好性格，关键是不断加强修养。例如，美国第 3 任总统托马斯·杰弗逊，为了塑造良好的性格，17 岁时就为自己制订了修养计划，其中包括"节制"、"决断"、"秩序"、"俭朴"等项目，每天清晨向自己提出："我今天要做好什么事，晚上检查今天有什么成绩，有什么过失。"而且，将自己所做的事情认真记录下来，一丝不苟，一次不落，一直坚持了 50 余年，终于成为举世赞誉的品行高尚的人。而现实生活中，为数不少的人并不清楚自己有哪些不足，怎么也梳理不出来，似如"布上的棉线——千头万绪"。你说，这样的人你叫他克服什么不足？连自己都说不清呢。如此下去，岂能成才、实现梦想？

留下足迹、留下与山河同在精神的硬汉子

　　范仲淹因与家里形成养生之间的矛盾，十几岁便离家、住进了山醴泉寺的僧室里。在此，他昼夜苦读，坚持不懈。寺庙里的生活十分清苦，他的饭量又特别大，几乎每顿饭都吃不饱，经常饿得头晕眼花，致使读书时无法集中精力。于是，他想出了一个办法，即每天早晨煮好一锅稀粥，待到放冷了、凝结成粥块之后，他用刀在上面切成均等的 4 块，早晚饭各吃 2 块。而下饭的菜，仅切一点咸菜末就行了。这期间，他在醴泉寺读了许多书，懂得很多道理，增长不少知识。3 年后，他来到了千里之外的南都应天府（河南商丘），进了当时很有名气的"南都学舍"，师从名学者威同文。起初，他仍如在醴泉寺时一样，每天早晚还能有稀粥可吃，可是后来连稀粥也供不上吃了。每当太阳落山时，他才胡乱吃点东西，也就算是一天的饭了。但他从来没有为吃饭这事分心，而是在学习上更加勤奋刻苦。在此，范仲淹为自己制订了严格的学习计划，每天不完成计划决不睡觉。到了严冬的夜晚，每当读书感到疲倦时，他就用冷水洗脸，然后继续读下去。他就是依循这种思维规律，凭着这股坚定的信念，每天勤学苦练，后

来终于取得卓越的成就，成为著名的政治家、军事家和文学家。他倡导的"先天下之忧而忧，后天下之乐而乐"思想，对后世产生了深远的影响。

而事实上，吉鸿昌便是深受范仲淹这种责任意识影响者之一。那是1933 年的 5 月，中共党员吉鸿昌根据中国共产党的指示，与冯玉祥、方振武在张家口建立了察哈尔民众抗日同盟军。北路军在吉鸿昌的指挥下，所向披靡，接连获胜，先后收复康保、宝昌和沽源。紧接着，又开始了扫清多伦外围战斗，经过两天三夜激战，仍久攻不下。为此，吉鸿昌便亲率敢死队，赤膊匍匐前进，连续三次指挥登城，里应外合收复了多伦。

察哈尔同盟军攻占多伦的战斗，是自九一八事变以来，日军遇到的第一个沉重打击。对此，提出"攘外必先安内"的蒋介石，对吉鸿昌等抗日将领更加恨之入骨，所以密谋与日军"聚歼"抗日同盟军。吉鸿昌率部，在长城内外苦战了几个月后，被日、伪、蒋三方面的部队包围，逼进一个山谷里。他不忍心抗日弟兄遭受无谓牺牲，冒着生命危险与国民党军队接洽谈判，随即失去自由，被押往北平。但押车的国民党士兵，得知他就是威震敌胆的吉鸿昌将军，便放他跳下汽车逃跑了。于是，他潜入天津，在中共地下党组织领导之下，开始新的、另一种形式的斗争。他与国民党 18 集团军高级参议宣侠父，联络各派抗日人士，组织成立了"中国人民反法西斯大同盟"，他任主任委员，并与宣侠父一起创办、出版了抗日刊物《民族战旗》。吉鸿昌的住宅，事实上成了中共地下党组织的联络站；住宅一角，设有一个秘密印刷所，在那里油印机要文件等。1934 年 11 月9 日，吉鸿昌在天津国民饭店的一个房间里，与李宗仁派来的代表商谈联合反蒋（介石）大计。这时，国民党特务突然闯了进来，举手连开数枪，他的胳膊被打伤，但他还是猛地抡起椅子向特务扑去，特务惊慌逃跑。谋刺未成，特务旋即勾结了天津法租界工部局，将他逮捕。不久，又转解到北平陆军监狱。

到了北平。吉鸿昌刚一下车，敌人就给他看了一份电报，上面写着"立刻处决"四个字，逼其投降。他看后，平静地说："行啊！你们什么时候动手啊？"有一次，国民党陆军一级上将何应钦亲自审问，要他交代抗日活动的"秘密"。吉鸿昌眼睛一瞪，大声说："抗日是四万万五千万中国人民的事情，有什么秘密！只有蒋介石和你们，跟日本勾勾搭搭，尽干些祸国殃民的坏事，才有见不得人的秘密。"[1] 何应钦被质问得张口结舌，目瞪口呆。随即，敌人用尽毒刑，把他打得遍体鳞伤。直到临牺牲的前一夜，他还在狱中宣传抗日。有人劝他休息一下吧，他说："我就要永远'休息'了，你让我多宣传几句吧！"可见，吉鸿昌把抗日视为我们共产党人的历史责任。在对吉鸿昌进行军法会审时，他把法庭作为战场，愤怒地揭露国民党反动派卖国投降的罪行，宣传中国共产党"团结对外、一致抗日"的主张。

对于国民党蒋介石所下的杀害他的命令，吉鸿昌毫无惧色，大义凛然地说："我为抗日而死，死得光明正大！"11 月 24 日上午，他十分镇定地写了几封遗书，总结了自己寻找救国道路的坎坷经历，倾诉了一个共产党员对于革命事业的必胜信念。午后，他昂首阔步地跨向刑场，以树枝作笔，以大地为纸，写下了浩然正气的就义诗："恨不抗日死，留作今日羞。国破尚如此，我何惜此头！"当刽子手在他面前举起枪时，吉鸿昌凛然高呼："抗日万岁！""中国共产党万岁！"枪响了，吉鸿昌笔挺地倚在椅背上，死也没有在敌人面前倒下，表现了一名共产党员、一名抗日硬汉子的崇高革命气节。

因而，我们要让梦想成为一种信仰、努力的目标。可以说，没有梦想的青春我们伤不起，而让梦想成为信仰的青春，那才叫了不起！为此，要以锲而不舍的精神，践行自己的梦想。无论践行梦想的征程有多么曲折，你都应恒守志向，勇往直前！

1926 年，厄纳斯特·海明威的长篇小说《太阳也升起了》问世，很快就博得了一片喝彩声，所以此部小说被译成多种文字。3 年后，他的又一部小说《永别了，武器》问世，几个月内竟然销售了 10 万册，是他 20 世纪 20 年代的代表作。好莱坞为购买他小说的摄制权，出了空前的高价。1932 年以后，他先后出版了《死于午后》、《非洲的青山》、《乞力马扎罗的雪》、《麦康伯短暂的幸福生活》等小说，其中，后两部均被拍成了电影。他还写出了剧本《第五纵队》，以歌颂献身于正义事业的人们。1939 年，他写成了优秀的长篇小说《丧钟为谁而鸣》。不久，他和妻子玛莎·盖尔霍恩（作家）一起来到中国，在重庆受到周恩来的接见，随即作为战地记者采访了我国的抗战实况，撰写出 6 篇中日战争的报道，高度赞扬我国人民英勇的斗争精神，有力地鼓舞了中国人民的革命斗志。

20 世纪 50 年代初，海明威发表了最为优秀的作品《老人与海》。这是世界文学宝库中的珍品，他因此而获得了美国普利策奖（新闻界最高荣誉奖）。1954 年，他获得了诺贝尔文学奖。能够获此殊荣，如授奖词所言："因为他精通于叙事艺术，突出地表现在他的近著《老人与海》之中；同时也因为他在当代风格中所发挥的影响。"直到晚年，连续两次飞机失事，他都能够从大火中站立了起来，硬汉姿态依旧。获诺奖后的几年，因高血压症、糖尿病、皮癌、精神抑郁症等疾病的折磨，使他完全丧失了写作能力。因不愿成为"无能的弱者"的心理驱使，1961 年 7 月 2 日清晨，他把心爱的双筒猎枪放进嘴里，决然扣动了扳机。海明威死了，但他作品中所塑造的硬汉形象却永远活着……

海明威说过："一个人生来不是就要被打败的，只要你不想倒下，除非别人将你肉身从这个世界上清除。"这铿锵有力的话语，真的使人热血沸腾。无疑，他是勇者、是硬汉。这样的硬汉，这种不屈不挠的精神，必与山河同在，激励后人。

残缺之身，也未滞碍他丰满思想的展现

史铁生先是两条腿瘫痪了，然后又患上了尿毒症，需隔日透析以维持生命。他的身体已虚弱到了喝汤时呛了，都可能感染上肺炎的程度。然而，在朋友们的眼里，他乐观得根本不像被重病缠绕的病人。他说："先别去死，再试着活一活看。"这种思维，真的令人叹服！他的梦想，是当一名田径运动员，最好有"一米九以上的身高"，并且跑起百米来要超过"九秒九几"。他不仅爱看田径比赛，而且对田径项目的世界纪录，如数家珍。但因身已瘫痪，当田径运动员的梦想未能实现，转而笔耕不辍。他还说过："从人生无常这一点来说，人生有如梦幻。因此，一个人只有活得有声有色、有滋有味，才不枉到这世界上走一回。人的命就像这琴弦，拉紧了才能弹好，弹好了就够了"。

由此，笔者想起了苏轼那充满哲理的《琴》诗："若言琴上有琴声，放在匣中何不鸣？若言声在指头上，何不于君指上听？"此诗，旨在说明世间事物的相互作用与内在联系。史铁生说，琴弦"拉紧了才能弹好"，当然靠人和琴的作用力。否则，琴是发不出美妙的声音的。而他，却完美

地发挥了人和琴的作用力，弹奏出悦耳的人生曲调，留声于世。

史铁生用残缺的身体，以写作的形式，敏锐的思维，说出了最为健全而丰满的思想。实际上，他体验到的是生命的苦难，表达出的却是存在的明朗、欢乐；他睿智的言辞，照亮的却是人们幽暗的内心。如他的抒情散文随笔集——《病隙碎笔》，以生动、通俗、优美的语言追寻和探索了人生、命运、爱情、金钱、道义、信仰以及成功的途径和价值、孩子的教育、家庭的纽带……当多数作家在消费主义时代里，放弃面对人的基本状况时，他却这般追索着人之为人的价值，仍然向着存在的荒凉地带进发、探索，坚持同未明事物作斗争，这种无所畏惧的勇气和执着，你说，能不唤起人们对自身所处境遇的警醒和关怀吗？

多年来，史铁生与疾病顽强抗争，在病榻上创作出优秀的、广为人知的文学作品。他的作品多次获得国内外重要文学大奖，多部作品被译成日、英、法、德文字在海外出版。

辩证地说，一切幸运并非没有烦恼，一切失意并非就没有希望。史铁生是一个生命的奇迹，在漫长的轮椅生涯中至强至尊，展现出硬汉子的"正能量"，实在令人钦佩。

世界现代最伟大的物理学家史蒂芬·威廉·霍金，曾经 3 次访问中国。2006 年那次他来中国，笔者于颐和园抄录历史碑文时，有幸遇到吴忠超、茱迪在推着霍金游览颐和园，与这位科学巨匠距离很近，仰慕之情，油然而生，频频与他招手致意！

霍金 1942 年生于英国的牛津。在他 21 岁那年，被查出得了一种叫卢伽雷氏综合征的疾病，后来连身体也不能动弹了，一辈子只能坐在轮椅上生活。到了 44 岁，他完全丧失了说话的能力，只能靠他那无力的双手，按动特制的键盘，与人们沟通、交流。他说："我最大的成就是我活下来了！"是啊，没有"活下来了"这一条，又何谈在世界科学史上创造奇迹、获得爱因斯坦奖，乃至成为国际物理界超级新星？

霍金虽然身体残疾，但他并不这样待己。在任剑桥大学冈维尔学院研究员期间，他创立了宇宙之始是"无限密度的一点"的著名理论。有一次，他坐轮椅回公寓，过马路时被小汽车撞倒了，送到医院一查，左臂骨折了，头被划破了，缝了 13 针。虽然留住医院了，但也就 48 小时左右，他又回到办公室、投入工作中。在他身体已完全无法移动后，他仍然坚持用唯一能活动的手指驱动轮椅，在前往办公室的路上"横冲直撞"。在 1976 年的一次英国皇家宴会中，霍金与英国查尔斯王子会晤，他兴奋地旋转着自己的轮椅炫耀，结果轧到了查尔斯王子脚指头，令在场的人大笑起来。在自己的自传里，霍金也曾写过："人生中最大的遗憾之一，就是没有轧过撒切尔夫人（英国前首相）的脚指头。"言语中透着几分幽默。

霍金虽然身体残疾，但仍然经常旅行、演讲、著述。他的《时间简史：从大爆炸到黑洞》已发行几千万册，被译成 40 多种语种。还有他撰写的《时间简史续篇》、《霍金讲演录——黑洞、婴儿宇宙及其他》、《时空本性》、《果壳中的宇宙》等著作。其中，他的《时间简史》，因书中内容极其艰深，使人难懂，在西方被戏称为"读不来的畅销书"，之所以畅销，有的学者说，是因为此书尝试解答过去只有神学才能触及的题材，即时间有没有开端、空间有没有边界。后来，他又出版了《果壳中的宇宙》，该书以相对简化的手法、形象化的比喻，以及大量图解，诉说宇宙的起源。

其实，霍金全身只有一根手指能够动弹，他的秘书曾私下对别人说过，他写一篇 1 个小时的演讲稿，需要 3 天的时间，打一段话需要近乎 1 个小时。但他坚持了下来，锲而不舍，一部部著作出现在世人的眼前。尤其是他那富于传奇色彩的奋斗经历，非常引人关注，因而媒体把他的《时间简史》搬上了银幕，这样使人们看到了黑洞和基本粒子的画面，能够听着他敲打计算机键盘的声音；也由此，人们为宇宙理论的深奥所震慑、为人类的智慧所感叹。

每一次演讲之前，霍金都会事先准备好讲义，然后用语音合成器把要讲的内容传递出来。这也就是电脑专家华特·沃特斯送给他的"平等者"（台式电脑）程式，他可以在屏幕上选择单字、单词或字母。后来，电脑工程师大卫·梅森，在他的轮椅上设置了一台小电脑，并把"平等者"安装在小电脑里。如此，他就不再需要找人做翻译了，可以直接操控自己的手来开启开关，每分钟大约能给出 15 个单字，速度超过了以往。

直面这位在轮椅上生活了 30 多年的科学巨匠，曾经有位记者在霍金一次演讲之后，不无动情地问他："霍金先生，病魔将您永远固定在了轮椅上，您不认为命运让您失去了太多吗？"霍金用手指叩击着键盘，随之，在投影屏幕上出现了一段话："我的手指还能动，我的大脑还能思维，我有终生追求的理想，有我爱的和爱我的亲人与朋友，对了，我还有一颗感恩的心……"由此，升华了他的品行，创造了奇迹：奇性定理、黑洞定理、黑洞如何消失、星系如何出现、宇宙波函数等，被誉为当今最伟大的科学家、"宇宙之王"。然而，这样一位奇才，今年的 3 月 14 日离开了他所眷恋的世界。他的骨灰被安放在伦敦的威斯敏斯特教堂里，与闻名于世的物理学家牛顿、生物学家达尔文为邻。

　　人生，你一旦确立了自己的志向，为此，你可能需要花上几年、十几年的时间、甚至毕生的精力去追求。如果新东方教育集团创始人俞敏洪，当初没有为自己的"北大梦"（北大西语系毕业）追逐着，他也就不会坚持 3 年；如果他在创办新东方、多次遭遇挫折以后，没有为他的志向一直坚守的思维，也就不可能有今天的卓越成就——20 世纪影响中国的 25 位企业家之一、2012 年中国最具影响力的 50 位商界领袖、被媒体评为最具升值潜力的十大企业新星之一。当然，也就不可能成为当下中国青年大学生和创业者的心灵导师、精神领袖。而且，他的代表性作品，如《愿你的青春不负梦想》、《大河奔流的精神》、《从容一生》、《永不言败》，对这些作品，为数不少的青年能够段落性地背诵下来，以激励自己前行。

"让学生踏着我的身躯走向希望的彼岸"

"我可能永远是一座桥，能让学生踏着我的身躯走向希望的彼岸。"此言，是全国优秀教师、湖北蕲春四中汪金权日记中的一句话。这种献身教育、甘当人梯的精神，古亦有之，只不过施教者，也便是母亲与职业教师之别而已，实则殊途同归，都是以育人为本。

在欧阳修成长的路上，母亲为他搭起了走向成功彼岸的梯子。因为，母亲决心让他走向成才的思维，成就了他的功名——北宋杰出的文学家、史学家。他一生著述甚丰，曾参与合修《新唐书》，并独撰《新五代史》，又编《集古录》，有《欧阳文忠集》传世。

欧阳修4岁时，父亲就离开了人世，于是，家中生活重担都落在了母亲郑氏的身上。他的母亲，虽然没有读过多少书，但是一位有见识、肯吃苦之人。为使儿子增长知识，母亲想方设法教他认字写字，教他读唐代诗人周朴、郑谷及当时的九僧诗，这使他对读书逐步产生了兴趣。由于家里穷，买不起纸和笔，母亲就用荻草秆当笔，用沙当纸，铺在地上，开始教他练字。他跟随母亲的教导，在地上一笔一画地练习写字，错了再写，一直到写对、写工整为止，一丝不苟，不敢懈怠，恐母生气。同时，在母亲的教育下，很快爱上了诗书。坚持每天写读，积累越来越多，以至能够过目成诵了。有一天，他发现了《韩昌黎文集》，便废寝忘食地阅读，难于释手，因有大开眼界之感。之因，韩愈的文风与当时社会上内容空洞的文风截然相反；同时，他被韩愈那清新自然、内容丰实的文章所打动，兴奋地对母亲说："世上竟有这么好的文章！"后来，欧阳修领导了北宋诗文革新运动，继承并发展了韩愈的古文理论，开一代新风。

欧阳修长大后，曾两次参加科举都意外落榜。后来参加进士考试，连考3场，均得第一名。当他20岁时，已是当时文学界大名鼎鼎的人物了！对此，母亲自然为儿子的出众才学而高兴。后来，欧阳修做了官，她对儿子说："你父亲做司法官的时候，常在夜间处理案件，对于涉及平民百姓的案宗，他都十分慎重，翻来覆去地看。"还说，"你父亲做官，廉洁奉公，不谋私利，而且经常以财物接济别人，喜欢交结宾朋"。母亲的这些教诲，深深地印在了他的脑海里。他为官秉正，但也不忘孝敬为自己成才、备尝艰辛的母亲。母亲病逝后，他将遗体运送故乡安葬。母亲的谆谆教导，一直激励着他成就了功业。

前者，即欧阳修的母亲，为成就儿子的功业搭梯子；而后者，即汪金权老师，更为慷慨，即："让学生踏着我的身躯走向希望的彼岸"，而且，他不遗余力，终生奉献教育事业。

1987年，汪金权被评为华中师范大学优秀毕业生，随后分配到蜚声全国的黄冈中学任教。而仅一年后，他却提出到大山深处、条件艰苦的蕲春四中任教。

此次工作调动，汪金权的思维升华了他的品行。其实，面对黄冈中学与蕲春四中的明显差距，他也不是没有纠结过，如他所说："我也曾困惑过，彷徨过，然而，我最终想明白了，我到底图什么，那就是我脚下的这片土地，我的学生们，我的父老乡亲。"这使他更清晰自己的生命之源……当初，自己也生长在山区，家境贫穷，得到过乡亲们的无私资助，考入了华中师范大学中文系。现在，蕲春四中急需师资，自己岂能置若罔闻？所以，他义无反顾地来到了最偏远的蕲春四中，教书育人，为社会和乡亲奉献才智。

汪金权来到蕲春四中后不久，就开始当班主任。1989年春季开学，他发现有些学生因家庭困难没来上学。为此，他一家一家地去劝说家长："让伢们去上学吧，学费由我先垫付。"此后，这些孩子们的学费从他工资里扣，有时因垫付得太多，到月底他的工资都快扣没了，鉴于此，学校财务只好一次少扣点，有时一直要扣到年底。他在蕲春四中任教期间，到底资助了多少贫困生？其实，这没人知道答案，包括汪老师自己，因给学生的钱，他从不记账，也不让学生打什么欠条。他20多年来的工资，大部分都被他资助给了学生。有一年，他把工资都垫光了，还欠1000多元钱，过年回家只能空手而归，见到亲人十分尴尬。

有一次，汪金权来到学生汪洪奎家走访。该生母亲、姐姐都身患重病，父亲身压重担，实难维持。因此，汪洪奎不想再读下去了，准备出村打工。汪金权再三劝说汪家不要让孩子放弃学业，同时答应资助汪洪奎读书。结果这一帮，就是十余载。后来，汪洪奎考入了辽宁师范大学攻读硕士学位，他说："从高三到现在，包括学费和生活费，汪老师已资助我7万多元。汪老师虽然不是我的亲生父母，却胜似亲生父母。将来他老了，我希望能把他接到我的身边，我养他一辈子都不过分。"以至，他哽咽地说："他（汪老师）是改变我命运的人！"在助学上，汪金权从来不去考虑自己的力量有多大，都是尽力而为。他说："说句心里话，我帮助学生，不是我多么无私和伟大，我实在见不得山里伢求学无门的困境，不忍心他们因贫失学而误了前程。"这种助学、甘当人梯的境界，是他发自内心的。

工作中，汪金权发现这群大山里的孩子，既有品学兼优的，也有行为不端的，对此他心里有数。他将那些需要帮助的孩子，统一安排在自己的宿舍里，从学习、思想和生活方面，进行全方位的教育和管理。这样下来，按月计算，仅生活费一项，他大概要多支出 600 多元。而他当时的每月工资，也就是 1500 元左右。2000 年后，汪金权搬进了集资楼，在他的家里摆满了学生们的高低床，最多时安排进了 8 个学生居住，还给他们规定了学习时间，可见他把自己的全部空间和时间，都毫无保留地奉献给了这里山区的孩子们。

华中师范大学毕业后，同学叶甲友（黄石七中校长）等一直都没有汪金权的消息。2005 年他得知老汪在蕲春四中任教后，特意前往看望。叶甲友回忆说："抵达四中时已是深夜 12 点半，老汪还没休息，仍在简陋的平房里伏案备课，看着年仅 42 岁的老汪已如老者般满头白发，忍不住落下泪来。"2010 年，在湖北省汪金权先进事迹报告会上，叶甲友动情地说："我知道，他是为了践行一个诺言而毅然选择回到自己的家乡，开始了作为一名山乡教师的坚持与坚守之路；我知道，20 多年来，他将自己大半的工资用来资助山区的贫困的孩子，而自己家徒四壁，一贫如洗；我也知道，他一心扑在学生身上，教书育人，将那些需要他帮助的孩子带在身边，却没空照顾患病的妻儿……"[2] 崇敬之情，同情之心，溢于言表。

汪金权在日记中这样写道："也许我的肉体只能蜗居在大别山的一隅，但我的灵魂会跟随我的学生走向四方；我是荒原上的一根电线杆，也许只能永远地矗立在那儿，但我能把希望和光明送向远方；我可能永远是一座桥，能让学生踏着我的身躯走向希望的彼岸。"在他的言传身教下，先后有20多名学生的作文竞赛，在国家和湖北省比赛中获奖，100余名学生的千余篇诗文习作发表在《语文报》、《中国校园文学》等报刊上。他亲手培养了1000多名山区孩子考上了大学；其中，很多人成为单位骨干、社会栋梁。实际上，他们中的许多人家庭都十分贫穷，而他们的成长和发展，既改变了自己的命运，也改变了家庭的命运。他是全国优秀教师、高级教师，有更多机会可以离开蕲春四中，曾有学校向他抛出橄榄枝，工资是他现在的数倍，但都被他谢绝了。他说："我走了，这里的孩子们怎么办？"

汪金权在蕲春四中的23年里，该校从最初8个班级、10余名老师和几排平房，发展到今天37个教学班，在校学生近2500名，教职工150余人，并初步建成了现代化的教学设施（包括新建的"汪金权图书馆"）。以前每年仅有数人考上大学，如今每年有数百名学生上大学。面对蕲春四中的这些变化，该校老师们一致评价："没有汪老师的苦心坚守，就没有四中的今天。"这就是与他伴行的同仁们的心里话！

事实表明，一个人的潜意识里有什么样的观念，他就会用什么样的观念来思维、来做人做事。即观念决定人对事物的看法和想法。汪金权思维观念的转变，便是最好的佐证。

"一灯如豆，在思想的隧道中单兵掘进"

在西伯利亚的平原上，有一种动物叫白貂，体短粗，毛长而蓬松，头部呈现出钝状，四肢短而细，两耳及尾较短小。白貂非常爱惜自己一身洁白无瑕的毛绒。猎人们利用这一特性，就设计在它们的巢穴周围撒上煤屑，以此掩饰不找它们。其实，白貂怎么会不知猎人的意图呢？可是白貂依然束手就擒。这是因为，白貂坚守自己的信仰——那一身洁白的毛绒。在白貂心中，信仰高于生命，只要活着，也就誓死捍卫那片洁白。物犹如此，志士亦然。

宋末政治家、文学家的文天祥，兵败后被俘，坐了3年土牢。即便元世祖忽必烈亲自来劝降，并许以丞相之职这样的高位，但他也毫不动摇，反而斩钉截铁地说："唯有以死报国，我一无所求。"临刑前，监斩官凑近他耳边说："文丞相，你现在改变主意，不但可免一死，还依然可当丞相。"文天祥怒喝道："死便死，还说什么鬼话！"他虽然慷慨就义了，但却给世人留下撼人心弦的《正气歌》，积极向上的"正能量"，其中有"时穷节乃见，一一垂丹青"诗句。意即，在危急的时候，一个人的气节才会凸显，这样的人才会在史册上，留下他们的英名。

据悉，在我国历史上的民族英雄中，日本最为推崇的当属文天祥和岳飞。在明治维新之前，很多武士冲向对方阵地时，都喜欢高咏文天祥的"人生自古谁无死，留取丹心照汗青"的不朽诗篇。可见，支撑着他们精神的，则是"忠臣"文天祥的英姿。二战日本战败前，日本国语教科书始终登有文天祥的事迹；战后日本的某些学校还把文天祥手书"忠、孝"作为校训。同时，他们认为岳飞是"中国历史上最大的英雄"。即便日本对一些历史篡改后的《世界史教科书》里，其中对岳飞的评价仍然没变。《岳飞传》早已被翻译成日文，在民间广为流传（日本的互联网上、书店里均有销售）。可以说，日本人中不知道岳飞的几乎没有。日本的家庭妇女经常在一起唱诗（诗吟しぎん），其中就有岳飞的《满江红》！因为，这首气壮山河的传世名作，抒发了作者抗击金兵、收复故土、统一祖国的强烈的爱国情怀。

其实，人好似有节的修竹，每向前迈一步，就向上挺进一段，随之圆上一个节，画上一个圆满的句号。因而，我国古代士大夫，历来就有一种"竹"的情结，故而爱竹咏竹成了他们生花妙笔之下一个永恒的、常新的话题，即讴歌修竹的气质节操。

"卢沟桥事变"后，一天，日本特务机关找到北平梨园公益会，要求该会组织京剧界捐献飞机的义演。对这一要求，我国著名表演艺术家程砚秋先生，态度鲜明，当即表示：拒绝演出。当时，许多会员们都很害怕，认为日本军力强大，生怕惹怒了日本人。见此，程砚秋理直气壮地说："我一人做事一人当，决不让大家受连累。"公益会的人见程砚秋先生大义凛然，独承灾祸，也就无言以对。由于程砚秋宁死不从敌命，于是，献机义演的事，也就只好告吹了。此后，程砚秋就到西郊青龙桥务农去了，表现出了艺术家的民族气节和思维素养。

如果说，艺术家程砚秋的骨气以"拒演"、"务农"表露出来的话，那么，朱自清教授的气节，则是以"绝食"为抗争手段，拒绝领取美国施舍的救济粮。

抗战胜利后，美国支持蒋介石打内战，由此激起了我们国人的强烈反对。时任清华大学中国文学系主任的朱自清，非常气愤，反美意识强烈。由于国统区物价飞涨，北京大学的教授们没法生活下去了。于是，国民党就向人们发放美军的救济粮。然而，以朱自清为代表的一批教授宁可饿死也不去领救济粮。当时，朱自清已因为饥饿全身浮肿，工资低，无钱治病，身体很虚弱，可是躺在床上，他还嘱咐家人不要买国民党政府配售的平价美援面粉。不久，朱自清就这样离开了人世。为此，毛泽东在为新华社写的《别了，司徒雷登》一文中，高度评价朱自清："表现了我们民族的英雄气概"，说明"我们中国人是有骨气的"。

立身处世，不可以有傲气，但决不可无傲骨。当年，鲁迅到日本是学医的。然而，在选择拯救中国人的精神、还是救治中国人的肉体上，他毅然地选了前者。当然，他仍然是一个"医生"；因为，他所想的是如何医治一个国家的病。

我国当代有气节、有傲骨的，著名经济学家顾准当之无愧。他是我国提出社会主义市场经济理论的第一人。如今，世人皆赞颂顾准的超前思维，同时，更不该忘记他的人格、他的气节——独立自由地思考。即便身处异常艰苦的条件、"文革"时的政治高压气氛下，他也没有"苟全性命于乱世"，而是一心想要揭示"我国何以至此"之谜底，全力勾画着未来我国的现代化蓝图。对此，著名学者朱学勤说他："黑暗如磐，一灯如豆，在思想的隧道中单兵掘进"。在他所处的时代，最大的教条是对计划经济的崇拜。而他的高尚、不平凡就在于，以民族的勇气和良知，深入研究、大胆剖析这个"最大的教条"之弊。应该说，一个伟大的民族，是需要那些智者的心灵来充实其伟大传统的。在中世纪的欧洲，有尼古拉·哥白尼、乔尔丹诺·布鲁诺，在现代美国，有马丁·路德·金；在古代中国，有司马迁、商鞅、王安石等；在当代，我们有顾准。所以，顾准当为黑暗中挺起的脊梁，是激励后人坚守情操、理想的一个坐标。

一个人处在命运的颠沛中，他的思维也在发生变化，但更容易看出他的气节如何。孔子曰："朝闻道，夕死可矣"。意思是说，早上明白了做人的道理，晚上死去也没有遗憾了。它所揭示的，则是气节的源泉。那么"鞠躬尽力，死而后已"呢，它所归结的，则是气节的拓展。而"英雄生死路，却是壮游时"，它所抽象的，则是气节的升华。

实际上，保持气节不仅适用于对外交往上，也同样适用于日常生活当中。当今，国内媒体上曾这样报道过："南中国的商都广州，一家韩国公司女老板，为了惩罚迟到的中方雇员，竟令中方雇员向她集体下跪，以满足她的虐待淫威心理。大多数中方雇员为了一份有限的薪水，做出了牺牲人格的尊严和民族气节而向恶人下跪的选择。这当中，只有一名从河南来的打工青年，毅然做出了辞职不跪的义举，令韩国女老板目瞪口呆，淫威之心顿减。这位河南打工青年的行动受到了所有知情者的高度称赞。很快，另一家中国公司破格录用了这位铮铮硬骨的男子汉。"[3] 当国人得知这桩事儿后，都被这位青年不为五斗米折腰的勇气感动了！可以说，没有骨气的人会失去做人的尊严；而缺乏气节的民族，也只能是群失掉凝聚力的乌合之众。因此，自觉地维护人格尊严、保持气节，是对我们道德品质修养的要求。

在我国的历史上，那些为国为民的仁人志士，是有骨气的。他们不屈的操守，已永垂青史。现在，我们为什么谈这些？一句话，为始终坚守民族气节和操守，始终做压不弯的中国人！

"我想，车上乘客都安全，他走得很安心"

在这个世界上，战争年代也好、和平时期也罢，有才华的人不少，但既有才华、又有责任感的人却不多。如在工作中，常听到一些推责之词："这不是我的错"、"我不是故意的"、"这事与我无关"……折射出对工作失误或失职的掩饰，没有勇气承担责任。

2015 年 7 月 1 日，国防大学政委刘亚洲将军指出："南京大屠杀时，十几个日本兵押解上万名俘虏去屠杀，竟无一人反抗，连逃跑都不敢。如果有人带个头，用脚踩也把日本人踩成肉饼了，可这个人永不出现。"[4]为什么在敌我比例如此悬殊之下，被俘的军民束手就擒？为什么国民党军人会自动丢下手里的武器、举手投降？为什么会为了仅仅几分钟的苟活而抛弃军人的荣誉？分析起来，则是缺乏信仰和不惧死亡的荣誉感、责任感。

当年，抗联将领杨靖宇在日军围捕、陷入绝境后，日军派叛徒向他劝降，杨靖宇对这个叛徒说："老乡，我们中国人都投降了，还有中国吗？"这种思维、这种大义之言，简直是对叛徒们的辛辣讽刺！杨靖宇不畏牺牲的战斗精神，再度激发了抗联战士奋勇杀敌的气势。1941年秋，日军攻上狼牙山主峰，目睹了5位八路军战士跳下悬崖的壮举后，日军排成整齐的队形，向5名壮士跳崖处鞠了三个躬，以示崇敬。实际上，一个人、一支军队的脊梁，非为骨头或武器，而是战斗精神、是军魂、是人格智慧，更是大义担当。

笔者写到此，不由得想到我国近代思想家梁启超的一段话："人，生于天地之间，而各有责任。一家之人各自放弃责任，则家必落；一国之人各自放弃责任，则国必亡；全世界之人各自放弃责任，则世界必毁。"你看，他把责任分层展现了出来，又那么贴切、分明。读罢，自然给人一种责任在肩、不容推卸之感。

梁启超不但说得好，而且做得更出色。对于国家之责，他是发起戊戌维新运动位居第二的领袖，为救亡图存呼吁奔走，开启民智，大力推动中国近代社会进步。对于家庭之责，从他写给子女们的400余封家书（总计百余万字、占他著作总量的1/10）中，可以窥见梁氏家教之魅力，即他对儿女，没有那疾言厉色的训斥，也没有居高临下的口气；有的倒是，他对儿女细致的关怀、真诚的告白、谆谆的教诲，无不展露出深深的父爱。梁启超9个子女7个留学海外，皆学有所成，归国报效，真乃"一门三院士（梁思成、梁思永、梁思礼），九子皆才俊（各有所长）"！所以，某些媒体说："梁启超才是中国最牛的爹！"此言，没有一点虚夸成分，当之无愧！"一门三院士"，是"梁门"荣耀、更是为国效力的精英。可以说，就尽当爹当妈教子责任而论，当今我们许多家长与梁先生比较，那可真是"踩凳子钩月亮——差得太远"！所以，梁启超的担责精神，很值得我们学习和效法。

如此说来，倘若智慧能力像金子一样珍贵，那么，勇于负责的精神则更为可贵。在此问题上，曾任新中国上海市首任市长的陈毅，其责任意识、全局观念，很值得我们学习。

1949 年 9 月，时任上海市长的陈毅到北京出席全国政协会议。到北京后，陈毅发现住房十分紧张，于是他主动从北京饭店搬了出来，将房子让给起义不久的国民党傅作义（促成北平和平解放后、担任我国首任水利部部长）将军，自己便住进了陈旧的小平房。后来，陈毅还代表上海市，赠送给傅作义将军两部名牌小轿车。这两件事儿，引起了很多同志不理解，说什么"对这些大战犯，不杀就便宜他们了，凭什么还让房子、送汽车给他们？"这些议论，陈毅当然听到了。在随后召开的一次会议上，陈毅态度鲜明地指出："我陈毅住不住北京饭店，对我都没啥影响，我照样正常开会，照样还是上海市长！但是让给傅先生住，意义就不一样了。你们知道不知道，傅先生到电台讲了半小时话，长沙那边就起义两个军，为我军减少了多少伤亡？他的贡献恐怕不止几部小汽车！"[5] 这番话的穿透力很强，使大家认识到了陈毅的良苦用心，并为自己的短浅之见感到羞愧，所以我们绝不应丢掉了责任，必须站在全局高度看问题，避免认识上、处理问题上的片面性。

责任对于军人，不容分说。对于无军籍、无军衔的我们呢，也是如此。

2014 年 12 月 16 日 18 时 08 分，菏泽市区 48 路公交司机李福振驾车行驶到长江路与解放街交叉口等红灯时，突然感到身体不适，迅即右转方向盘，快速通过了十字路口，将满载乘客的公交车安全停靠在站牌前，他打开了车门，用左手在胸口位置上连拍了三下，然后一头扎在方向盘上，身子开始向右倾斜……

这时，靠近驾驶员位置的王女士，见此，还以为李福振是弯身捡东西呢，随后感觉不对劲，就第一个喊了起来。"师傅，师傅，你咋了？你们快看看司机怎么了?!"

王女士这么一呼救，很多乘客都围了上来，一位小伙子把李福振师傅抱在怀里；一位老人过来，给他掐人中急救；其他乘客有的拨打120、110急救电话，有的拨打车上标着的李师傅单位的电话。

随即，几名乘客把李福振师傅抬到老年人专用座椅上，让他躺下。乘客继续给李福振师傅掐了几分钟人中，他喘了几口气，但意识一直不清。他小便失禁后，就摸不到脉搏了。

虽经乘客们和医护人员全力抢救，但终未能挽回李福振师傅的生命。对此，菏泽市市立医院医生刘桂宝说，当时病人呼吸心跳已经骤停了，瞳孔散大，颈动脉没有搏动，到现场时已经死亡了。我们考虑这个病人可能是大面积心肌梗死，猝死型的。

当李福振师傅昏迷之际，利用最后一点意识，刹车，靠边，开门，熄火，将车稳稳停在了站牌前，用自己的生命保护了一车乘客的安全。

估计，当公交车司机遇到此种情况，将会有几种思维的选择：一是昏迷前不熄火，脚不离油门，将车停靠在安全地方，以保障乘客人身安全；二是昏迷前不顾乘客，将车开到就近医院，自己接受急救，乘客有的理解、有的说三道四；三是昏迷前一定会很难受，所以无论车行到哪儿，都就此放弃开车，出现司机等 120 急救车、乘客等公交公司派司机或派车来。以上每一种思维的选择，都会衍生出不同的结局，即可悲、可喜，损失大、损失小……

关键时刻，菏泽市区 48 路公交车司机李福振师傅，做了第一种选择，即把载满全车乘客的生命安全放在了第一位。李师傅的高尚境界，正如乘客徐巧梅所说的，"我觉着李师傅就是英雄，他最后的时候刹住车，最后想的其实根本没有自己，那一会儿，我觉着他就是想着怎么样把那个车给停那个地方。"冷静下来的乘客李春润接着说，李师傅生前做出的一连串怪异动作，如他将车熄火后，"用左手在胸口位置上连拍了三下"等，表明"他肯定感到胸口不舒服了，当时正值下班高峰期，李师傅要是不把车停好，有可能造成重大的交通事故"。

在关系到满车乘客生死攸关之际，李福振师傅的思维选择，让他的品行升华了，恰如乘客王女士所说："他就是咱菏泽的'最美司机'。"诚然，他的此举并非偶然，与他生前良好的政治素养，是密不可分的。

李福振去世后，当记者采访他的妻子闵志华时，她哽咽着说："李福振平时喜欢研究一些维修方面的问题，不但会修车，就连电视、电脑等都会维修，邻居家有什么困难，都喜欢让他帮忙。""他就是喜欢帮助别人。我想，这一车乘客都安全，他肯定走得很安心。"接任 48 路公交车的驾驶员史增林说："我们要切切实实将李福振的舍己为人、敢于担当、无私奉献的精神传递下去，让'李福振爱心车队'在菏泽展现出一道亮丽的风采。"

责任心，是一个人素质的重要表现，是能够成为优秀员工所必备的条件。

大学毕业后，霍宁昊到山宁铧公司应聘，经过与经理交谈，经理又看过他的应聘材料，觉得他不适合本公司的工作。因此，经理很客气地和他道别。当霍宁昊从椅子上站起时，手指不小心被椅子上跳出来的钉子划了一下。于是，他顺手拿起经理桌子上的镇尺（写字作画时用以压纸的东西），把跳出来的钉子砸了进去，然后和经理道别。就在这一刻，经理突然改变了主意，留下了霍宁昊。事后，这位经理在一次会上说："我知道在业务上霍宁昊也许未必适合本公司的工作，但他的责任心的确令我欣赏。我相信把公司交给这样的人我会很放心。"参会的公司同仁们，都一致地认可经理对霍宁昊的这段评说，接收这位青年加盟公司。

可以说，一个富有责任感的人，他不为自己的失败找理由，因为他敢于承担责任；他不为自己的错误找借口，因为他善于承担责任。而现实工作中，技工的一颗道钉，足以倾覆一列火车；森警的一个烟头，足以毁掉一片森林；教师的一句话，足以毁掉学生的一生；外科医生的一刀，也是如此……

"倒在手术室里，也将是我一生最大的幸福！"

　　战国时有位名医，叫扁鹊。有一次，他来到齐国，发现齐桓公脸色不好，说："君王有病，就在肌肤之间，不治会加重的，"但齐桓公不以为然。他第二次拜见齐桓公时，说："大王的病已到了血脉，不治会加深的"，齐桓公听了很不高兴。他第三次见到齐桓公时，说："病已到肠胃，不治会更重"，齐桓公仍然如此，不予重视。到了第四次，他远见齐桓公，就赶快避开了，旁人问为何？他说："病在肌肤之间时，可用熨药治愈；在血脉，可用针刺、砭石的方法达到治疗效果；在肠胃里时，借助酒的力量也能达到；可病到了骨髓，就无法治疗了，现在大王的病已在骨髓，我无能为力了。"5天后，齐桓公身患重病，派人去找他，而他已走了。不久，齐桓公死了。可见，扁鹊的望诊医术已经到了这么高超的程度，实乃神医也！

　　张仲景从小就从史书上看到"扁鹊望诊齐桓公"的故事，对扁鹊高超的医术非常佩服。也由此，促使他的思维发生了变化，即决心长大后做一名医生，走救死扶伤、造福百姓之路，以解除百姓的疾苦。后世誉他为

"医圣"，但他的起步，恰源于这个故事。

张仲景 11 岁时，拜同郡的张伯祖（当时名医）为师，学习医术。与他一同学医的，还有一个比他年长的同乡何颙，很赏识他的才智和特长，何颙说："君用思精而韵不高，后将为良医。"是说，张仲景想问题比较深入，但是人不是很高调。何颙言中了，后来张仲景果然成了一代名医。

虽然张仲景从小就厌恶官场、轻视仕途，心无旁骛、专注医术。但因他父亲曾在朝廷里做过官，所以对他谋得个一官半职的，很是在意。而他又不愿作出与父命相悖之事，便于公元 188 年汉灵帝时，取得孝廉学历，被朝廷任命为长沙太守（相当现在的市长）。然而，张仲景仍用自己的医术，千方百计地为百姓解除病痛。在封建时代，做官的是不能随便进入民宅、接近百姓的。怎么办呢？思来想去，他便决定：每月的初一和十五两天，大开衙门，不问政事，让有病的百姓进来，他坐在大堂上，挨个地为百姓诊治。于是，他亲自吩咐下去，让衙役贴出安民告示，告诉老百姓这个消息。当地老百姓得知告示内容后，顿时兴奋起来，许多人禁不住拍手相庆！为纪念此举，老百姓将他称为"坐堂医生"。

有一次，张仲景外出，只见许多人围在一个躺在地上的人，连连叹息，旁边的几个妇女在哭泣。他下轿一打听，方知那人因家里穷得活不下去了，就选择了上吊自杀这条路，当被邻居发现救下来时，却已不能动弹了。他询问了那人上吊的大致时间，就赶紧让随从把那人放在床板上，并且拉过棉被为其暖身。同时，他叫过来两个年轻人，蹲在那人的旁边，一边按摩那人胸部，一边拿起那人双臂，一起一落地进行活动。不仅如此，张仲景也叉开了双脚，蹲在床板上，用手掌抵住那人的腰部和腹部，随着手臂做一起一落的动作。也就一个小时左右的功夫，那个上吊的人竟有了微弱的呼吸。即便如此，他仍让施救人不要停止动作，继续做下去。又过了一会儿，那人终于清醒了过来。如此说来，这就是现在急救中广泛使用的人工呼吸。显见，此项心肺复苏的急救法，其首创者实为张仲景。

鉴于张仲景一桩桩诊救病人的高超医术，民间一件件对其高度的赞许，何颙赞叹道："仲景之术，精于伯祖"，意即，张仲景的医术已超过了老师张伯祖。

后来，由于战乱频繁，许多人死于瘟疫，其中又有不少人死于伤寒病。鉴于此，张仲景决心要控制瘟疫的流行，根治伤寒病。从此，他刻苦研读古代医书，博采众方，并且结合自己临床诊断经验，探索治疗伤寒杂病的方法，终于写成了医学名著《伤寒杂病论》，后来此书被奉为"方书之祖"，他也被誉为"经方大师"，深受后世人的崇敬。

"扁鹊望诊齐桓公"故事，促使张仲景思维发生变化，从而走上救死扶伤之路，被后世誉为"医圣"；而吴孟超恒守初心的思维，则如他所言"选择从医，我的追求有了奋斗的平台"，并视为人生"最大的幸福"，成为中国科学院院士、荣获国家最高科学技术奖。

2016 年 5 月 26 日，在解放军第二军医大学第三附属医院。又一次，吴孟超医生的手伸向患者的血肉深处，将一个 5 厘米 ×6 厘米的肿瘤，与肝脏分离开，随之，慢慢地托了出来。手术过程中，这位已 94 岁的老人，始终操作沉稳，动作依然娴熟、灵活。无疑，这是他的工作常态。几十年过去了，他把患者从生命的绝境之处一个又一个地拉了回来，使他们获得了新的生命，创造了该领域的许多奇迹。

是什么思维、什么力量，使这位 94 岁高龄的吴孟超仍然充溢着生机？在自己选择的道路上，他执着地前行，而且不遗余力。他曾说过："即使有一天，倒在手术室里，也将是我一生最大的幸福！"[6] 这便是他执着前行、无私奉献之源。

吴孟超生于福建省闽清县，马来西亚归侨，当他 5 岁时，便跟随着母亲来到了马来西亚，投奔父亲。在这里，年幼的他一边帮父亲割橡胶、一边读书。

1940 年，吴孟超抱着去延安抗日的决心，离开了马来西亚，但迫于时局，延安没能去成。但他和同学们在报纸上看到共产党抗日主张和事迹后，专门把同学们毕业聚餐的钱收集起来，寄往延安。他们还收到了署名朱德、毛泽东的感谢电，大家甚为欣慰。

延安没能去成，最后辗转来到了迁往昆明的同济大学附中。据吴孟超回忆："同济的理、工、医三个系最有名，我想报工科。因为我小的时候家里做过米粉生意，种橡胶什么的，这些都是靠手技的，所以我想学工。吴佩煜（他后来的妻子）说念医好，她劝我，工程建设是对国家有贡献，念医对人类更有贡献。"就这样，一对情侣携手走上了从医之路。

1949 年 5 月 28 日清晨，解放上海的枪炮声逐渐平息下来后，上海市民们打开自家房门、走出院子时，看到的是这幅情景：人民解放军不扰市民，露宿街头，和衣而睡。见此，许多市民说，天底下哪有这么好的军队……当时，正在上海中美医院做实习医生的吴孟超目睹了这一情景。他说过，"我想，一个能领导和指挥这样军队的党，一定会有光辉的未来！"从此，他已为自己的忠诚和挚爱找到了扎根一生的土壤。

历史上，恒守初心、品行升华的力量委实惊人。如曹雪芹低谷重生，由奢入俭，终创文学奇迹；爱迪生苦心钻研，磨难无悔，终给黑暗世界带来光明；詹天佑排除万难，打通世上罕见长隧道，京张铁路贯通……吴孟超也是如此，他说："选择回国，我的理想有了深厚的土壤；选择从医，我的追求有了奋斗的平台；选择跟党走，我的人生有了崇高的信仰；选择参军，我的成长有了一所伟大的学校。"[7] 显见，他恒守初心的思维非常清晰、分明。

吴孟超曾说过，为医之道，最要紧的，是一个"德"字。对病，要快、准、狠；对人，要慢、拙、仁。医者仁术，仁德者寿。此言，他始终践行，而且一丝不苟，毫不走样。

1975 年年初，有一位从安徽来的农民患者，叫陆本海，肝上长了个瘤。当地医生诊断为癌，直径有 4 厘米，便对陆的家属说：病人想吃什么就买什么吧。但陆并没死，只是肚子愈来愈大。无奈，陆又到另一家医院检查，大夫做了穿刺，只见血流不止，于是停止了穿刺。之后，陆本海身心交瘁，苦不堪言。

当时，吴孟超对陆本海的病做了检查，诊断为巨大肝海绵状血管瘤。随后，他制定了思路清晰、严谨、对策周密的手术方案。手术开始后，他先在腹部开了一个小口儿，探看肿瘤情况，验明术前诊断是正确的。然后，刀口也越开越大，从腹腔一再上移。当病人腹腔完全被打开后，呈现出一个巨大的紫红色肿瘤，随着病人的呼吸，肿瘤上下起伏。他的手术刀，要把长在肿瘤上的许多血管一根根切、一根根扎，然后再把肿瘤与肝脏一点点剥离开。但肿瘤太大，搬不动啊！他说，谁在下面接一下，年轻

201

的助手说："我来。"他最后一刀切了下去，那个巨大的紫红色肿瘤从腹腔脱离出来。即时，年轻的助手站好了马步，接住了这个大瘤子。经过检测，这个肿瘤 63 厘米 ×48.5 厘米 ×40 厘米，重达 18 公斤，至今仍保持着世界纪录。简直太令人震惊了！此次，在手术台上，他整整站了 12 个小时。当时已经 53 岁的他，却没有一丝疲倦，而且为解除了病人之痛，兴奋不已。11 天后，陆本海能下床，一个半月后出院了。回家务农。虽然几十年过去了，但即便是科技发达的现在，这个手术的难度也是大得可怕。

事实上，吴孟超每周至少做两至三台手术，这是他的工作常态。在他身边工作多年的张鹏说，在外人看来"高山仰止"的顶级专家，其实要请他看病，并不难，"只要是因为看病的，到他办公室不管是认识不认识，预约不预约都没关系，他都会看，而且他一看片子之后，他就会去看 B 超，B 超如果说能做的话，好，住下来吧，住哪个科，我什么时候给你开刀。"[8] 你看，他给患者安排得多么周到！

吴孟超常对学生们说："看病是人文医学，一定要关心病人，爱护病人，热情接待病人，医学是一门以心灵温暖心灵的科学。"情真意切，自不待言。他当选过中国科学院院士、获得过国家最高科学技术奖、我国将 17606 号小行星命名为"吴孟超星"。2018 年 4 月 13 日，96 岁高龄的吴孟超，又一次亲自为徐州市的一位患者做手术。吴孟超从医 69 年，完成肿瘤手术 14000 余例，肝癌手术 9300 例，成功率达 98.5%。[9] 现在许多人劝他，您"已经走到顶峰了，该歇歇了"。可他就是停不下来。这几年，在他的带领下，学生们所进行的肝癌信号传导等研究，连续取得了重大突破。据统计，我国肝癌术后 5 年的生存率，从 50 年前的 16%，一举飞跃到 48.6%。[10]

总之，吴孟超无愧于"人民医学家"的称号。他医术精湛，信念坚定，品行高洁，本色不改，把自己的一生都献给了祖国的医疗事业，最大化地实现了自己的人生价值。

"生气时写的信"，必须烧掉！

　　生活在群体之中，难免发生矛盾，但要恰当解决。有一天，曾任美国陆军部长的斯坦顿来到总统林肯办公室，非常生气地说一位少将用侮辱的话指责他，而却偏袒了一些人，于是，就来到了林肯这里告状。林肯略加沉思，随之向斯坦顿提出了一个建议：你写一封内容尖刻的信回敬那家伙，借此"可以狠狠地骂他一顿。"他依照林肯的建议，立刻写了一封措辞强烈的信，然后拿给总统看了，"对了，对了，"林肯高声叫好，"要的就是这个！好好训他一顿，真写绝了，斯坦顿。"然而，当斯坦顿把信叠好，装进信封里时，林肯却叫住了他，问道："你干什么？"斯坦顿答道，"寄出去呀！"林肯大声说，"不要胡闹！""这封信不能发，快把它扔到炉子里去。以往，凡是生气时写的信，我都是这么处理的。这封信写得好，写的时候你已经解了气，现在感觉好多了吧，那么就请你把它烧掉，再写第二封信吧。"[11] 这种思维方式非常少见啊！因为，他能升华人的品性。

　　可见，林肯就是用这种思维、这种方法来发泄怒气的。底线，便是发泄在"纸上"，而非"面对面"地较量，别伤和气、成"公害"，使自己成

204

为一个修养很高的人，受到人们尊敬。更不可将毒箭射向自己的同志、朋友乃至亲人。

以后，你如果遇到此类事儿，不妨你也尝试一下林肯的这种方法，即疏导心中郁闷，将情绪稳定下来，尽快走出阴影。不断修炼自己，做到安之若素。

在唐太宗执政时期，有一个"考功员外郎"（"考功"，泛指考核工作成效），名叫卢承庆。唐朝的"考功员外郎"，也就相当于中组部干部监督局副局长一职吧。这位卢承庆，他奉命给下级官员们评定等级，可以说这个权力是不小的！因为，评定官员的等级，会直接关系到每一位官员的仕途升迁，所以下级官员们都非常紧张。当时，考察官员有级别标准，先大体分成上中下，然后每一级再分成上中下，比如最好的是上上，差一点的是上中，以及中中、中下、下下之类。有一次，考功员外郎卢承庆考核一个兼督运粮的官员。这个人在运粮食时，因为翻了船，使许多押运的粮食掉进了河里。因此，卢承庆只给他定了一个"中下"，没给他定"下下"等级，这也算是给他留了一点面子了。

然而，这个运粮官得到"中下"的评定后，一点也没生气、没着急，一如既往，情绪如常。而卢承庆则认为，我给他这么一个评价，他却没有生气，这就表明他认识到了错误；从这点上来讲，这个人是有责任心的，于是卢承庆就将原定的"中下"改为"中中"。改成"中中"后，令卢承庆没想到的是，这个运粮官并没有因评定上升而兴奋。这时，卢承庆心想，这个人可真的荣辱不惊！无论你怎样评定他，他都能坦然地面对，修炼得非同一般。随后，卢承庆对此次翻船事件，又组织作了一番调查，其结果是那次船翻不是因为他管理不善酿成的，而是因为突然遭遇刮大风，把运粮的船给掀翻了，实属客观原因。既然如此，卢承庆就给他改成了"中上"。即便这个评定的结果，这个运粮官还是没有显露出特别高兴的样子。从此，卢承庆对这个运粮官印象很好，以后在吏部考核的时候，就注意提拔了他。之因，卢承庆就是一个荣辱不惊之人。他认为作为一个官员，主要是为国尽忠，官职是否升降都不应十分介意。而在现实生活中，我们为数不少的人，既欠于"荣"的心力，又欠于"辱"的心力。你缺少了这两个"心力"，又怎么能做到荣辱不惊、安之若素呢？

所以，处在矛盾的焦点上，一定要控制、调整自己的情绪，以不使矛盾激化，更不应伤害周围的人们。由此，我们会联想到玛格丽特·米切尔的小说《飘》。该作品，它所叙述的社会真的很乱：人们快乐的生活被战争打乱，所有美好都破碎了，随风飘去……。在《飘》中，作者塑造了一位名叫媚兰的年轻姑娘，虽然处在乱世，但她始终认为人都有其最好的一面，并从好的一面去评论他（她），鼓励、赞誉，唤醒健康的人性。她心地善良，为人诚实，爱交朋结友。哪怕被人欺骗了，她也不悲观绝望，而且她能勇于面对，并认为那也只是个例与偶然的现象，应有多么容忍的高尚品质！尤为可贵的是，她在任何时候、任何情况下，都不把事做绝，不越底线。她这种处世态度、处世方法，得到了友好幸福的回报，所以她活得十分充实、快乐……因而，媚兰受到世人的崇敬，可谓做人处世的楷模。

因此，我们只有不断陶冶情操，与人为善，才能真正保持不为陈芝烂麻之事所纠缠，不为丑陋世俗所左右，结果，必如莲花不染淤泥，如银竹亮节高风，受人尊崇。

于右任是我国近代著名教育家、书法家。一天，他的一个学生急忙来见老师，说："老师，我今天中午去一家平时常去的小饭馆吃饭，想不到他们居然也挂起了以您的名义题写的招牌。青天白日、明目张胆地欺世盗名，您老说可气不可气！"他让学生坐下来，慢慢说，学生叫苦道："也不知道他们在哪里找了个书生写的，字写得歪歪斜斜，难看死了。下面还签上老师您的大名。"于老沉思道："你说你平时经常去那家馆子吃饭，他们卖的东西有啥特点，铺子叫个啥名？"学生答道："这是家面食馆，堂面虽小，饭菜倒还做得干净。尤其是羊肉泡馍做得特地道，铺名就叫羊肉泡馍馆。"这番师生的一问一答，这个学生哪里会意识到，于老是在"透底"呢，看一看你这家小饭馆到底怎么样？值不值得给你写个招牌。

待学生述说完，于老心里"有底了"，沉默不语，随之从书柜旁抽出一张宣纸，拿起毛笔，饱蘸墨汁，挥就了"羊肉泡馍馆"五个大字，落款为小字"于右任题"。见此，学生有大惑不解之感："老师，您这……"于老持着胡子笑道："你刚才不是说，那块假招牌的字写得歪歪斜斜吗？这冒名顶替固然可恨，但毕竟说明他还是瞧得上我于某人的字……所以，帮忙帮到底，还是麻烦你跑一趟，把那块假的给换下来，怎么样？"老师持此态度，使这位学生也转怒为喜了，于是，拿着于老的题字，颠吧颠吧地去了那家小饭馆。这家店主见到于右任的真墨宝，喜出望外之余，难免有惭愧之意（找人制假）。于老"羊肉泡馍馆"真墨宝悬挂在这家大门上，自然使小店蓬荜生辉！名人效应，谁都晓得，还愁生意不好做？

曾国藩说过"举头三尺有神明"。我们说的是神明监督，西方说上帝是监督，实际上世界上没有神明、也没有上帝，都是存在心里、是自己的心在监督自己。一句话，就是告诫后辈晚生：不要做违背天理人伦的事、玩阴的、写黑信。君子行事，恪守底线。

曾有位木匠师傅，不仅技艺精湛，而且一直效忠他的主人，并海誓山盟般地对主人吐露心声："我这一辈子都要给您卖力，以报知遇之恩……"一番表白，主人深受感动。

一天，主人吩咐木匠任务，要求他选用最好的木料建造一座结实、漂亮的木屋，然后再三叮嘱木匠一定要用心去建造。至于为何建造这座木屋，主人没露一点端倪，于是，木匠师傅便揣测：主人把木屋建在距离村庄较远的荒野之处，门前还开垦了几十亩的荒地，看来他不是要种瓜就是想种菜。如此，建造这座木屋，也就不需要那么结实的木料，只要能够支撑一阵子也就可以了。所以，木匠师也不请示主人，就擅自决定挑选那些朽木残椽搭建这座木屋，真乃"空棺材出葬——目（木）中无人"！建房用料这么大的事，这个主，岂能由你一个木匠来做？

一番折腾，木匠师在主人规定的时间内交差了。这时，主人语重心长地说出了建造这座木屋的目的，即主人感激木匠多年来一直为他效力，他要把这座木屋赏赐给木匠（包括门前荒地），让他能够支撑门户，从此不再受穷。叙述至此，想必谁心里都明白了——为主人辛苦恣睢(任意胡为)半生的木匠师傅，凭着他精湛的技艺，为主人建造了无数结实、壮观漂亮的木屋，结果到头来，轮到给自己建造房屋时，却搭建了一座次品木屋，如此行家里手之下的败笔之作，只得由他自己承受了！这是木匠师傅的悲哀所在，即没有用底线对待呵护他的主人！是他"以小人之心、度君子之腹"的思维，自毁了自己！

立身处世，你可以倒下，但绝不能屈膝跪下……日常生活中，某些人的所谓"人在江湖、身不由己"之言语，都是为自己找的借口，以让别人原谅自己。你若一经违背良知，越过做人底线，将成终生污点。到那时，你想有所作为，比别人就更难了！

不准入民宅，就是"天王老子也不行！"

红军四渡赤水之后，北渡金沙江，以突破敌军的重围。1935 年秋，陈云以"廉臣"为笔名，假托被红军俘虏的国民党军医口吻，撰文写道："试想，如无较好的组织纪律，则在渡河（金沙江）时，人马拥挤，一不小心，小船即可翻身，而船只稍有损失，即将延长渡河时间矣。""而赤军（红军）之对于服从命令纪律之严，亦非国军（国民党军）所可及。即如赤军中军团长、师长渡河时，亦须按次上船，听命于渡河司令部，不稍违背。"[12] 结果，在严明的纪律下，红军仅靠 6 只小船有序穿梭，就创造了堪称奇迹的天险跨越。

毋庸置疑，在执行纪律的强势之下，无论你的官职多高，都必须接受统一的调遣，执行纪律没有例外。

1949 年 5 月 12 日，第三野战军第 9、第 10 兵团发起上海战役。

战役之前，总前委在戴家花园讨论制定《入城守则》时，华东野战军司令员陈毅严格地强调了两条：一条是，市区作战不许使用重武器；另一条是，部队入城后一律不准进入民宅。对此，有一些负责干部想不通，就发问：遇到下雨、有病号怎么办？陈毅坚持说："这一条一定要无条件执行，说不入民宅，就是不准入。天王老子也不行！这是我们人民解放军送给上海人民的'见面礼'！"[13] 可见，执纪守则，不讲缘由。

总之，总前委讨论《入城守则》时，一致肯定"不入民宅"的规定很有必要。毛泽东主席听说后，高兴地连说了四个很好："很好！很好！很好！很好！"

上海战役过程中，战斗打得异常艰苦。其原因，敌人凭借高楼大厦构成火力网，而《入城守则》规定我军在"市区作战不许使用重武器"，因而，在敌人强大的火力攻击下，解放军战士伤亡很大，致使"河水全是红的"了。此状，被阻在苏州河南岸的 27 军前线指战员所见，强烈要求开炮，但被军长聂凤智（开国中将）制止："谁敢放一炮，我撤谁的职！"

经过半个月的艰苦战斗，5 月 27 日，上海市宣告解放。为了不惊扰上海市民，于蒙蒙细雨之中，疲惫至极的战士们身着军服、抱着枪，睡卧在车水马龙的马路两侧。

当第 3 野战军第 9 兵团的第 27 军、第 23 军及第 20 军夜里攻入上海市区，第二天上海居民晨起开门之时，发现解放军官兵全部露宿街头，对中外舆论产生了极为强烈的震撼力。

随军的新华社记者艾煊（曾任《风雨下钟山》的编剧），是这样报道的："慈祥的老太太，热情的青年学生，商店的老板、店员，都恳切地请求战士们到他们的房子里去休息一下。可是战士们婉谢了，他们不愿擅入民宅，他们不愿在这一件小事上，开了麻烦群众的先例，开了违反人民军队传统的先例。"如果你我于那种场面之中，也同样会被感动的。

与此同时，在上海的外交官、外国侨民也非常惊讶。尤其是，第3野战军官兵露宿上海南京路街头人行道上的照片、纪录片，可以说成了极为珍贵的历史镜头，引人关注。据说，英国陆军元帅蒙哥马利看了这样的镜头后，十分感慨地说："我这才明白了，有这样睡水泥路面精神的军队为什么能够打败经美国武装起来的蒋介石数百万大军。"

1951 年冬，我志愿军某师在朝鲜战场上，执行向美军发起进攻的任务。因志愿军的武器装备不如美军，所以必须展开近距离作战，志愿军只好在夜间潜伏于距敌最近之处。当时，志愿军一个连队官兵潜伏了一个晚上。而这天晚上，天又降大雪，尤为寒冷。就在天亮之时，志愿军的冲锋号虽然吹响了，可是，潜伏下的 100 多名官兵，却无一能跃出冲锋。因为，他们久处严寒环境而全都被冻死了，但至死他们也没有改变战斗的队形。当毛泽东主席听到这件事情后，脱下了帽子，站立着，久久不语，心情异常沉重。这桩志愿军战士坚守纪律的事迹，太让人感动、太让人崇敬了！

你看，志愿军遵规守纪意志力多么强！因为，它是赢得胜利的先决条件。

而现实生活中，我们有些单位的员工常常不把遵规守纪当回事儿，不但影响了单位的工作环境，自己的生活也遭遇了不幸运。实际上，我国与西方国家在遵规守纪方面，是存在思维、文化差异的。例如，我国沿海某城市的一家外资企业，有一对男女青年员工处朋友，男员工是中国人，女员工是英国人，双方都是硕士学历打底。一天晚饭后，女员工让男员工骑摩托车带她出去兜风，男员工欣然"遵命"。当经过一个十字路口时，闪出红灯，男员工一看没有警察，一踩油门就冲了过去。这时，女员工让男员工马上停车，她跳下车后，非常严肃地对男员工说："红灯你都敢闯，以后你啥事儿干不出来，跟你在一起我心里不踏实，咱们俩走不到一起了……"就此分手！男员工十分沮丧。数月后，这位男员工又结交了本公司的一位中国姑娘。星期天，两人商定去郊游，路上又遭遇红灯，鉴于上次的"不幸"，男青年也不顾有没有警察了，立马将摩托车停在警戒线后。女青年边嚷嚷、边从车上跳下来，非常气愤地对男员工说："你连红灯都不敢闯，胆小鬼，以后你还能有啥出息，跟你在一块还不得喝西北风……"分手了！

由于这名男员工执纪上的一波两折，竟被两个女人给"甩了"！你说惨不惨？

须知，纪律和规矩是不可触碰的底线。可以设想：倘若没有堤坝的话，那么，奔腾不息的长江必会泛滥成灾；倘若没有飞机航线的话，那么，风驰电掣般的飞机似如脱缰的野马（人为因素除外）；倘若没有规矩的话，那么，芸芸众生的生灵必会陷入罪恶的泥潭……

应该说，行为养成习惯，习惯造就性格，性格决定你的命运。良好的习惯对人生的确太重要了。养成良好的遵规守纪习惯，自然会使你的人生更有意义和价值，而且会使你终身受益。

"抗日救国最光荣，当逃兵是最可耻的"

———————————

　　诚实守信、珍视荣誉，系为革命队伍发展壮大、夺取胜利不可或缺的条件。1928 年 7 月，蒋介石调集湘军和赣军，向井冈山根据地发动了"会剿"。朱德率领的 28 团、29 团攻克酃县城后，再与国民党范石生 16 军发生激战，结果失利了。毛泽东得知这一消息，决定由他率 31 团 3 营前往湘南迎返红军大队，何挺颖率 31 团 1 营留守井冈山。31 团 3 营党代表罗荣桓、营长伍中豪随毛泽东出发。为了尽快赶赴目的地，3 营急速行军，当遇到陡峭的山坡时，罗荣桓就带领战士，紧紧抱着枪，从山上滑下去。

　　一个夜晚，部队进入了桂东的边境，这时，部队突然遭到了敌人的袭击，3 营战士全被冲散了，党代表罗荣桓在后担负收容的任务，这时又与毛泽东、伍中豪失去了联络，罗荣桓心里非常着急。第二天，天亮后，罗荣桓集合队伍时，见到了毛泽东和伍中豪，还有各连被冲散的队伍，也陆续到达集中地点，他才松了一口气、心里有了底。集合时，罗荣桓让各连清点人数，结果丢了一名担架兵。8 月 23 日，毛泽东、罗荣桓率部到达桂东，与朱德率领的红军大队会合了。9 月中旬，毛泽东、朱德率部返回井冈山，部队一路连克遂川、宁冈。回到井冈山后，罗荣桓发现在桂东丢掉的担架兵早就返回了。

至此，由毛泽东、罗荣桓、伍中豪率领的 3 营这次远征湘南，与敌人作战十几次，出色地完成了迎返红军大队回井冈山的任务，全营没有一个开小差的，做到了诚实守信，创造了巩固部队的纪录，成了一支拖不垮、打不烂的红色铁军。

1940 年 5 月，八路军总指挥朱德到洛阳与国民党第一战区司令长官卫立煌谈判，随朱德同行的是警卫部队 385 旅的三连。据朱德夫人康克清回忆："到了星期天，战士们可以轮流上街购买日用品，战士们自觉遵规守纪的行动，进一步扩大了八路军在群众中的影响，到处流传着八路军战士的美谈。卫立煌知道了，就问朱总司令：'你们的兵这样随随便便上街，如果乘机开了小差，怎么办？'朱老总听了，哈哈一笑说：'我们在红军时期就是这么办的。我还没有听说过星期天上街开小差的事。'看着他不解的神色，朱老总接着又说：'道理很简单，就是一条，他们都是自觉的革命战士，懂得只有抗日救国才是自己的出路。抗日救国最光荣，当逃兵是最可耻的。'卫立煌连连点头：'是啊！我们现在治军，要都能达到你们这样就好了。'"[14] 不言而喻，国民党军队士兵"乘机"开小差是常事；不然，为什么卫立煌在治军问题上会这样感慨呢！从中表明，我们共产党的战士诚实守信，值得信赖。

其实，美国第 16 任总统亚伯拉罕·林肯，年轻时就诚实守信。说来，那是他 21 岁的时候，全家为了谋生，从印第安纳州迁到纽萨拉姆小镇。来到小镇后，他在一些小店里干杂活，不久，大家见他干活麻利、为人忠厚，所以一致推选他当新开设的邮政局局长。

那个时候，连邮票还没有问世，所谓的邮局，其设备的简陋程度，便可想而知了。为了收藏钱和账本，林肯只好把账本和钱都放在破袜子里，亦可称"保险箱"。说是邮政局长，实际上只是个"光杆司令"。由于这个邮局生意欠佳，开张才两个多月后就关闭了。当他接到上级停办的通知后，把账目梳理得一清二楚，装进了"保险箱"里，并把它悬挂在屋角的房梁上，等待上级来接受交差，用现在的话说，叫做"审计"。

然而，林肯哪里料到，因他的单位太小，上面迟迟没派人来接收、"审计"。无奈，他就日复一日地等待，房梁上的"保险箱"早已布满了厚厚的灰尘，但就不见上面派人来。一年后，有一次他终于在大街上偶遇了上一级的邮政局长，于是，他"如获至宝"一般，把这位上级局长拉到了邮局，把"保险箱"拎下来，向上级局长交点清楚后，才如释重负。从此，纽萨拉姆小镇上的人把他如此履职的事迹传开了，"诚实的邮政局长林肯"就这样出了名。

其实，古今中外任何一个社会，都把诚实守信作为美德加以推崇。而那些诚实守信之人，总是首先赢得别人的赞赏或认可。而那些诚实守信之人，人生的仕途也顺畅。

而那些不讲诚信、不讲道德的人，是遭人唾弃、令人所不齿的。一个美国游客到泰国首都曼谷旅行，他在货摊上选中了其中的 3 件纪念品，接着就问价。女商贩回答每个 100 铢，美国游客还价 80 铢，女商贩则不同意降价，她说："我每卖出 100 铢，才能从老板那里得到 10 铢，如果价格降到 80 铢，我什么也得不到，怎么生活呢？"女商贩很是无奈。这时，美国游客眼珠一转，就对女商贩说："这样吧，你卖给我 60 铢一个，每件纪念品我额外给你 20 铢报酬，这样比老板给你的还多，而我也少花钱。你我双方都得到好处，行吗?"对此主意，女商贩连连摇头。见此，美国游客又补充了一句："别担心，你老板不会知道的。"女商贩听了这话，更加坚决地摇头说："佛会知道。"美国游客再也不说什么了，私欲没能得逞。

可见，美国游客就像钓鱼一样，设下了一个诱饵，但女商贩并不上钩。因为，女商贩懂得：商人必须讲究商业道德，正经钱可赚，昧心钱不可得；别人能瞒得住，但良心不可欺，做到问心无愧。须知，玩物未必丧志，玩人肯定丧德。丧德之人，谁都厌恶。

须知，有本事却不守规矩的人，很容易出事；没本事只守规矩的人，很容易误事；而那些既有本事、又能守规矩的人，才能成事。应认识到，生活既不是诗人眼里的田园牧歌，也不是画家笔下的杏花细雨；既不是摄影师镜头下的朝霞炊烟，也不是为官者心中的避世桃源，随其姿意妄为。而是守信誉、讲道德、讲规矩。但不按规则行事之人，还是大有人在的，而且谁劝说也听不进去，可谓"菜锅里炒鹅卵石——不进油盐"！当心，可别翻车、自毁了自己！

香火燃掉的不是烟灰，而是积淀层层的忠贞

春秋时期，鲁国曲阜有个年轻人名叫尾生，尾生为人正直，和朋友交往很守信用。后来，尾生迁居梁地（今陕西省的韩城南）。他在那里认识了一位年轻漂亮且贤惠的姑娘。两人一见钟情，私订终身。然而，姑娘的父母嫌弃尾生家境贫寒，所以坚决反对这门亲事。为了追求爱情和幸福，姑娘决定背着父母私奔，随尾生回到山东曲阜老家度生活。

一天，两人约定在韩城外的一座木桥边会面，然后，二人远走高飞，逃离父母对这桩婚姻的干涉，以求得自由。黄昏时分，尾生提前来到桥上等候姑娘。时值六月，突然乌云密布，随之滂沱大雨倾盆而下，江水裹挟泥沙席卷而来，淹没了桥面，没过了尾生的膝盖，一片汪洋……这时，尾生想起了与姑娘所定"城外桥面，不见不散"的信誓，但却不见姑娘踪影。即便如此，尾生寸步不离，死死抱着桥柱，终被活活淹死。再说，姑娘因为私奔念头泄露，被父母禁锢于家中，不得脱身。后伺机逃出家门，冒雨来到城外桥边，此时洪水已逐渐退去。姑娘一眼望去，发现紧抱桥柱而死的尾生，悲恸欲绝。姑娘哭罢，便与尾生相拥纵身投入江中，谱写了我国

文学史上坚守承诺的爱情悲剧。

毫无疑问，在期待中被洪水淹没的尾生，实在是信守爱情承诺的贤者，使人值得追忆。后世，曾有人考证过，尾生所抱之桥位于陕西蓝田县的兰峪水上（"蓝桥"）。从此之后，人们把相爱的男女一方失约，而另一方为此而殉情，叫做"魂断蓝桥"。

在茫茫的人海之中，要找到一个你爱他、他又恰好爱你的人的概率，可以说，比夏威夷海岛上的冒纳罗亚（夏威夷最高峰）死火山的再次喷发的概率还要小。之因，爱情只能在擦出火花的那一瞬间到来，因而，你若收获它，就要有好猎手一般的耐心。等来了、你也爱上了，就不可轻易放手，错过良机。一旦错失了良机，何时还能再遇良机，就难料定！

天汉元年，身为中郎将（中国古代官员名称）的苏武，奉汉武帝之命出使匈奴。临行前，他尤为伤感地写下了《留别妻》诗。诗里写道"结发为夫妻，恩爱两不疑"，又言"生当复来归，死当长相思"，这份临别时的深情款款，极为动人，堪比永恒的金子。

然而，苏武竟遭遇匈奴单于威逼诱降，而他却誓死不屈。结果，他被放逐在荒芜、酷寒的北海边牧羊，度日如年，历尽各种磨难。汉昭帝时期，匈奴与汉人"和亲"，他终归祖国，回来时已是第19个年头了。白发苍苍的他践行了对妻子"生当复来归"的诺言。可憾的是，苏武回来得太迟了，妻子以为他早已死了，于是就改嫁了。而妻子改嫁，系为匈奴怕汉廷要苏武回国，所以也就编造了苏武早已死去的谎言。但无论爱情的结局如何，苏武用他19年的等待，用铮铮铁骨告诉人们：他是一个有血有肉的重感情的男人，是如此热恋着自己的妻子；只要坚信爱情，幸福就会在心间延续。也表明，作为军人的他，为国家和人民而舍弃了自己的儿女情长，始终坚守了一个军人的使命。

对于爱情，男女双方的思维，应该是：无论他的身价低微，还是声名显赫；无论他（她）是丑陋，还是英俊、漂亮，彼此心是相通的，共守内心的那一片净土，而且始终不渝。

进入耄耋之年的向惠泉与老伴李莉花从牵手至今，已共同走过了 62 个春秋，生育了 6 个孩子。3 年前，向惠泉得了脑中风，视力模糊，如赵本山小品里学的那样，走路跌跌撞撞的。医生会诊后，几乎一致的意见是：向老的病，很难恢复了。但在老伴的精心照顾下，向老的脑中风病，出现了奇迹，走路都不用拐杖了。向老告诉医生，自从他病倒后，家里的体力活都是老伴在做；而且，每天老伴还扶他出去锻炼身体。李莉花听过老伴向医生点赞自己后，她说：我们苦过甜过，经历了人生最美的风景，也经历过人生最贫困的生活。他虽然比我大 6 岁，可是一直以来，我都把他当孩子看待，他病了之后，越来越像个小孩子，我只能更细心地呵护他。老伴在向医生讲述中，向老一直笑眯眯地望着老伴，心满意足！

在古希腊的传说中，情侣都将戒指套在对方的中指上，之所以如此，则是他们相信，那里有一根血管，这根血管直通心脏。所以，戒指的意思就是用心承诺。

现实地说，离开物质条件组建起来的家庭，过起日子来的确不方便、不舒坦。但要知道，婚姻最为珍贵的，当属男女双方真情的介入。之因他们感情的幸福度，是很难用金钱买得到的。如果彼此没有真情介入，那么在金钱的干预下，爱情的基因必将迅速变异，结果必如"彩虹和白云谈情——一吹就散"！有爱没情的婚姻，是经不起任何风雨袭击的；而有情有爱的婚姻，那才过得有滋有味！

萧博扬和江檬莹相恋 4 年后结婚，一年后有了爱情的结晶——儿子萧峰。夫妻二人本以为开始了一家三口，那美好的、其乐融融的生活，夫妻一起陪孩子成长、一起看书、一起买菜、一起做饭……然而，一纸调令却让丈夫萧博扬调到青海工作，从而夫妻开始了聚少离多的生活。也从此，身为人妻且柔弱的江檬莹，她一个人承担起了家庭的重担，照顾孩子、照料父母、公婆。这期间，她还购买了新房，从设计、装修到最后搬家都是她亲自操办，跑装修公司、跑市场、看家具……每一天，她忙碌而开心地工作着、生活着。因为，她知道爱情始终不曾远离过，她常常收到丈夫博扬寄来的礼物，几乎每天都会收到丈夫短信或电话，所以开心的笑容在她脸上洋溢着，一对小夫妻就这样在柴米油盐酱醋茶的考验中，平淡而幸福、快乐而简单地生活着，幸福地诠释着爱情的真谛。

当今，不少人认为时代已远离了爱情，不承认有真正的爱情。其实，非为时代远离了爱情，而是许多人开始就未曾想过：要用一颗心去坚定地温暖另一颗心，而且，做到始终不渝；非为爱情不再永恒了，而是你浮躁和易变的心灵，一次又一次地与真爱失之交臂。

许多人的现实版的爱情思维，就是建立在房子、位子、票子、车子等物质条件基础上的。如拜金女就大胆提出："没有钱的爱情快走开！""有钱就是新郎，没钱别入洞房。"甚至羞辱男人，说什么："男人长得帅有个屁用，到银行能用脸刷卡吗？"谁也没统计过，不知道因经济纠纷拆散了多少对未婚或已婚的男女，说来，真的令人遗憾！

还要意识到，爱情是两个人的事，即便闺蜜或铁哥们，也只能是一个倾诉的怀抱，笑过哭过，一切主意还要自己拿。更不可一切听信——被某些孩子称为 80 后"第三者"的父母的意见。一旦父母介入，往往导致孩子双方矛盾激化。因为，这时某些不理智的父母，就像当初催促两个孩子结婚一样，又积极鼓动两个孩子离婚。离婚后，两个孩子各自"孤"了起来。醒悟后，女孩说并不怨恨自己前夫，相反，还有点可怜他；男孩呢，也不怨恨自己的前妻，并时常念叨着前妻给自己的好处……彼此都处于消沉、萎靡状态，难以自拔。

这是因为，任何爱情都是专属的，没有可借鉴性。闺蜜也好、铁哥们也好、孩子的父母也好，他们的"怎么能这样，我那时怎样怎样"之看法，绝对会秒杀你们的爱情。因为，他们的思维、做法抑或经验，没有可替代性；如此，年轻夫妻绝不可照抄照搬，轻信他人！

因而，唯有对爱执着地坚守，才不会失去爱情的单纯动机。如此，爱情恰似一支点燃的香。因为，香火不是瞬间的一束火花、闪过即逝，而是彼此之间的相濡以沫、同舟共济；因为，香火缭绕的不是上升的微雾，而是弥漫心际的爱恋；因为，香火烧掉的不是烟灰，而是积淀一层又一层的忠贞……

"儿子救生身母亲，是天经地义的呀！"

中国具有尊老敬老的文化传统，而且一直延续了下来。在周朝，每年举行一次大规模的"乡饮酒礼"活动，此意义在于敬老尊贤。当时的礼法规定，70岁以上的老人有食肉资格。在东周，70岁以上老人免一子赋役；80岁以上老人免两子赋役；90岁以上老人，全家免赋役。汉文帝时，诏令天下郡守，推举孝廉之士，授以官爵。东汉时，皇帝带头倡导养老敬老之礼。在清朝，康熙帝在乾清宫宴请65岁以上的老人（共有1020人）。在宴席上，老人和康熙帝平起平坐，皇子皇孙给老人们斟酒。这样的规格，真的太高了。

今君不为孝，必大失人伦。试想，一个连自己的父母都不孝敬的人，何谈亲情、友情、手足之情？何谈生活、事业、国家大业？所以一个好干部、一个好青年，理应是孝敬父母的楷模。一个没有孝心的领导者，怎么可能去爱民、爱员工、爱孩子？一个没有孝心的青年，怎么可能会受到领导器重和大家信赖？如此，也就会影响你的个人前程。

正确的思维方式，理应认定："孝"是人世间一种最高尚、最美好的情感。

1962 年，陈毅任我国国务院副总理、外交部长。一次，他率团出访归来，途经家乡四川乐至，决定探望瘫痪在床的母亲。母亲见到久别的儿子，非常高兴。陈毅也快不可言，拉住母亲的手，亲切地问这问那。过了一会儿，陈毅问母亲："娘，我进来的时候，你们把什么东西藏在床下了？"母亲看瞒不住了，只好说是换下的尿湿裤子。陈毅说："娘，您久病卧床，我不能在您身边侍候，心里非常难过，这尿裤由我去洗吧！"母亲硬拦住，不肯让他洗，并说："你是国家干部，做大事的，又大老远回来，快歇歇吧！和娘聊聊。"陈毅说："娘，我小时候，您不知为我洗过多少次尿裤，今天洗上十条，也报答不了您的养育之恩啊！我们做儿女的平常不能孝敬您，现在回来看您，帮您洗几件衣服是很应该的。"[15] 陈毅说完，就把母亲的脏衣服全拿过来泡在盆里，搓洗起来，边洗，边与母亲说着话，直到把母亲的衣服全洗干净。

无数事实表明，父母对儿女的爱护是最真挚、最无私的。即，从吸吮着母亲的乳汁，到离开未满周岁的襁褓；从上托儿所、幼儿园父母的接送，到读书升学花费父母多少心血；从走上工作岗位、迈开人生第一步，到立业成家铺垫着父母的艰辛，你说那个过程、那个环节，不揪着父母的心？即便到了父母白发苍苍之际，仍在带看你们的儿女……毫不夸张地说，这种恩情比天高、比地厚。做儿女的不"孝"，怎么能释怀得了呢？

2004 年，山东汉子田世国换肾救母事迹，轰动全国，也由此被评为年度"感动中国十大人物"。当年，母亲曾将生命给予了儿子；如今，儿子则以另一种方式将生命回赠给母亲——儿子的肾脏在母亲的身体中继续

"工作"。对此，儿子田世国态度明朗："我妈操劳一生，该享福的时候却患了重病，所以我一定要救她。反正我是从妈身体里出来的，给妈捐一个肾，就当是再回去了……儿子救生身母亲，是天经地义的呀！"你说，什么是孝心？这就是孝心。手术成功后，为田世国实施手术的朱同玉教授深受感动，连称："了不起！"同时，朱教授告诉记者，亲属间的活体移植是国家所鼓励的，卫生部对每例亲属间移植还有5000元奖励。像田世国这样小辈捐肾给长辈，"全国也十分罕见，如果更多子女这样做，很多父母的生命就能延续"。不过，此类事儿"十分罕见"，所以令朱教授感叹！

田世国所言"儿子救生身母亲，是天经地义的呀"的思维方式、大义行为，委实令国人钦佩，当然在他心里此举压根就不存在什么"感动"，不然他也不会这样说、这样做，此是他孝敬母亲的自然之举。

而且，孝敬父母，应该做到既"养"又"敬"。如此，那才叫尽职尽责。

汉文帝执政时期，有一位叫淳于意的人（今山东淄博人），曾任齐太仓令，拜齐国著名医师杨庆为师，学得高超的医术——精医道、辨证审脉、治病多验。他的老师去世之后，淳于意弃官行医。因他个性刚直，行医过程中，得罪了有权势的人，因而遭到了陷害，随后被押往京城治罪。淳的女儿叫缇萦，虽为弱女子，但随父长途跋涉，一同前往京城，向皇帝诉冤，声泪俱下：说明父亲做官时清廉爱民，行医时施仁济世，现在真的是遭人诬害，并声称："如果误判，自己愿意替父亲受刑。"见此，汉文帝深被缇萦的孝心感动，于是赦免了她的父亲。从中可见，缇萦为父申冤、救父于危难之际的思维方式、大义之举，真的使人感动！

然而，在有些人看来，父母到了不能自食其力的年龄，做子女的只要从物质上养活他们，每月给他们寄点钱花，使他们吃穿不愁，也就算报答了生育之恩。这种观点，别说当今说不通、让人难以接受，即便在两千多年前的孔子那里，都是被否定的。孔子说："今之孝者，是谓能养，至于犬马，皆能有养，不敬，何以别乎？"孔子认为，仅仅"能养"是不够的，那和养狗养马有什么区别？所以，孝敬父母应做到既"养"又"敬"。

实际上，真正的孝敬是不要任何回报的。有个大款儿子，他的母亲老了，满嘴牙全脱落了，只好镶牙。于是，他带着母亲到了一家牙诊所，刚落座，医生便推销所里的假牙，母亲便选了最为便宜的那种。见此，医生岂能甘心，口干舌燥地给大款儿子、母亲比较起好牙和差牙的差别。但令牙医失望的是，作为大款的儿子却无动于衷，只是打着手机、吸着雪茄，悠哉！悠哉！这时，母亲从口袋里掏出钱包，交了押金，七天后来镶牙。母子走后，诊所里的人便大骂起这个大款儿子，说他虽然衣冠楚楚、吸高档雪茄，可却不舍得掏钱为母亲镶一副好牙……正当大家为其母鸣不平时，大款儿子又回来了，他对牙医说："医生，麻烦您给我母亲镶最好的烤瓷牙，镶牙费我来出，花多少钱都无所谓。不过，您可千万不要告诉我母亲实情，因为她非常节俭，我不想让她不高兴。"可见，他不愿逆着母亲节俭的品性办事，由此惹得母亲不悦；所以，只能以"偷梁换柱"的思维方式，给母亲镶副好牙，以尽孝心。

令人唾弃的，便是有的子女，对父母"活着不孝、死了乱叫"的现象。说的是，十年前的事情，有个老人共有 5 个子女，子女们生活都很富裕，但谁也不愿意担负老人的生活费。怎么办呢？经过有关方面调解后，每个子女每月给老人 5 块钱的生活费。结果，老人孤独生活，病饿而终。老人死后，5个子女觉得自己都是有头有脸之人，于是，他们商定每人出5000元大办丧事。办丧事之日，在老人的灵前摆放着山珍海味、高档食品，并且，5个子女号啕大哭，摆出一副十足的孝子相。但深知内情的邻居们，则表现出强烈不满，有人议论道："当儿女的'面子'，不是父母死后你'显孝'能够赚回来的，而是父母生前你'做出来'的！"

没有孝心的社会不可能是和谐的社会，没有孝心的人难以在社会和家庭"派上用场"。因而，我们要坚守并以实际行动体现出孝道文化，"做孝道人、行孝道事"。

孩子可以等，可妈妈"却没有时间等了"

在我国历史上，曾有一些流行甚广的思维观念，如"求忠臣必于孝子之门"、"修身齐家治国平天下"等，把政治伦理的"忠"与家庭伦理的"孝"相沟通，甚至制度化为选拔各级官员的标准。可以说，孝道已成为我国相传百代的优良传统、社会核心价值观。

说来，汉高祖刘邦的三儿子刘恒，即后来的汉文帝，那可称得上是典型的大孝子。

刘恒对生母薄太后，精心奉养。母亲卧病3年，他经常目不交睫，看到母亲睡了，才趴在母亲床边睡一会儿。母亲所服的汤药，宫女熬好后，他总先尝一尝，品一下苦不苦、烫不烫，他觉得差不多了，才放心让母亲服下。也由此，刘恒孝敬母亲的事儿，在朝野广为流传，称赞他是"仁孝之子"，有诗颂曰："仁孝闻天下，巍巍冠百王；母后三载病，汤药必先尝。"今天来看，尽管这些史载不免有阿谀奉承之处，但他的孝道思维、孝道行为，的确被人们代代认可。作为文帝，如《孝经》所说的，他（刘恒）尽到了一个"天子之孝"。在治世的"文景之治"（其后的景帝）中，文帝刘恒在位二十四载，重德治，兴礼仪，倡导"爱敬尽于事亲，而德教加于百姓，刑于四海"，有对亲人的孝、爱、敬，又延伸到对百姓的"爱亲者，不敢恶于人"、"敬亲者，不敢慢于人"。汉文帝由自我的孝道的楷模作用，教育了百官、引导了百姓，从而换来了西汉的农业发展，社会稳定，人丁兴旺。如此，我们立身处世，岂可置"孝道"于不顾？忘记父母的养育之恩呢？

而且，孝敬父母还要抢时间，因为此事没有更多的"来日方长"。恰如《孔子家语》所言："子欲养而亲不待也。往而不可追者，年也；去而不可见者，亲也。"意思是说，子女想要赡养亲人，亲人却已不在！逝去就永远追不回来的是时光；过世后就再也见不到面的是双亲。当今，为师之人的陈斌强接受了这种孝道文化。即在扶持母亲的过程中，他说过"孩子是可以等的，可是我妈妈，却没有时间等了"。在尽孝上，他不想腾来腾去，留下难以淹没的愧疚。这种报恩的思维方式，让他的品行升华了。

因为，陈斌强心里非常清楚，自己的成长从没离开过母亲的陪伴与呵护，其间，母亲为他所付出的精力、付出的心血，是难以计量的。

母亲生在农村、长在农村，虽然文化程度不高，却知道孩子成才的重要。时至今日，陈斌强还记得读小学时，天刚亮，母亲就把他叫起来读书。身边放着粉笔，每读完一遍，就做个记号。因恋困，读着读着就又睡了，他感到耳朵痛，那是母亲在拧他的耳朵，拧醒后，又接着读下去。到校后的第一节课，照例是早读。因为在家把书已读熟了，所以到老师那里背书，自然也就顺利过关。小学的他，在母亲督促下，能够把一本语文书从头背到尾；即便在亲朋好友面前表演，也不在话下，母亲为此深为自豪。他很爱看书，但却买不起书，只好到书摊去租。每次向母亲要钱租书，母亲都满口答应。他喜欢语文，结果后来当上了语文教师，可以说这与母亲的影响是分不开的。

生活上也是如此，陈斌强记得小时候，夏季他喜欢把凉席铺在阳台上睡觉。当他早起时，发现身上总多了一条毛毯，因为母亲生怕他后半夜着凉，半夜特意起来替他盖的。他还记得，有一年大年初二，在表哥家里喝喜酒。突然，一个鞭炮在他眼前炸响了，使他泪流不止。为照看他，母亲陪坐在他身边大半夜，一次次地安慰他，一遍遍地擦拭他流下的泪水。母亲临睡前，又剥了很多的橘子瓣，整齐地码放在他的枕边，使他醒后解渴、心里也舒服些。

所以，报孝母亲，在陈斌强的心底，系为顺理成章之事。真的是母爱如山，这分恩情载也载不动；真的是母爱似河，这份恩情流也流不尽！

1983 年，陈斌强的父亲因车祸去世，当时他的大姐 13 岁，他 9 岁，他的小妹才 7 岁。他的母亲拉扯着三个孩子，委实不易。然而，令他没有料到的是，2007 年母亲被查出老年痴呆症。当医生将这一诊断结果说与他时，他简直不敢相信这是真的。心想，那么要强的母亲，怎么会得这种病呢?! 此后，母亲生活上已处于不能自理的状态。

于是，陈斌强每天都会用一根粗布条，把母亲绑在自己的身后，骑上电瓶车开行 30 多公里，往返于县城的家与冷水镇的学校之间，从未间断。他说，"小时候妈妈用它来背着我，现在，我用它来背着妈妈。每个母亲都愿意给自己的子女最好的，现在我也愿意尽我所能地去照顾她"。而且，"能把母亲带在身边，时刻感觉到她的存在，看到她是安全的，是我内心最踏实的时候"。[16] 刚开始时，同事们对他都不太理解，说："这样带在身边照顾，一两天倒可以，一年两年怎么能吃得消呢?"这种议论，也是常理。可5年过去了，1800多个日夜，无论是酷暑还是严寒、刮风还是下雨，他都带着妈妈上班，精心承担着照顾母亲的责任。

照顾母亲的辛苦，又岂止在路途上。其实，陈斌强一天到晚连轴转，即晚上9点，他得服侍母亲睡下，后半夜1点左右，他得起床抱母亲上趟卫生间，清晨5点，他须赶在师生之前起床（学生有早自习），将母亲的房间打扫得干净，处理好母亲大小便，早上7点喂过母亲饭后，开始了学校一天的工作。尽管生活上的事情繁多，但他的教学，却一点也没落下。他授课风趣幽默，互动性强，两个班的语文成绩连续多年获得当地联考第一名，得到领导、同行和学生们赞赏。诚然，他所消耗的精力，也很大，如他的学生曹沛妍说的："老师在学校里给人的感觉是，总在跑步，似乎他每天都在奔跑中度过，每一次都很慌张，为了照顾母亲，为了学生，他两边不断地跑。"他的同事罗龙庆老师也说：在学校里，我和他们母子一直是邻居，我每天都看到他坐在小凳子上，帮妈妈喂饭、洗脚、剪脚指甲……有时候下雨，晒衣杆上，挂满了陈妈妈的裤子，我知道，那是她又把大便拉在了裤子上。这些，一重复就是5年。我觉得，他不只是一个语文老师，他还用行动教会了我们，什么是"孝"。

为了陈斌强照顾母亲的方便，磐安县教育局把他调到磐安县实验中学工作。新单位距离他家，只有5分钟的车程，他可以用最方便的方式照料母亲了。

2013年，陈斌强被授予"中国青年五四奖章"，他在参加"实现中国梦、青春勇担当"五四主题团日活动中，习近平总书记亲切接见并勉励他："照顾好母亲，教好书!"当时，陈斌强无比激动，决心再接再厉，绝不辜负总书记的殷切期望!

作为医治社会的良药——陈斌强的孝母行为，表明他是一位真正的有师德的优秀教师。也因此，他的学生在周记本上才写道:"老师我很佩服你，等我的爸爸妈妈老了，我也会学你，像你一样多陪陪他们。"这就是中华民族的精神血脉、美德之所在!

人生没有彩排，捍卫你赢得的荣誉

　　说来，初士卿还是一个毛头小伙子时，就在孤岛上当灯塔守护者了，这一干就是 36 年。起初，他是随着父亲来到这个孤岛上的。白天，父子出海捕鱼；到了晚上，父子为过往的轮船引航。15 年后，他的父亲去世了，但他并没有离开孤岛，继续守护着这座灯塔。

　　一个狂风暴雨的夜晚，一艘客轮在初士卿操纵的灯塔的指引下，安全地停在了孤岛避风处的港湾。老船长梅庄基上岸后，非常感激地对初士卿说："如果没有这座灯塔的指引，我这艘客船，还有满船的乘客，早就葬身海底了。为了感谢你，我打算带你离开这个地方，每月给你 500 美元的薪水，小初你同意不？跟我走吧！"对梅船长的许诺，初士卿笑着谢绝了。见此，梅船长大惑不解："小初，难道你不想过上安逸的生活吗？"初士卿平静地说："想！但是这里就是我的岗位。10 年前遭遇风暴的船长和你一样，答应给我每月 1000 美元的薪水。可是，如果我当时答应了他离开这里的话，那么，后来的那些船只，包括你的这艘客船，今天还能够获救吗？"责任感自然流露了出来。

　　梅庄基船长听过初士卿的这番话，如梦方醒，激动而又惭愧地抱住了他，大加赞赏。可见，坚守住荣誉（包括奖励和人们的"口碑"），有多么的重要！因为，它意味着造福更多的人、最大化地实现了你的人生价值。

曾任德州市副市长、山东农业大学党委书记的苗仲华，因犯受贿赂罪而被法院判处有期徒刑 12 年。他曾忏悔说："人生没有彩排，贪欲需要付出自由乃至生命的代价；直到身陷囹圄，我才倍感廉洁和自由的弥足珍贵。我一定认罪服法，悔过自新，努力改造，争取早日重返社会！"[17] 其实，这种滞后的思维，毁掉荣誉的又岂止苗仲华一人！

刘中山原系四川省交通厅厅长，因犯有贪污罪、受贿罪，被成都市中级人民法院判处死刑，缓期两年执行。[18] 此前，他获得过的荣誉，层次很高，如先后获得过"胡志明勋章"和"王铁人式英雄"称号；20 世纪 80 年代，多次因为工程技术创新，善于节约工程造价而受到组织嘉奖；1993 年，获全国"五一"劳动奖章；同年，被人事部特批为享受"政府特殊津贴的国家级专家"；1994 年，主持修建的成渝路重庆段受到各方好评和交通部的表彰。[19] 中山市原市委副书记、市长李启红因犯内幕交易、泄露内幕信息罪和受贿罪，被广州市中级人民法院一审判处有期徒刑 11 年，并处罚金 2000 万元、没收财产 10 万元。[20] 作为我国少有的女市长，李启红曾高调当选"2009 中国十大品牌市长"，她当时获奖的关键词是："前瞻木兰，情系中山"。获奖理由是："她脚踏实地，一步一个脚印成长为杰出的品牌女性；她以其务实的作风，前瞻性的眼光，引领中山迈入珠三角'科技金融结合试点城市'。她在交通、金融产业集群、城建环保等各个环节，为打造中山城市品牌，持续不断地挥洒着热情。"[21]

以上，自我毁誉之事，不一而足。不是别人，而是自己毁掉了辛辛苦苦赢得的荣誉，似如"爆米花沏茶——泡汤了"！而且，给亲属、尤其给自己的儿女，也带来了精神上的创伤，使他们于公众场合抬不起头来。这些毁誉的行为，听来，真的令人震惊！

因而，智者所应有的正确思维，便是以坚韧的勇气，坚守住你用心血、乃至用生命换来的荣誉，可别使其付诸东流！否则，你又何谈自己的生命价值、人生精彩？

对比说来，当年志愿军战士又是怎样对待荣誉的呢？事实上，他们则是将其视为生命加以捍卫。一位美国老兵曾回忆道：朝鲜战争中，志愿军战士在冰天雪地里冲锋，他们蹚过被美军炮火炸碎冰面的小河，上岸后，他们的两条腿很快被冻住了，就像僵硬的"原木"在移动，即膝盖不能弯曲了。于是，这成为了一次用缓慢冲锋对抗强大火力的战斗，每一步向前跨越，都与死亡更接近，但每一次向前跨越，都与胜利更接近。[22]

"原木"在移动、在倒下，不畏死亡的冲锋使他们获得了最后的胜利。

从中可见，志愿军战士捍卫了中国军人至高无上的荣誉，他们是"最可爱的人"。所以，志愿军战士的行为令这位美国老兵崇敬了半个世纪。实际上，生死或危急关头，最能体现出一个人的大荣大辱。恰如《英雄赞歌》中所唱的那样："为什么战旗美如画，英雄的鲜血染红了它；为什么大地春常在，英雄的生命开鲜花……"毫无疑问，这盛开的鲜花，就是闪耀着一个人崇高精神的荣誉之花。所以，志愿军战士不惜一切捍卫它！

在这些自毁荣誉的官员中，红塔集团原董事长、被誉为"中国烟草大王"的褚时健，晚年以其顽强的毅力，竭力赚回了人生的"面子"，再次获得了荣誉。

在褚时健任职、效力红塔集团的 18 年中，为国家创造的利税 991 亿，加上红塔山的品牌价值 400 多亿，他为国家贡献的利税至少有 1400 亿。到 20 世纪 90 年代中期，他已"把一个地方小烟厂做成了亚洲第一，世界第五的烟草帝国"，有的中央领导称它为"印钞工厂"[23]。当时，他的政治荣誉主要有：全国十大改革风云人物、全国优秀企业家、全国"五一"劳动奖章获得者等。由于 18 年来他的总收入不过百万，心理严重失衡，且缺乏有效监督机制，他辉煌的人生路偏离了航向，即因经济问题，被判处无期徒刑[24]，从"红塔山"上坠落下来。

后来，褚时健保外就医，并与妻子承包了荒山，开始第二次创业——冰糖橙种植事业。他被刑满释放后，当选为云南省民族商会名誉理事长。2012 年，他种植的"褚橙"通过电商开始售卖，由"烟王"变为"橙王"。2014 年 12 月 18 日，褚时健荣获由人民网主办的第九届人民企业社会责任奖特别致敬人物奖。获奖理由：10 年以来，他已经以个人名义为华宁县捐助总计将近 1000 万元人民币，用于修剪灌溉设施，路桥建设以及村民的住宅建设。褚时健对中华工商传统的传承和创新、对企业家社会责任感方面的示范。他也表示：将来，我自己对社会责任这点来讲，更加倍地来做社会福利方面的事，对社会有好处的事。可以说，曾经荣获过那么高荣誉的褚时健，如果没有生成"赚回面子"的思维，那么，也就不会有人生的"第二次创业"，当然也就不会再次获得荣誉，人生价值再一次得以展现出来。

如果你看过小说《平原烈火》（作者徐光耀）的话，你会读到这样一段故事情节：在武工队中的兄弟二人，在参加战斗之前，身为共产党员的哥哥嘱咐弟弟，要争取火线入党，弟弟问入党有什么好处，哥哥说："入党没有什么好处，吃苦要在别人前头，享受要在别人后头，犯了杀头的罪一样要掉脑袋。可入党就是光荣，光荣这东西看不见、摸不着，但穿上绸缎不如她漂亮，有千万担金银也不如她富有。"可以说，这段朴实无华的话语，生动地诠释了我们共产党员称号的含义。为什么入党比穿绸缎还漂亮、为什么比有千万担金银还富有？因为，她是你家族的荣耀、是你的荣耀，而非以财富所能衡量、所能类比的，所以智者倍加珍视，绝不失掉！

要知道，人生没有彩排，每一天都是现场直播。因而，你所要做的，就是必须演好每一场戏。作为企业家，褚时健再度获奖，使他的社会责任感，又一次得以示范、升华。对此，万科集团创始人王石不无感慨地说："他在曾经的辉煌中跌倒，但在跌倒后又一次创造神话，这就足够了。每个人都曾失败过，是一蹶不振还是再次站起来，褚时健这个最富争议的人物，给了人们一个答案。"应该说，这就是对褚时健在中华工商史上的公论了。而且，其意义不仅如此，即便在褚时健的家族史上，也会有重重的一笔，告诉子孙们，先祖曾经创造过辉煌，也跌过跟头；但悔过之后，又重新崛起、再度创造了荣誉！

演绎最好的一面，让生命之花最美绽放

不知你发现电视剧《我的团长我的团》里的一个场面没有，即抗日远征军面对日军的坦克、大炮，无所畏惧。当日军的坦克冲向远征军阵地之时，竟然出现了远征军挥舞大刀砍坦克、抱着炮筒当炮灰的现象，结果，远征军失掉了阵地，现场极其悲壮，惨不忍睹。

在对外战争中，中华民族不乏涌现出无数坚若磐石、视死如归的英雄人物。然而，直面残酷的战争，如果没有科学的思维、过硬的本领，岂能赢得胜利，创造荣誉。

何祥美，现任南京军区某旅八连连长。他先后被授予全军爱军精武标兵、荣获过第三届全国敬业奉献模范称号。他刚到部队时，仅有初中文化水平。2005 年，南京军区组成狙击手集训班，他有幸入选。训练中，他总是第一个端枪，最后一个放枪。凭着一股韧劲，他"硬啃下"了《射击学》、《终极狙击手》等专业书。他精通狙击步枪、匕首枪、微型冲锋枪等 8 种轻武器射击，在 200 米内指哪打哪，发发命中要害；同时，对手枪速射，他从拔枪、上膛到击发，仅需 0.58 秒，[25] 被誉为"中国王牌狙击手"。

他被选送到南昌陆军学院学习后，苦练英语，勤学电脑知识，钻研典型战例。当他怀里揣着国家计算机三级证书、英语四级证书和全优学员成绩单毕业归队时，已掌握某新型作战群指挥系统等 20 余种信息化装备操作，成为过得硬的信息化作战尖兵。

听说何祥美身怀绝技，国内某一民营企业家曾经找到他，允诺每月 8000 元薪金，再给一套 3 室 2 厅的住房，让何做他的私人保镖。比较起来，8000 元是何祥美月工资的 3 至 4 倍；3 室 2 厅的住房，更是他和家人的念想，但他毫不犹豫地谢绝邀请。因为，他深知虽然"山川大地锦绣一片……但还有豺狼虎视"！所以，这个百步穿杨的"兵中之王"，决然放弃！

也就是说，为了责任，你必须吃得起苦，在奉献中熔铸责任，在奉献中熔铸忠诚！何祥美具有这种正确的思维，所以践行着他的人生路，此为出彩人生的最好佐证。

实际上，一个人的脊梁不是骨头而是精神，一支军队的脊梁不是武器而是军魂；一个公司的脊梁不是资产而是愿景；一个学校的脊梁不是大楼而是校训（内化为魂，凝结为志）。很难想像，一个人没有崇尚荣誉的行动，怎么会创造事业成功的业绩？

笔者记得去年第 10 期的《读者》结束语中，有这样一段话："漫漫人生路，谁没有陷入黑暗的时候？当整个世界都来否定你，你能否像伦勃朗（欧洲最伟大画家）一样死死地坚守住自己的信念走下去？你能否像伦勃朗那样，让自己最终活成一句诗：但愿我能化作夜，而我却是光……"[26] 读来，寓意深邃，颇受启发。

中年的伦勃朗，遭遇了生活的不幸和折磨，促使他更深刻地去观察社会，随之艺术创作也进入了深化阶段。这期间，儿子的去世使他悲痛万分，而画作《夜巡》的问世，又不被人所理解。其实，此画所描绘的是白天队长与副队长（画面中间两位人物）的景象，因光线昏暗而被误认为是描绘夜间。此作品虽然独辟蹊径，绘出了活泼、富有生气的动人场面，但开始并不被订画者所接收，结果酿成僵局。

伦勃朗的其他作品，也像《夜巡》一样含蓄地描绘画面上的主要人物，因而，并不受到上层社会人士的欢迎，生活愈加困难。晚年的伦勃朗，生活上仍无改观，家产被拍卖，油画作品买主不多。这个时期，他最著名的作品是《西菲利斯的密谋》、《呢商同业公会理事》等肖像。事实上，家庭的不幸和其他方面的磨难并未摧毁倔强的伦勃朗，他仍然坚守着自己的艺术主张和创作方法，直至逝世前还画出了《浪子回头》、《扫罗与大卫》等传世名画。

事实表明，伦勃朗真的活成了"光"，人们将他称为"文明的先知"，予以永远缅怀和纪念。这份"光"的殊荣，可以说胜过奖杯或奖金。

而要在职场中脱颖而出、演绎最好的一面，就要懂得展示自己。艾布纳·希伯尔是一位英国企业老总，他第一次来中国演讲（备有翻译）。演讲开始后，报告厅里只有希伯尔一个人的声音在回荡，大家听得都很认真，偶尔有热烈的掌声响起。这样的场景，希伯尔觉得很奇怪，因为在自己的国家这样演讲，听报告的人早就站起来对自己提问、质疑或争辩了，气氛非常活跃。而现在，却没有第二个人附和或反应，难道是自己的演讲很糟糕吗？

当演讲结束时，希伯尔终于忍不住了，向大家提出了一个问题。但令他失望的是，许久没有一个人站起来回答，这时的希伯尔，打定了一个主意：即只要谁敢站起来回答我刚才提出的问题，不管他回答得正确与否，我都会为他提供一个到英国深造的机会。这时，闵申毅站了起来，说出了自己对提问的理解答案。希伯尔为他鼓掌，一起听报告的同事们还以为小闵回答得正确呢，所以得到了希伯尔的认可，其实，出乎意料的是，小闵的答案是错的。

虽然如此，希伯尔仍然表态：你的回答为你赢得了一次去英国深造的机会！希伯尔话音刚落，全场哗然，之因，大家都后悔了！心想：早知道有这般天大的好事儿，我就站起来了，而且我的答案还是正确的，大好机会错过喽！有的人还下意识地敲打座椅、拍大腿……

最后，希伯尔送给大家一句话："在今天，沉默并不是金，而是失掉机会。而失掉机会，是多么令人遗憾啊！"因为，在人才济济、竞争日益激烈的情况下，机会不会无缘无故来到你的面前。如果你不想失掉机会，就别失掉适当地表现自己的机会。可见，展示出自己优秀的一面是多么重要！

总之，在人生舞台上，只有你自己时刻精彩地舞动着，这样舞台的灯光才会为你而亮，才能博得台下的阵阵掌声。无论你的人生有多么苦、多么难，但序幕一拉开，你就不可怯场，把自己最好的一面演绎出来，让你的生命之花最美绽放。

须知，在惊天动地的事业中，我们当然可以建立功勋；但也应建树起另一种思维，那就是，在默默无闻的平凡岗位上，我们同样可以创造荣誉。这是因为，历史上，英雄莫不出自于平凡，荣誉无不来自于岗位。

注 解

[1] 《死也不倒下》，百度百科，2015 年 6 月 18 日。

[2] 《叶甲友：我的同学汪金权》，湖北教育信息网，2010 年 10 月 12 日。

[3] 《维护做人的尊严》，《21 世纪教育》2011 年 5 月 30 日。

[4] 刘亚洲：《精神——纪念抗日战争胜利 70 周年》，《参考消息》2015 年 7 月 1 日。

[5] 桔花：《陈毅妙语化矛盾》，《文史春秋》2010 年第 1 期。

[6] 倪光辉：《吴孟超：一个九旬老人还可以做些什么》，《人民日报》2016 年 6 月 3 日。

[7] 倪光辉：《九旬老医生坚守手术台：为人民服务是我的信仰》，《人民日报》2016 年 6 月 3 日。

[8] 肖源：《吴孟超：肝胆两相照，不老柳叶刀》，央广网（北京），2016 年 6 月 2 日。

[9] 《吴孟超：95 岁仍站在手术台边的外科医生》，央视网，2017 年 6 月 1 日。

[10] 蔡琳琳：《19 次递交申请终圆入党梦》，《中国青年报》2016 年 6 月 3 日。

[11] 水一方：《虚掩的门全集》，京华出版社 2006 年版，第 68 页。

[12] 陈云：《随军西行见闻录》，《红旗杂志》1985 年第 1 期。

[13] 张晓兰：《陈毅："手莫伸，伸手必被捉"》，《党史文汇》2013 年第 5 期。

[14] 《康克清回忆录》，解放军出版社 1993 年版，第 283 页。

[15] 丛莲：《"孝心"是一次"考试"》，《泉州晚报》2015 年 8 月 3 日。

[16] 许健楠、陈怡：《从没离开母亲这么远、这么久》，金华新闻网，2013 年 2 月 20 日。

[17] 《检察日报》2013 年 6 月 25 日。

[18] 《四川省交通厅原厅长刘中山贪污受贿一审被判处死缓》，新华社，2000 年 9 月 11 日。

[19] 徐政龙：《简论贪官的荣誉贪欲》，共识网，2013 年 11 月 27 日。

[20] 毛一竹：《广东省中山市原市长李启红被判刑 11 年》，中国共产党新闻网，2011 年 10 月 27 日。

[21] 《中山被查女市长曾高调当选"十大品牌市长"》，《西安晚报》2010 年 6 月 1 日。

[22] 《用生命铸就荣誉》，百度文库，2012 年 12 月 16 日。

[23] 杨锦麟、刘芳：《褚时健：那些不为人知的细节》，网易财经，2011 年 3 月 8 日。

[24] 百度百科，2018 年 1 月 6 日。

[25] 赵琐：《兵王传奇》，《北京晚报》2015 年 6 月 20 日。

[26] 张毅静：《暗》，《读者》2015 年第 10 期。

CHAPTER 4

第 四 章

换一种思维，让人坚韧自信了

"大禹理百川"，激励后来人

对于大禹治水的伟大崇高精神，先秦著作《尸子》曾云："禹之劳，十年不窥其家，手不爪（手上生不出指甲），胫（小腿）不生毛，生偏枯（半身不遂）之病，步不相过，人曰禹步"。禹步，是说，大禹治水多年后得了跛足病，走路时，只能一足先行后拖行一足。

当年，大诗人李白游览黄河时，遥想大禹治水的不朽业绩，赞颂其坚韧品格和无私奉献的精神，写下了"大禹理百川，儿啼不窥家，杀湍堙洪水，九洲始蚕麻"的诗句。意即，大禹为治理泛滥百川的洪水，不顾幼儿啼哭，毅然别家出走。在治水的日子里，他三过家门而不入，一心勤劳为公，这才治住了洪水，使天下人民恢复了男耕女织的太平生活。

大禹坚韧不拔的精神文化，铸造了中华民族的"民族魂"。它似如"冬天里的一把火"，将困难彻底燃尽。这种精神文化，潜移默化地影响和激励着后来人。例如，马克思主义理论家和翻译家的吴亮平，就具有这种坚韧不拔的品质，所以在生活极其艰苦的环境中，冒着酷暑，不畏艰难，首次把晦涩难懂的《反杜林论》翻译成中文出版。为此，毛泽东赞扬他"功盖群儒，其功劳不下于大禹治水。"[1] 倡导学习、弘扬大禹坚韧不拔的精神。

毛泽东不仅倡导学习、弘扬大禹坚韧不拔的精神，而且能够率先垂范。大革命失败后，他领导在井冈山创建革命根据地时，由于国民党反动派的封锁，加之根据地人口少，产粮少，部队的生活非常艰苦。因此，红军战士吃的是红米饭、南瓜汤，甚至吃的还不如这个，当时有的战士就说，咱们吃得这么差，你看毛委员吃的肯定是鸡和肉，和我们吃得不一样。时任红四军组织干事的曾志同志，当听到此种议论后，曾两次突然闯进毛泽东的家里，随即掀开他家的锅盖，看看他吃的是什么，一看，吃的和战士们是一样的，结果回去就没话可说了，提疑问的战士也解除了心疑。其实，当时毛泽东在给中央的信中已如实表明："好在苦惯了。而且什么人都一样苦，从军长到伙夫，除粮食外一律吃五分钱的伙食……因此士兵也不怨恨什么人。"[2] 都"一样苦"、也"不怨恨"，十分利于共克时艰、创建革命根据地。

1928 年入冬，井冈山上已经降了雪。为了解决急迫的指战员棉衣问题，毛泽东带着队伍下山打游击。但由于对地形和敌情不明，部队到了大汾后就遭到反动武装袭击，在仓促撤退中部队很混乱，许多人跑散了。一清点，随毛泽东撤到黄坳的指战员仅有 30 多人，炊事担子也跑丢了，于是，几个战士从老百姓家里找来一些剩饭，没有碗筷，毛泽东和大家用手抓饭吃。战士们愁眉苦脸的，散坐于四处，士气可想而知，部队面临着解体的危险。这时，毛泽东毅然站起身来，朝中间空地迈了几步，立正姿势双足并拢，身体笔挺地大声喊道："现在来站队！我站第一名，请曾（曾士峨）连长喊口令！"[3] 战士们见毛泽东如此振作，也就都鼓起了劲头站队，向毛泽东看齐。不久，这支小队又会集起大队人马，又继续投入战斗了。

坚定的信念、克服困难的勇气，促使暂时弱小的红军，也逐步发展壮大起来。这其中，领导者率先垂范的作用尤为重要，即"船载千斤，掌舵一人"！

抗日战争进入相持阶段后，毛泽东在抗日军政大学演讲中，仍然坚守大禹坚忍不拔和无私奉献精神，他说："我们是长期战争，总归要打下去，一直到胡子白了，于是把枪交给儿子，儿子的胡子又白了，再把枪交给孙子，孙子再交给孙子的儿子，再交给孙子的孙子，日本帝国主义倒不倒？不倒也差不多了。"[4] 这种抗战"接力赛"，必定夺取最后的胜利。

当 1949 年五星红旗在天安门广场升起时，美国驻华大使司徒雷登感叹道："中国共产党之所以成功，在很大程度上是由于其成员对她的事业抱有无私的献身精神。"实际上，这种"无私的献身精神"，源于中国优秀的传统文化、尤其是大禹坚韧不拔的精神。

对于个人，传承大禹坚韧不拔的精神，也是大有人在的、也是催人奋进的。

1987 年，常法军在黑龙江省邮电学校中专毕业后，组织上分配他到绥芬河市邮电局从事通信技术工作。但他不满足已有的中专文凭，于是，他又自考了计算机专业，取得了大专文凭，成为该市联通公司的通信工程师。但没有本科文凭的他，心里一直有个未圆的大学梦。虽然 50 岁了，但他仍想考大学。对此，妻子说："万一你考不上，在同事朋友那里不是闹出笑话吗?"这时，同事、朋友堆里也有的说："老常脑子里进水了……"可这些议论，并没能动摇他考大学的决心。为系统复习考试课程，常法军来到当地一所高中，做了半年的插班生。

高考复习过程中，他所要克服的主要困难：一方面，是现今的高中教材与他学生时代的教材，已经完全不一样了，要重新学；另一方面，就是在记忆力上，自然不如年轻的时候了，很多知识背完就忘了，所以只能反复地记忆。在他高考复习的4年里，他几乎每天早上5点多就得起床，背诵英文单词就得用上9个多小时，晚上将近12点才能去睡觉。他参加第一年高考时，可真的"烤糊"了，简直是一塌糊涂！但他并没有灰心、没有放弃；他参加第二年高考时，考试成绩比上年好多了，但距高考线仍差一点；他参加第三年高考时，实际上等于考上了，有的学校录取他，但却不遂他的心愿，思来想去，最后还是放弃了。

这是因为，常法军所要考的大学，是海事类大学，他说过："大海那么宽阔，我们为什么不去看看呢?!""只要心里有梦，什么时候开始都不算晚。"为实现这一夙愿，他会不遗余力的。

2015年6月，常法军参加第四年的高考，终于以超过一本分数线的好成绩，被上海海事大学（多科性大学）商船学院航海技术专业录取。他后来回忆："7月20日，当学校的录取通知书送到我们单位时，我拿着红色的录取通知书激动不已。"喜讯传来，他爱人为老公能考上大学深感自豪，女儿很佩服老爸这种活到老学到老的精神，同事朋友们也都为他能考上这么好的大学，纷纷竖起了大拇指。

2015年9月14日，在上海海事大学新生开学典礼上，校长黄有方表示，全体师生为常法军同学的这种坚韧不拔、励志奋斗的精神所感动。[5]
大学四年，对常法军来说，同样充满着挑战。但他那愈挫愈奋、坚韧不拔
的精神，一定会克服来自各方面的困难。他的人生愿景，就是"圆满完成
四年大学学业，毕业后争取上船做几年海员，到世界各地去看一看"。

大禹坚韧不拔和无私奉献的精神文化，是"我们国家和民族的精神
血脉"，我们"既要薪火相传、代代守护，也要与时俱进、推陈出新。"[6]
一个人如果没有坚忍不拔的志气，就不会有奋发向上的斗志，也成不了一
个有成就、有作为的人。

只有改变你自己，才能改变属于你的世界

《古兰经》上曾有个故事，说的是，有一位大师，几十年练就一身"移山大法"。其实，世界上哪有什么移山之术，唯一能移山之法，即：山不过来，我就过去。……山委实移不动，"愚公移山"哪是神话传说，但做事坚持不懈、调整思维，就会有令你所愿之事发生。

一天夜里，一场雷电引发的山火，烧毁了尤为美丽的纳尔顿庄园。这场突如其来的灾难，使农场的主人沃德·海纳堡，陷入了一筹莫展、不能自拔的境地……

转眼之间，一个月过去了，已到古稀之年的祖母，目睹海纳堡仍处在悲痛之中，不能解脱，便对他说："海纳堡，庄园成了废墟，这并不可怕，可怕的是，你的眼睛已失去了昔日的光泽，日复一日地老去。你想，一双已老去的眼睛，怎么能看得见希望？孩子，快快振作起来吧！"无疑，海纳堡所处的境遇和精神状态，使老祖母非常担心。

第二天，在祖母的劝说下，海纳堡决定到外面走走，也好散散心。当他走到一条街道的拐弯处时，发现一家店铺的门前，人头攒动，好不热

闹！再往前走，他完全看清楚了，是一群家庭妇女在排队，购买生活所用的木炭。这时，海纳堡看得眼睛发亮了，即他从躺在纸箱里的一块又一块的木炭中，看到了一线希望，非常兴奋，于是，他急忙跑回了家。

接下来，在半个月的时间里，海纳堡雇了几名烧炭工，把他原来庄园烧焦的树木，都加工成了优质的木炭，然后送到集市上的木炭经销店，由该店出售给家庭主妇们。结果，海纳堡送去的木炭，很快就被家庭主妇们抢购一空。此次出售的木炭，使他得到了一笔不菲的收入。然后，海纳堡又用这笔收入，采购了一大批树苗，一个新的庄园就初具规模了。几年以后，纳尔顿庄园，又再度绿意盎然，生机勃勃了。

所以，当你每天晚上临睡之前，就应该问问自己和早上有何不同？今天和昨天有何不同？经过这么一番对比分析后，当你的质地变得卓尔不群的时候，你还愁没有华丽转身的机会吗？

方靖玮大学读书时，可以称得上是"学霸"。毕业时，赶上最后一届包分配政策。没想到，她被分配到一个效益很差的国企。即便如此，半年后也被拆下岗了。因单位老人都不是善茬子，只好拿新来的开刀。但此时的小方，思维已经转变了，想得开了，所以她决不做任何滞留下来的争取。她说："那种半死不活的单位，早点离开也不一定是啥坏事儿。"不到一个月，小方就在一家民企找到了新的工作，并凭着优秀的表现很快脱颖而出，成为公司骨干，自己还买了车。工作之余，小方在同学、朋友圈秀自己在单位散步的照片。她的大学同学刘晓晔见到她的照片后，一查，发现那是一家待遇非常好的上市公司。

于是，刘晓晔赶紧给方靖玮挂电话，以探明自己的"发现"。小方说：

"嗯，来了两个多月了，担任财务总监，干得挺舒心的。"小刘又问："听说你在原单位太优秀、受排挤，是不是因为这个离开的？"小方不屑地说："我从不掺和他们中的那些烂事，只把时间用来提升自己上了。"其实，这些年小方无论工作多忙，都不忘给自己充电。别人闲聊时，她在读书；别人休息时，她在参加培训学习；别人看电视时，她在写东西；别人内斗时，她马上就躲开。她先后报了几个培训班，经常是手不离书，每天忙得不亦乐乎。正因为用知识不断丰富自己，思维能力随之提升，也就保持了随时离开的资本，走上积极向上的人生之路。

丰富的文化滋养，良好的思维方式，对于你走出困境、稳步发展，应有独特的作用。你欲想成功，就应该先沉淀；你欲想出头，就应该先埋头；你欲想得到收获，就应该付出辛劳。

陆麟奇大学毕业后，在就业问题上，连连碰壁，陷入伤心而绝望的状态，感叹没有遇到伯乐来赏识他这匹"千里马"！一天，他来到大海边，打算就此了却生命。当他正要走进大海时，被一位从附近走过的老人救了。老人自然问他为什么要走绝路，他说没有人欣赏、重用他。即时，老人从脚下的沙滩上捡起一粒沙子，让他看过，随之扔在了地上，对他说："请你把我刚才扔在地上的那粒沙子捡起来。"他说："一粒沙子太轻，我根本不可能捡得起来。"随即，老人又从自己的兜里掏出一颗珍珠，也是随便地扔在了地上，然后对他说："那么，你能不能把这颗珍珠捡起来呢？"他说："当然能捡得起来！"老人说："你应该知道，现在你自己还不是一颗珍珠，所以你不能苛求别人立即承认你、重用你。如果要别人承认，那你就要想办法使自己成为一颗珍珠才行。"你有了本领，还担心不被重用吗？老人这番充满哲理的话，使陆麟奇低下了头，一时无语。

所以，你要卓尔不群，就要有鹤立鸡群的资本才行。而要使自己卓然出众，那就要努力、再努力，使自己成为一颗珍珠，到那时，你就不愁别人不承认、不重用了！

今天，当你走进中国台湾麦当劳餐馆时，能想到它的创建者吗？他就是现任贝拉吉奥餐饮控股集团董事长的韩定国。论资历，他在中国台湾市场，被认为是速食业的教父、国际商业领袖。然而，你哪里想得到，他入麦当劳公司是从清洗厕所开始的！

20世纪70年代初，美国麦当劳总公司看好了中国台湾市场。所以，入中国台湾岛之前，他们需要在当地培训一批高层干部。准备就绪后，该公司便开始了公开"海选"。经过一番筛选，一个叫韩定国的某公司经理脱颖而出。接下来，尚需进行最后的面试环节，在麦当劳总裁和韩定国夫妇谈话中问道："如果我们要你先去洗厕所，你会愿意吗？"韩定国还没回答，站在一旁的韩太太便答道："我们家的厕所一向都是由他洗的。"于是，总裁当场拍板，录用了韩定国。后来，韩定国才知道，该公司训练员工的第一堂课，就是从洗厕所开始的。韩定国后来所以能成为知名的企业家，就是因为一开始就能从不起眼的工作做起，即干那令人瞧不起的脏活——洗厕所。

从韩定国所形成的思维来看，人生"低就"未必"低人一等"，所以他甘愿去洗厕所，从不起眼的工作起步，而且不辞辛苦地去做好。如果干什么都挑三拣四的，那你就可能永远是真正的"低人一等"了。后来，韩定国业绩突出，荣获过中国台湾十大杰出青年、杰出企业经理等奖项。再后来，他加入了中国百胜餐饮集团，使肯德基在中国的连锁店，从 100 家暴增至 1000 家。在现实社会里，你会发现，那些趾高气扬的人，的确不少；但有资质趾高气扬却不傲慢的人，可谓凤毛麟角。显然，韩定国当属后者，很值得我们去效法！

山移不动，这是客观困难，但只要你有坚忍不拔之志，只有改变你自己，才能最终改变属于你的世界。有了这种思维，迟早你会脱颖而出、获得成功的。

不要让抱怨缠绕着你，一波三折也能崛起！

当今，为数不少的人(尤其是青年人)，因工作和生活不顺，被"抱怨"长时缠绕着。既然我们都明白"人生不如意事十之八九"，那么，为什么还要苛求人生的"一路顺风"呢？须知，生命的价值取决于我们自身，除了自己，没人能让我们贬值，所以"抱怨不如改变"。应该相信，只要自己"心若在梦就在"，发奋打拼，闯过难关，皆有可能成功！

苏秦(外交家)东周洛阳人，早年到齐国求学，拜鬼谷子为师。学成后，外出游历多年，资用匮乏，穷困潦倒，狼狈归家。因此，家人都私下讥笑他不治生产而逞口舌之利，舍本逐末，一片冷落气氛。见此，苏秦叹曰："妻不以为夫，嫂不以我为叔，父母不以我为子！"

窝在家里，苏秦甚感惭愧，思绪万千，于是找到太公《阴符》，伏案钻研。当读书欲睡时，引锥自刺其股，血流至足(用针刺腿，血流到脚跟)。一年后，苏秦悉心探求出合纵连横之术，认为凭此能游说当世君王。随后，苏秦遂游说列国，主张合纵韩、魏、齐、楚、燕、赵六国联合起来，达成合纵联盟，团结一致。苏秦被任命为合纵联盟长，并担任了六国的国相，同时佩戴六国相印，名震天下。合纵（纵向联合）成功后，苏秦自楚北上，向赵王复命。因为，赵肃侯采纳了他的"合纵"主张，资助他去游说各诸侯国加盟，以订立合纵盟约。途经洛阳，车马行李、各诸侯送行的使者很多，气派堪比帝王。用当今的话说，叫做苏秦重新崛起了！

从中可见，使苏秦摆脱困境的，则是他的思维转变了，生成了自强不息、改变现状的勇气。苏秦发达后，他的兄弟、妻子、嫂子却另眼看待他了，都很恭敬地服侍他的饮食起居。苏秦笑着对嫂子说："你以前为什么对我那么傲慢，现在却对我这么恭顺呢？"他的嫂子伏俯在地上，脸贴着地面请罪说："因为我看到小叔您地位显贵，钱财多啊。"你看，她的脸变得多快！

对此，苏秦叹道："同样是我这个人，富贵了，亲戚就敬畏我；贫贱时，就轻视我。何况一般人呢！"当然，苏秦属心地善良之人，并没有因家人以前对他冷漠而仇视他们，仍念亲情。

从辩证思维出发，你就会认识到，人生路上，难免会经受挫折、失败，难免要"承受苦难"的考验。

在人类电讯史上，菲尔德是架设海底电缆的创始人。他决定的计划是：从爱尔兰通到纽芬兰之间的海底电缆（通信之用），长度达到数千海里，电缆的外径达到 100mm 以上，是当时世界技术难度最大的电缆。为此，他把自己公司所有的财产都拿了出来，投资在开发此项计划上。但在国会议题讨论中，他受到过不少议员的质疑和反对，最后终于获得国会议员过半数通过支持，这使他的海底电缆计划得以实施。

毫无疑问，铺设海底电缆是一项前所未有的工程，因而在第一次架设的时候，就因为电缆在海里无法铺设超过 5 公里而失败。实施计划过程中，来自各个方面的困阻，他都一一地解决掉了，终于在 1858 年完成了世界上第一条海底电缆的铺设。为此，英国女王通过海底电缆向美国总统发去了贺电。纽约鸣炮 100 响，全城张灯结彩，非常壮观。但好景不长，几个星期后大西洋电缆信号就日渐微弱以至中断了。顿时，世界舆论大哗，菲尔德一夜之间也就从英雄变成了"骗子"，对此舆论，他只能保持沉默，并说："我的电缆没有死，她只是睡了。"菲尔德初心、初志没变。这种思维，真的太可贵了！

为了海底电缆工程，菲尔德仍然到处游说，狂讲"海底电缆"的作用，以说服投资人，筹集资金，打算最后一搏。结果，争得到了某些公司的支持。但是，当海底电缆铺到 2400 英里的地方时，电缆又断了，一切的努力又付诸东流了，损失金额超过 600 万美元。

菲尔德有一颗对海底电缆工程异常执着的心。正因如此，1866 年 7 月 27 日，最后跨越大西洋的海底电缆开通了，从此实现了"欧美大陆一线牵"。第一个透过海底电缆传来的消息是："感谢上帝，电缆铺好了，运行正常。菲尔德。"[7] 在随后举行的巴黎世博会上，展出了大西洋海底电缆标本、设施、制造工艺，以及铺设全过程。当评委会把金奖授予"大西洋电缆之父"菲尔德时，全场爆发出雷鸣般的掌声！当然，他 13 年愈挫愈奋的传奇事迹，也在世博会上广为传诵。

当最后成功的时刻，菲尔德钻进了自己的船舱里，放声号啕大哭起来。之因，他为此工程曾 4 年没有回家，先后跨越大西洋 30 多次。英国著名科幻作家、也是著名的科学家阿瑟·克拉克则称："大西洋海底电缆工程不亚于将人送上月球工程"。

须知，谁若奢望那一马平川的人生，便是不切合实际的思维定式。所以，不必为失败而萎靡不振，因为那是暂时的不成功；更不应为成功而傲气冲天，因为那是失败的前奏抑或铺垫。直面失败，正确的思维应该是：放平心态，失败了，也不过是"从头再来"，没什么了不起的！

赶在"文化大革命"时期，童昆冠只读了两年初中，就回家帮父亲种田了。18岁时，他父亲生病去世了，养家糊口的担子都压在了他的肩上。而且，母亲身体不好、奶奶瘫痪在床，这些也都需要他来照顾，一一打理。

党的十一届三中全会后，国家实行改革开放政策，农村的农田可以承包到户。

童昆冠把一块水洼（低凹积水处）挖成了池塘，打算养鱼过活、也想走上致富之路。但听信了乡里干部的劝告："水田不能养鱼，只能种庄稼。"无奈，他就把水塘填平了。年轻人没有经验，轻信了别人的话，从此，这事儿却成了人们茶余饭后的一个笑料……

想养鱼，让乡干部一句话给拆了，那就养鸡吧。于是，他就向亲戚借了600元钱，做起了养鸡生意。然而，一场大洪水过后，村子里流行起了鸡瘟，也就十几天的工夫，他家的鸡全都死掉了。那年月，600元钱可不是一个小数目！母亲经不起这一刺激，忧郁而死。

后来，童昆冠也做过小本生意，结果都没有赚到钱。

就这么年复一年的，童昆冠已经35岁了，还没有娶妻生子呢，即便是离异的女人，一听说是他人家也不同意。之因，他只有一间土屋，说不定哪场大雨，就会把小土屋毁掉！

即便如此，童昆冠还是不死心，总想再搏一搏的思维仍在发酵。接下来，就是他四处借钱，凑来凑去，买了一台手扶拖拉机，跑起了村际、乡际之间的小型运输。哪承想，上路不到两个月，一个雨天，一不小心连人带车翻到河里。一条腿被砸伤，从此成了瘸子。而那台手扶拖拉机，由村里的人帮他捞了上来，一看已经支离破碎，他只能拆开它，当作废铁卖掉了。

童昆冠折腾这些年的结果，令许多人都很失望，认为他的这一辈子就算完结！

但后来，他却成了某市里的一家公司的总经理，手里掌握有 3 亿多元的资产。由于媒体的采访、传播，现在许多人都知道他那苦难的过去、富有传奇色彩的创业经历。

这几年，童昆冠在与媒体打交道过程中，尤其与某市晚报的策划编辑鞠守曦，混得熟了起来。有一次，他俩闲聊，鞠守曦直截了当地问他："在那苦难的日子里，你凭什么一次又一次毫不退缩？真的做到了百折不挠，终获成功？"

此时，很惬意的童昆冠，端坐在宽大豪华的老板台后面，喝完了手里的一杯茶水。

然后，他把玻璃杯子握在手里，反问鞠守曦："如果我松手，这只杯子会怎么样？"

鞠守曦毫不迟疑地说："摔在地上，当然就碎了！"

紧接着，童昆冠说："实践是检验真理的唯一标准。那我们就试一试吧。"说罢，童昆冠手一松，杯子掉到了地上，随之发出清脆的声音，但与鞠守曦对此所料相悖，即杯子并没有破碎，而是完好无损。

童昆冠说："即使有 10 个人在场，他们都会认为这只杯子必碎无疑。但是，这只杯子不是普通的玻璃杯，而是用玻璃钢制作的，所以掉到地上也不会破碎的。"

鞠守曦与童昆冠的这段经典而又绝妙的对话，委实充满着哲理，即让人们以新的思维视角，去认识和处理任何事务，从中使人受到启悟，摆脱迷茫，成为智者。可以说，像童昆冠这样的人，即使只有一口气，他也会竭力去拉住成功的手……

写到此，笔者记得陈涛作词的《从头再来》里，有这样的歌词："……心若在梦就在……看成败人生豪迈，大不了从头再来"，听起来比较煽情，能够激发人重新振作起来。如此说来，苏秦、菲尔德、童昆冠的人生创业路，不就这么经历坎坷、砥砺前行的吗?

细琢磨起来，其实人生经历失败，不一定就是什么坏事。因为，失败犹如自然界的风雨，它会使你在风雨中练就强健的体魄，磨炼你坚强的意志，不惧困阻;因为，失败犹如攀爬中的绳索，你若坚强可以借助它勇攀高峰，实现梦想;还因为，失败又像生活中的一面镜子，对照起来，可以使你从中找出自身不足，来弥补自己的缺陷。

传统的俗语是"列车跑得快，全靠车头带!"即便如此，最快也就是每小时 100 多公里。而当今的列车，则是动车组，每个车厢都能产生动力，所以时速越来越快。2017 年 9 月 21 日，全国铁路已经实施新的列车运行图，也就在这天，"复兴号"动车组在京沪高铁率先实现 350 公里时速运营，我国已成为世界上高铁商业运营速度最快的国家。因而，我们必须摈弃"等着车头带"的传统思维，充分发挥主观能动性（如动车组一般），"少一些抱怨、多一些行动"，在为社会发展增添动力的同时，也要演绎出精彩的人生篇章！

"做事情的方法可以变，但是目标不能变"

人生，对于那些有志于成功者，一定要为自己设定一个可以追逐的目标，并为此而不懈地努力。玛丽·居里，世称居里夫人，她为了提取纯镭，以便测定出镭的原子量，向科学界证实镭的存在，她经常在极其简陋的棚屋里，用铁条搅动着冶锅，从如小山一般的沥青矿废渣中，非常耐心地寻觅着镭的踪迹。尽管实验条件极其艰苦，但她心里却充满了自信。她对友人说："我们应该有恒心，尤其要有自信心！我们必须相信我们的天赋是用来做某种事情的，无论代价多大，这种事情必须做到。"结果，目标明确、不惧艰辛的她，终于在 1898 年宣布发现了放射性元素镭（从沥青铀矿中发现的）。1903 年，他获得了诺贝尔物理学奖，1911 年因发现元素钋和镭又获得诺贝尔化学奖，成为世界史上第一个两获诺贝尔奖的人。在她的指导下，人类第一次将放射性同位素用于治疗癌症。

如果一个人丧失了自信和目标，乃是最为致命的陷阱、最大的憾事。而这事，又怨不着别人，因为它是你亲手设计、挖掘的。

1952 年 7 月 4 日清晨，美国西部的加利福尼亚海岸上，笼罩在浓雾之中。就在海岸以西的 21 英里的卡塔林纳岛上，34 岁的费罗伦丝·柯德威克准备涉水，进入太平洋。如果这次成功了，她就是第一个游过这个海峡的妇女。当时，因雾很大，她连护送她的船都几乎看不到。涉水后，她向加州的海岸游去。15 个小时后，柯德威克被冰冷的海水冻得浑身发麻。这时，她知道自己不能再游了，就叫人拉她上了船。坐在另一只船上的教练，告诉她海岸很近了，让她不要放弃，再坚持一下。但柯德威克朝加州海岸望去，除了浓雾，她什么也看不到。就这样，几十分钟后，人们把她拉上了船。而实际上，拉她上船的地点，距离终点仅有半英里！当别人告诉她这一实况后，从寒冷中复苏的柯德威克很沮丧，低头不语。

于是，柯德威克告诉记者，真正令她半途而废的不是疲劳，也不是寒冷，而是因为在浓雾中看不到目标，自己已处于迷茫的状态！

然而，令教练等人欣慰的是，柯德威克并没有气馁，两个月后，她再次决定横渡这个海峡。但这次她有了全新的挑战思维方式，这就是：把整个过程分成 8 个小阶段，分别设置了标志物。每到了一个标志物，她就会告诉自己，我已经完成多少了，还剩下的距离有多远。这样规划，既减少了自己的压力，又增加了自己的成就感。最后，柯德威克顺利地完成了她横渡海峡的壮举，终于实现了"第一个游过这个海峡的妇女"的夙愿！

2016 年里约奥运会，郎平任主教练的中国女排，目标是夺冠，但她的管理思维方式和方法，却另有所长。如赛前，当记者采访她时，她说："今天我跟队员们说，不要想太多，把我们的技术水平、精神状态打出来。不要后悔，比赛的什么结果我们都能接受。"你看，于大战在即的态势下，她没有一句给队员施压的话。而此时，为数不少的国内外教练们，已经稳不住神了，一再向运动员"发号施令"、"奖罚许愿"，乃至赛势不顺时，指斥队员……

而郎平对中国女排团队的管理，其思维方式和方法上，则是注重人文管理、人文关怀。

事实上，人情味和生活情趣系为人文管理的基础因素。据郎平的20年好友沈红文回忆："见到郎导感觉非常平易近人，而且特别有亲和力，说话也十分幽默。更让我想不到的是，球场上霸气十足的郎导还是个特别爱打扮的女生，苗条的身材和令人羡慕的大长腿，穿什么都好看。那次我给郎导选了好几件漂亮衣服，她试穿以后开心得像个小女生，还学模特走猫步呢！"2016年，出发里约奥运前，郎平特地理了个头发，修了下指甲，化了个妆。这时，央视记者梁迈开玩笑地说："你这还捯饬（指整理、收整）一下？"郎平回应，"那是必须的！"加之，她的美国留学、取得硕士学位的背景，使其人文管理素养尤显丰满。

因为，在郎平的思维方式里，认为战胜任何劲旅的决定因素是人，如果人文管理、人文关怀跟上了，运动员在赛场上定会"不用扬鞭自奋蹄"！所以，她尊重队员们的个性价值，废除了以往严苛的"魔鬼训练"法则，不过分地追求队员成绩，让队员年年有提高。即如她说的："我对待她们犹如对自己的女儿。我重视沟通……她们已是成年人，不用刻意去管，要她们自律"。也因此，女排姑娘们与她相处得十分融洽。如2015年郎平率领中国队重夺女排世界杯冠军，当天晚上，女排姑娘们高兴得彻夜难眠，而郎平呢，却准备踏实地睡上一觉。然而，队员们却前来敲门索要她的签名，让郎平哭笑不得，连叹"我说：哎哟，又不是即将分别了，明天再签，让我睡一会儿。你们年轻，不睡没关系，我这老太太整届大赛下来睡得很少，比赛结束想休息还被捣乱……"彼此关系宽松，与家相较，别无两样。

2013 年年初，52 岁的郎平起航挂帅时，中国女排还处在低潮期。因而，她做梦都是在排兵布阵，演练战术。为强化这支队伍，她连续增补新人，按序为朱婷、袁心玥、张常宁、龚翔宇，为中国女排的腾飞插上了翅膀。对女排队员，她绝对是"严中有爱"，业务上是队员技术指导，生活管理上如同母亲一般。女排队员朱婷身高 195cm，但长得比较纤细，她就从美国给朱婷买来了大袋蛋白粉，让她拿回河南打联赛时喝，帮她增加体重和肌肉。不仅如此，还给她买了大号紧身衣，说她腿太长在国内不好买到大号的。现在，朱婷已成长为世界一流主攻手。2016 年，她以最高分25 分获得里约奥运会女排 MVP（最佳球员奖）称号。

2013 年，郎平一上任，就把队长袖标交到了惠若琪手里，她感到教练的信任、无上光荣。她说："郎导让我又喜欢又佩服，我发自内心地想亲近她，愿意跟她交流，她说的话让人信服。"[8] 2015 年，惠若琪心脏不适去医院诊治，郎平急得嘴唇上起了个大泡，跟医生和领导讨论她的治疗。惠若琪听说后，给郎平发来微信："郎导，如果您需要，我随时待命……不论在哪里都与你们一起奋斗。"郎平说，"多好的孩子！"郎平对队员们的关怀就像一个母亲对孩子一样，惠若琪说过："她（郎平）对我们特别关心，而且她一般都管我们叫孩子。刚开始的时候，她提醒我们摸了一上午球，吃饭之前要洗手，那口气太像我妈了！"为里约奥运夺冠，当惠若琪扣死最后 1 分时，她的球衣已全湿了，激动得不得了。见此，郎平特意嘱咐她："注意身体，不要太激动。"颁奖时，惠若琪作为中国女排的队长，站上了奥运会最高领奖台上。

在制度建设方面，郎平一上任，就主张运动保护、康复调节，强调从根本上提高运动员的自我保护意识。在训练方法上，摒弃了以往的陈旧模式，对女队员的生活、伤病、假期等都给予关注，并请来美国专业康复师，同时根据每个运动员的身体情况而制订相应的训练计划。对于有伤病的队员，如果参加训练，必须向她提交伤检报告单，他认为可以了，方可参训。

2016 年的里约奥运，中国女排以 3∶1 击败欧洲劲旅塞尔维亚队，再夺奥运金牌。有人说，没有郎平，就没有这届奥运会圆梦的完美收官。此话不虚、真的让国人赞佩不已！

如果信心不足，尽想着"我办不到"，那怎能办得到呢！但须知，你的信心必须置于"自己适合做什么"上，恰如经济学家兰斯博格对其女儿所说的："千万不要在你没有兴趣的领域追求成功，因为你得跟那些真有兴趣的人竞争，没有优势，你怎么比得过人家？"

1998 年当选中国十大杰出青年，现为中国科学院院士的袁亚湘。他 5 岁时开始上小学；11 岁时，他休学一年，在家放牛；15 岁时，高中毕业后回到乡里，当了 3 年的农民。事实上，他受过无数累，也遭过很多罪；然而，这些苦和累并没有影响他对数学的渴望。在他看来，这种渴望都源于兴趣。而事实上，兴趣是一种无形的动力。而且，认识越深刻，情感越炽烈，兴趣也就会越浓厚。因而，他经过不懈的努力，26 岁就获得了英国剑桥大学数学博士学位。

当然，袁亚湘研究成果的取得，与其本科就读的湘潭大学的学科优势，是密不可分的。即湘大的计算数学是国家重点学科，先后培养出了许进超（世界知名数学家），中科院院士袁亚湘、周向宇，许小曙（世界著名科学家、华曙高科 CEO）等众多杰出人才。

在袁亚湘看来，能力和兴趣在一定的水平之后，可以说是相辅相成的。但是，怎样能在还没有获得任何成就之前"始终如一"地坚持自己的兴趣、坚守奋斗目标？他的建议是："人生如同一场马拉松，不一定每一圈都得跑在最前面，阶段性的成功或失败都是必不可少的，关键是能坚持到底。"[9] 他的这一思维，真乃充满了哲理，令人信服。

也正是在这种思维的支配下，当袁亚湘 47 岁时，他卸下了身上所有的行政职务，以一颗稚子之心回归科研净土上来，用他自己的话说，就是"带带学生，想想数学，写写文章，游游世界，不亦乐乎"。这种归居田园的质朴心境和情怀，使其在研究领域"大施拳脚"，因而在非线性优化的算法以及理论，在信赖域法、拟牛顿方法、共轭梯度法等方面取得了一系列的重要成果，他在非线性规划方面的研究成果，已被国际上命名为"袁氏引理"。2014 年 10 月 26 日，他因此荣获发展中国家科学院奖，成为我国第 6 位获得此殊荣的数学家。

全国青联常委的胡伟武，1991 年大学毕业后，看着身边的同学纷纷出国、进国企，但他的心志始终没有动摇！仍然留在了"比较差钱"的研究所，刻苦攻读。研究任务重的时候，他经常熬夜加班甚至连续 7 天不睡觉；但在他看来，这点苦都不算什么，即"在发展的第一个阶段，最困难的不是辛苦，而是大家信心不足"。也由此，他认为"我们做事情的方法可以变，但是目标不能变。"有了这种思维方式，成功仅是时间。2001 年，他出任龙芯 CPU 首席科学家，率领几十名年轻骨干日夜奋战。翌年的 9 月 28 日，我国第一枚通用 CPU 龙芯一号成功发布。龙芯投片成功，其功能相当于奔腾Ⅱ，从而终结了我国计算机产业"无芯"的尴尬历史。此项成果，将为国家安全和国防事业发挥重大的、不可替代的作用。

人生谁都渴望快速成功，但成功是有其规律的。需要一鼓作气完成的事情，你要全力以赴不可拖延；需要长期坚韧不拔完成的事情，你要每天不断地、有计划地去做。把精力集中到你认为重要的事情上来。虽然成功方法各异，但不可随意改变已经设定的做事目标，否则你的生活将会陷入混乱之中。

自我激励，练就独闯风雨的韧性

我国北宋大文豪苏东坡的仕途之路，异常坎坷。在他 42 年官宦生涯中，约有 1/3 的时间是在流放中度过的。但他并没有自暴自弃、放浪不羁，而是将悲愤化作文学创作的动力，写下了《念奴娇·赤壁怀古》等流传千古的佳作，传颂不息。不仅如此，他还进而发展出耕地、烹调的爱好。如在下放黄州、惠州期间，留下了 20 多种与他有关的菜肴，如东坡肉、东坡鲫鱼、东坡豆腐等，这些菜品至今还被人们津津乐道；其中，"东坡酒楼"已在一些城市发展为连锁店，备受顾客青睐，品尝舌尖上的美味——"东坡肘子"。

苏东坡最后一次被流放到儋州时，已经 62 岁了，那个年代实属高龄之人。出发时，他是随身带着棺材去的，怕自己在当地待得太久了，不能活着回来，可见，他是做了最糟糕的打算的。

具有乐观向上心态之人，就有耐受挫折和辩证对待得失特质，就能做到自我激励。苏东坡的乐观人格造就了他顽强的生命力，结果使他在恶劣环境中挺了过来。

因为，首先苏东坡辨析事物能力超前，认识到生活并不完美，所以别对人和事要求太高，从而他留下了"月有阴晴圆缺，人有悲欢离合，此事古难全"之绝笔。显见，其识人识物的智慧，有多么的高超！当然，后来人将其这一本事传承了下来。如任薰之善识任伯年，任伯年之善识吴昌硕，吴昌硕之善识潘天寿，开始便"识"到他们必有大成之日。果不其然，随着时间的流逝，任、吴、潘都成了名家。

其次，就是苏东坡面对人生的挫折，始终保持了平常心，并从积极的方面看问题，不过于悲观，更不在一棵树上吊死，撰写下"枝上柳棉吹又少，天涯何处无芳草"之名句，意思是说，枝头上的柳絮随风远去，愈来愈少；普天之下，哪里没有青青芳草。此句，不仅词美，寓意更深，启示人们不言败、勇奋进。因而，后来人将其传诵至今。

还有，就是处在困境之时，苏东坡也没忘记用幽默来化解矛盾。所以，他写下了"忽闻河东狮子吼，拄杖落手心茫然"的诗句。"河东"是柳姓的郡望（一地的名门大族），"河东狮吼"，指柳氏大发雌威；"拄杖落手心茫然"，指陈季常突然遇到打击时不知所措。苏轼的好友陈季常，好宾客，喜蓄歌伎（以歌舞为业的女子），而陈妻柳氏却以凶悍嫉妒而闻名。每当陈季常宴客，如有歌伎在场时，柳氏则以杖击壁，客人就都散去了，陈季常对柳氏也无可奈何。陈季常好佛，而佛家常以"狮子吼则百兽惊"来比喻佛教神威，故苏东坡以佛家语与季常开玩笑。此诗通俗风趣，嘲讽了柳氏的凶妒与季常的惧内。

苏东坡的这种乐观的人格魅力，体现了他的高度才智。从中告诉人们，要有意识地培养幽默感。因为，多学点幽默，不仅能化解尴尬，还能让自己快乐，何乐而不为呢！

几十年前，某一肯尼亚后裔黑人，坐在美国的一家酒馆和朋友们聚餐。这时，突然从门外闯进来一个美国白人，边走边向这家酒馆的老板大声喊道："我绝对不能和一名黑人坐在一起喝酒！"这个美国白人说了这句歧视黑人的话还嫌不够，竟然向老板提出了把那位黑人赶出酒馆的无理要求。面对这一尴尬的场面，如何是好？是动怒还是大打出手？只见那位黑人既没动怒、也没痛打对方，而是不紧不慢地站起来，对其进行了一番"种族教育"——不要歧视黑人！

那位黑人的话语，不温不火，措辞有力。那位黑人说罢，那个傲慢的美国白人居然感到无地自容，并且留下 100 美元作为给这位黑人的赔偿。你说，那位黑人牛不牛？告诉你吧，那位黑人便是美国前总统奥巴马的父亲——老奥巴马。可见，即便存在严重的种族隔离制度、黑人备受歧视的美国，老奥巴马也没有感到自卑，并力所能及地抨击这一种族制度。

老奥巴马的非凡自信，自然血脉相传于儿子奥巴马。2008 年，奥巴马成功赢得美国第 56 届大选，开始了八年的美国总统生涯。如果他不是非常自信之人，也就不可能成为美国史上的首位非白人总统。

因为，人生是不停被强化的过程，事态也在瞬息转变，我们只有练就独立的本能，才能不被击倒而尽快适应、乃至活出人生的精彩！

季英侠打小就生活在我国东北的某一城市里。她高中毕业后，一心想跟着父亲做建材生意，但家里人都一致反对，都想让她上班、过拿工薪生活的日子。但在她软磨硬泡之下，父亲同意先让她跟着锻炼一段时间，也好让她知道经商不易。但父亲发现，她似有天生的经商本事，如父亲需要好几天才能办完的业务，她一天就能搞定，而且还挺轻松的。于是，她在家里人的支助下，在"锦华园"租了一个格子间，开起了快餐店。

季英侠的外公，曾是早期援助新疆的干部，她崇拜外公、向往外公当年奋战过的地方，并且，还与家人谈过要去新疆、干一番事业的想法。家里人以为她也就是开句玩笑而已，并没在意。没想到，2007年的秋天，她做了一番准备后，抛下快餐店的生意，竟然真的只身独闯新疆。别人都往内地走，她却往大西北走！

来到新疆后，季英侠从旅游业开始做起。俗话说，"万事开头难！"这已成了创业者必经的一道坎，这道坎她也没逃得过。如打理业务，她忙得不可开交，凌晨一两点钟才睡觉，几乎成了她的"铁律"。然而，当她的旅游生意平稳发展时，"地利"不利了，即2009年7月5日，新疆乌鲁木齐市发生了打砸抢烧严重暴力犯罪事件。官方报道，这起事件已造成140人死亡、828人受伤。因此，当时新疆旅游业受到很大影响，好多内地过来的商人都往老家走。有好几个不错的内地人也劝她，让她放弃这里生意、一块往回走。

最后，季英侠选择了留下来。很快，政府平息了暴乱，新疆恢复了正常秩序。其实，这一时期，因很多旅游公司都迁回了内地，新疆旅游业处于短暂的空白期，也成了旅游业发展的良机。于是，两个旅游季，她就赚到了来新疆后的第一桶大金。随后，她租下一个酒店，做成了旅游、住宿一条龙服务产业。两年后，她把这个酒店买了下来。由于酒店经营有方，深得游客的青睐，很多人慕名来住，生意异常火爆。显然，这又使她赚到了第二桶大金。由于有两桶大金垫底，经过一番酝酿，季英侠选定做房地产生意，但钱仍不足！于是，她就接连打电话，向亲朋好友借钱；同时，又按政策贷了点款。2013 年 5 月，她成立了"兴斌房地产开发公司"（兴斌是外公名字的后两个字），寓意就是让外公看看自己创业的韧劲、经营的本事。后来，有朋友问她，你怎么涉足房地产生意了？她说，"当时，我心里也没有底，不过我想，人的潜能不应浪费掉了，人生别留下遗憾！"

作为公司的经理，季英侠一边亲自去做房地产市场调查，一边抽时间恶补房地产知识，每天只能睡三四个小时觉。经营中，她发现在新疆市民中外来人口占较大比例，他们买房或暂住，不少人喜欢小户型的，而且购买力很强。她决定，以小户型为模式，进行项目开发。仅过一年多，楼市开盘，售楼处门庭若市，当天就收了 1100 多万，不多久，就售完了。

季英侠的工作作风，令员工们打心里佩服，因为她说干就干，而且干就得干成、干好。8 年时间里，这位女汉子，已经在遥远的新疆商界打出了一片天地。

人生，我们不但要学会走路，而且还要有敢闯的勇气，因为没有哪个人是你依靠的永久，不锻炼独闯风雨的韧性，就会处于生存的被动状态。

人可以忍受不幸，也可以战胜不幸

在一次小范围的聚会上，作家、戏剧家威廉·莎士比亚，以其具有的辩证思维方式，曾深情地对一位失去父母的少年说："你是多么幸运的一个孩子，你拥有了不幸。"当时，这个孩子正处在孤苦无依的悲惨境地，于是，这个孩子疑惑地看着莎士比亚，不知所措、更不知说什么。周围有的人也难理解此话。然后，莎士比亚摸着孩子的头说："因为不幸是人生最好的历练，是人生不可缺少的历程、教育，因为你清楚地知道失去父母之后，一切就只能靠你自己了。"[10] 对于莎士比亚的这番话，这个孩子似乎领悟到了什么，便悄悄地离开了。40年后，这个孩子杰克·詹姆士，已成为闻名于世的英国剑桥大学的校长、世界著名的物理学家。

实际上，当人在身处逆境的时候，往往适应环境的能力是惊人的。也就是说，只要你具有"可以忍受不幸、也可以战胜不幸"的思维，立志发挥你的潜能，那么就会渡过难关。

海伦·凯勒，她是美国作家、教育家。因幼时患病，两耳失聪，双目失明。但是，她并没有向命运屈服。7岁时，家里为她请来了家庭教师安妮·莎莉文。莎莉文老师跟她很投缘，相处融洽，彼此成了良师益友，而且长达 50 年之久。在莎莉文的帮助下，海伦·凯勒就读于哈佛大学拉德克利夫女子学院，又入剑桥的拉德克利夫学院，并以优异成绩毕业。

海伦·凯勒在学习过程中，每天坚持 10 个小时以上，掌握了大量的知识。到后来，一部 20 万字的书籍，她用 9 个小时就能读完，并能说出每章、每节的大意，还能把书中精彩的句、段、章节和她对文章的理解于 2 小时内写出来。对此，在哈佛大学读书的一位博士生听到她的事迹后，决定要和她比试一下。于是，在正式考试的环境下，他们进行了 3 轮比赛，最后这位博士生心服口服，于是，他摘下博士帽，非常钦佩地戴在了海伦的头上。

在大学读书期间，海伦写了第一本书《我生命的故事》，详述了她如何战胜病残，此书给予成千上万的人们带来了鼓励。这本书被译成 50 种文字，在世界各国流传，销量递增。1953 年 6 月，美国上映海伦生活和工作的纪录片《不可征服的人》。1955 年，她撰写的《老师：安妮·沙莉文·梅西》，荣获哈佛大学荣誉学位。她先后突破了各种学习难关，学会了英、法、德、拉丁、希腊 5 种语言，出版了 14 部著作，受到社会各界的赞扬。1959 年，联合国发起"海伦·凯勒"世界运动。1964 年，她荣获总统自由勋章。翌年，她被评为"世界十大杰出妇女之一"。

应该说，自尊和自信，是我们健康人格的基石，而自卑则是一个心理牢笼。因为，它软化信念，淡化追求，钝化锐气，所以我们要像海伦一样，走出自卑，树立自尊自信，练成独立的人格。

小时候的罗伯特·巴雷尼因病成了残疾，当时母亲的心如刀绞一般，但她还是强忍住自己的悲痛。一天，母亲来到孩子的病床前，拉着他的手说："孩子，妈妈相信你是个有志气的人，希望你能用自己的双腿，在人生的道路上勇敢地走下去！好巴雷尼，你能够答应妈妈吗？"母亲的话，深深打动了他的心，他扑到了母亲的怀里，大哭起来，伤心至极。

此后，母亲一有空，就帮助他练习走路、做体操，经常累得满头大汗。即便在母亲患重感冒、发着高烧的情况下，也没有间断帮助巴雷尼练习走路。其实，体育锻炼弥补了由于残疾给孩子带来的不便，终于经受住了命运给他的严酷打击。巴雷尼刻苦学习，以优异的成绩考入了奥地利的维也纳大学医学院。大学毕业后，他全身心地致力于耳科神经学研究，经过反复实验，终于发明了一种简便易行的测试前庭机能的"热检验"方法。由于此方法的推广，大大促进了前庭疾病的早期诊断，也由此，人们把这个方法称为"巴雷尼检验"，此法传承至今。

1914年，巴雷尼获得诺贝尔生理学和医学奖，成为令世人仰慕之人！

应该说，不幸是一块石头，它可以磨砺你的坚强意志，使你不会消沉；不幸是一柄利刃，它可以刺破你的怯懦性格，使你坚强起来；不幸是一道沟壑，它可以考验你跨越的勇气……如果我们勇敢地接受生命的挑战，就能够赢得生命中的光明。海伦、巴雷尼已为世人"打了样"，我们就不应被不幸所击倒！

布依族女孩韦弘莉是村里唯一的大学生，她有两个弟弟、一个妹妹，他们都没有上学，在外地打工。考上大学后，就她的生活费一项，就足以压垮父母亲；至于学费，那就只能靠争取学校的贫困补助。她也想去做家教、做兼职，而且，她多次去找过，但机会不多；她也曾替某公司发过广告，但机会也很难遇上。对此，韦弘莉说："我只有把希望寄托在学校的各种补助上了，我没有别的办法，没有别的选择。"读大二时，她在争取贫困贷款时，老师当着全班同学的面，对她说："你的成绩不好，没有资格争贷。"当时，她的自尊心确实受到了伤害。她说："有时自己也觉得很丢脸，但我没有办法，我父母也没有办法。再没有办法，我也不会去'争贷'，维持读书生活。"由于她没有太多自信去人多的场合，所以很少参加社团活动或其他的集体活动。她也不敢再回村里了，既害怕父母失去了自豪，又害怕村里人说长道短，心理上承受不了。

贫困学生的心理处于矛盾状态：一方面渴望竞争，能够寻找到理想职业，以此证明自身价值；另一方面，又害怕竞争，担心自己在竞争中失败，由此加剧"心理贫困"的程度。不少毕业走上工作岗位的大学生，由于家境未有大的起色、自己工资且低，自卑感依然存在。

在论语中，孔子就曾鼓励出身贫贱的弟子冉雍，说："犁牛之子，且角，虽欲勿用，山川其舍诸？"意即，耕牛生的小牛长着赤色的毛和周正的角，虽然不想用它来作祭祖，山川之神难道肯舍弃它吗？"因为，孔子认为，冉雍具有帝王之相、宜于做官之人。所以，孔子在这里以耕牛所产的小牛作比拟。同样的道理，冉雍虽然出身低贱，但只要他有做官的才能，为什么不可以做官呢？正所谓"将相本无种，男儿当自强"！

鉴于此，面对失败、挫折，首先，我们必须树立科学的挫折观；其次，必须培养自己勤奋进取、坚韧不拔的意志品质；再就是，必须学会"放得下"，这样才能振作精神，重新开始。

据悉，芝诺经常在雅典的市场里，津津乐道地讲授他的哲学。开始的时候，他有点玩票的意味。为什么？因为他有一艘货船，这只货船的实际收入，已经足够他衣食无忧。然而，哪里使他想得到，有一天，芝诺的货船竟然在暴风雨中沉没了。此事在许多人的思维里，则是他一旦得此消息，定会因急火攻心，当场晕倒抑或大病一场！但令人"遗憾"的是，这一场景并未出现！其实，芝诺知道此事后，他却松了一口气，略有寄托地说："命运之神啊，真是谢谢您！托您的福，今后我只能以哲学为职业，也只能靠此维生，别无他法了。"结果，芝诺在哲学的这条路上，苦心经营了数载，终于成了著名的斯多葛哲学学派（或称斯多亚学派）创始人。此学派是希腊化时代一个影响极大的思想派别。因而，此学派从者如云，它的影响，集中体现在罗马时期以及其后的西方资产阶级革命之中。

可见，你只要有信心、有恒心，最好的结果会等待着你的。所以，不论命运如何安排，你都应该欣然接受才是，但又决不可退缩无为。

曾经有一位妇人，结婚两年后丈夫就遗弃了她，随之而来的是，孩子又病死了，她想不开，决定投河自尽，了却生命。但在危急时刻，她却被河中划船的渔夫救起。苏醒过来后，渔夫问她："你有什么想不开的，你年纪轻轻的，为什么要自寻短见呢？"这时的妇人，虽然愁容满面，但情绪略有恢复，就把自己的不幸遭遇如实告诉了渔夫。渔夫听了，略加思索，沉吟地说："两年前，你是怎样过日子的？"妇人说："那时我自由自在，无忧无虑呀……"渔夫问道："那时你有丈夫和孩子吗？"妇人回答："没有。"这位渔夫虽然没有文化，但话语却充满了哲理，他说："那么，你不过是被命运之船送回到两年前去了。现在，你又自由自在无忧无虑了。请上岸去吧……"到了岸上，妇人恍如做了一个梦，想了想，便离岸走了。此后，她再也没有寻短见，之因她思维角度变换了，看到了生的曙光。即深切感受到自由自在的力度，来了个"我的地盘我做主"。可见，人生最大的幸福在于"放得下"！

其实，立身处世，每一个困难和障碍，实际上都是隐藏的祝福，上天的厚遇。辩证地说，人来到这世上，没有谁会活得一无是处，也没有谁能活得不留下遗憾。既然如此，也就不要过于在乎自己的平凡。因为，平凡使人的生命更加真实、更加质朴。也不必过于在乎自己的以后会怎么样。因为，只要我们竭尽全力了，那就要相信以后是不会让我们失望的。更不要过于在乎别人怎样看待你。因为，只要我们堂堂正正做人，一步一个脚印走下去，就能够赢得别人的尊重。更不要过于在乎"得"与"失"。因为，人的一生，就是在得失之间往复循环的，世上哪有只"得"不"失"的道理呢？

练就反脆弱能力，"危"中求"机"

曾有一对双胞胎兄弟在温哥华，哥哥叫乔治·浩明翰，是某银行里的一个办事员，弟弟叫乔治·浩明德，是一个出租车司机。在人们的眼里，哥哥浩明翰应有一份很稳定的工作，每个月有固定的工资；而弟弟浩明德每天要根据载客量来决定收入多少，无疑弟弟的生活是很不确定的。这就提出了一个问题，即在这对孪生兄弟中，谁更具有反脆弱的能力呢？显见，是弟弟浩明德。这是因为，哥哥浩明翰虽然在银行里有固定工作，然而，他哪里知道"哪一天"银行会裁员，一旦裁员，他也就会失业；而弟弟浩明德，则是每天根据客流量的不同，随时调整自己的客运计划，以此来预期明天的不确定性。

正因如此，弟弟浩明德在面对环境变化时，反应自然就不那么强烈，也就是说他有更强大的反脆弱能力，这是哥哥浩明翰反脆弱能力意识所无法比拟的。

因而，生活工作之中，你不可随意"打盹"，因为，"你一打盹，对手的机会就来了"（联想原总裁柳传志语）。打盹，比喻对事情的注意力不集中或未顾及。此话，就是让我们怀有敬畏之心。无论是国家、还是你个人，只有保持常备不懈，才能处于不败之地。

公元 280 年，西晋灭亡了吴国之后，晋武帝司马炎（司马昭嫡长子）认为，以后不会再发生大的战争了，因而，他主张军队的将领们，不必再去组织练兵习武了。对这些军事将领的安置，司马炎则是把他们从军中转出，让他们去管理行政事务，并且直接下令解散州、郡的部队。对此，灭吴统一战争的统帅之一杜预，真诚地告诫晋武帝"天下虽安，忘战必危"（《司马法》语），不能因为吴国的灭亡而高枕无忧！然而，晋武帝却没能听进杜预的提醒。当心，在你失掉警觉时，可别像晋武帝这样，不接受别人的提醒啊！

尤其对某些足智多谋之人的提醒，你就更应加倍重视起来。其实，杜预便是智慧过人的军事将领。在征讨吴国中，他率部拿下江陵、占据荆州后，乘胜攻打建邺（吴国都城）。这时召开了军事会议，会上有人以"天气转热、雨水增多、北方士兵不服水土容易感染疾疫"为理由，主张待到冬天再继续进军。此意见，当即遭到杜预反驳，他说："现在我们接连取胜，士气大振，正需要一鼓作气。打仗好比劈竹子，只要劈开几节，底下就会迎刃而解了。"可见，杜预处理危机的思维方法非常精辟。于是，在他的说服下，大家才接受了他的正确主张。结果真的被他言中了，将士们赞叹不已！因为，杜预知彼知己，善于用兵，常常给敌人以致命打击。也因此，吴人最恨他、但难除之，只好羞辱。如杜预有大脖子病，东吴人为了羞辱他，不仅给狗脖子上戴个水瓢，而且，看见长包的树，就在上面写上"杜预颈"，然后将其砍掉，以发泄对他的仇恨。对此，杜预毫不在乎。

话说回来，虽然晋武帝对杜预进言置若罔闻，但作为军事统帅，杜预在与吴国作战结束之后，立即还镇襄阳，坚守要地，交错屯兵，号令将士戒备森严，要"视无事如有事"一样，从而保持了相当长时间的安定态势。

285 年年初，杜预逝世，终年 63 岁。杜预死后，晋军备废弛，马放南山，刀枪入库，给内外敌人以可乘之机，不久，天下大乱。

美国第 33 任总统哈里·S.杜鲁门尤喜在白宫的铁栅栏外散步，每当他抬起头看见那幢白色的建筑物，总觉得那是一座"白色的监狱"，往往有不寒而栗之感。他说，"当总统的感觉就像骑着一只猛虎，如果不小心驾驭，你就会被吞掉"。领袖如此，企业老板也有如履薄冰之感。戴尔公司是世界排名第一的计算机系统公司，尽管如此，迈克尔·戴尔也说："我有的时候半夜会醒，一想起事情就害怕。但如果不这样的话，那么你很快就会被别人干掉。"你看，他们都非常谨慎，不约而同地使用了"会被吞掉"、"会被别人干掉"的字句，生怕出岔子！

直面现实纷繁复杂的社会生活，他们这种非常谨慎的动态思维，我们都应该学习、接受下来，作为自己人生征程中的借鉴，因为"以人为鉴，可以明得失"（唐太宗语）！试问：史上有哪一个没有危机感的人，成了气候、流芳百世，令后人效法？

所以，面对可能随时会出现的困阻、危机，我们必须要学会反危机、反脆弱，争取"危"中求"机"，切实做好终极自保。而良好的思维能力，则是解决一切问题的金枪利剑。

20 世纪 50 年代，黄河（我国第二长河）发大水，大水冲歪了郑州的一座铁路桥。当时，由于我们的技术力量有限，有人便想出了一个土办法，以促使危困能够得到转机，这就是：组织上万人用纤绳把桥基拉正。此案上报国务院后，周恩来总理批示："可以试一试。"拉纤当天，周总理突然来到现场，万人向敬爱的总理欢呼。周总理说："这里没有总理，只有纤夫！"随即，他脱下外套便加入了纤夫的队伍。此情此景，群情激动，大家高喊："总理不能啊！"周总理又说，"这里没有总理，只有纤夫！"[11]就在这当儿，众纤夫一齐跪下，不让周总理拉纤。周总理仍是那句话："这里没有总理，只有纤夫！"并且，劝说大家一起来拉纤。这样，在周总理的亲自带领下，终于创造了奇迹，用人工的力量将桥基拉正了。1966年3月8日，河北省邢台地区发生强烈地震。9日，周恩来总理冒着余震的危险来到灾区。他鼓励大家："你们不是学过《愚公移山》吗？愚公能够移山，我们对现在的困难也一定能够战胜。"最后，他带领干部群众一起高呼："奋发图强！自力更生！发展生产！重建家园！"[12]周恩来总理的这段话，使灾区干部群众备受鼓舞，很快振作了起来。

可见，在困难和危机面前，一个科学的方法、一个可行的方案，往往决定一件事情的成与败。新中国成立初期，罗工柳参与创建中央美术学院。随后，他去苏联留学，入列宾绘画雕塑建筑学院研究油画艺术。回国后，他先后出任中央美术学院教授、绘画系主任、学院副院长等职，并主持了第2套至第4套人民币的设计工作。他设计的人民币，以其完美的设计入选奥地利出版的介绍世界各国钱币的《国际钱币制造者》一书，在世界上产生了广泛的影响。

1966年，"文化大革命"风暴到来后，在中央美术学院的校园里，国画系教授叶浅予、油画系教授罗工柳、版画系教授黄永玉，他们被造反派批斗了。罗工柳是人民币图案的设计者，也由此这个图案被造反派说成是大毒草。鉴于此，中国人民银行"挖黑线战斗队"的造反派组织，便勒令罗工柳于第二天上午接受批斗。罗工柳得到通知后，他并不担心个人的安危，此前也不是没有挨过批斗。但令他不安并敏锐感觉到的是：人民币是国家流通的货币，如果否定了它，就要造成市场上的紊乱，金融体系将遭致瓦解，这可是关系到国计民生的大事！

罗工柳认为，此事绝不可等闲视之，必须尽快让周恩来总理知道。但又怎么能够让总理知道此事呢？他心想："文革"开始后，给总理写信的人实在太多了，如按一般信件邮寄的话，估计总理是看不到的。于是，罗工柳打定了主意，即干脆用革命老区传统的鸡毛信！随即，他从鸡毛掸子上扯下一根鸡毛，粘在了信封上。凌晨3点，罗工柳骑上自行车，快速来到了一个有解放军站岗的机关大门口，此时他已汗流满面，焦急地对警卫人员说："同志，这是一封急信，请你帮我速转周恩来总理。"几个小时后，罗工柳按照造反派所定的时间到场。这时，造反派的头头走过来对罗工柳说："原定批斗你的会，你不要参加了。"听后，罗工柳喜出望外，心里不住地在说："鸡毛信被总理收到了，总理干预此事了，人民币保住了……"

诚然，在困难和危机面前，决策者的思维方式、决策者的人格魅力，对促成事物向好的方向发展，可以说至关重要。

2014年、2015年，与国家主席习近平随同访问巴西、美国的百度CEO李彦宏，在百度切换凤巢时，也曾体现出了面对危机、敢于担当的精神。其实，在凤巢切换的背后，李彦宏力排众议，一个人推动了这场惊心动魄的闪电行动。有位测评专家对凤巢的切换成功，是这样论说的："设身处地去想一下，李彦宏确实了不起，他敢于承受内外部反对的巨大压力，在自己核心业务上动刀子的行为，比那些围绕主营业务去做几个相关多元化的尝试要惊险万倍，没有对全局精准深透的洞察判断，敢于为了信念挑战风险牺牲一切的勇气，是根本不可能做到的。"[13] 如果你没有反危机的勇气，那么一步你都迈不出去。

立身处世，当"大石拦路"时，那些强者将其视为自己前进的阶梯，而那些弱者却将其视为自己前进的障碍；"大石拦路"，强者无所畏惧，敢于冒险担当，因为在他们身上能够折射出人性的崇高与伟大；弱者害怕冒险，因为在他们身上将人性的贪婪、懦弱展现得淋漓尽致。

科菲·安南来自非洲小国加纳库马西，却能连任两届联合国秘书长，并获得诺贝尔和平奖。美国总统贝拉克·奥巴马，源于布衣，却成为世界一号强国的总统。美国微软公司的董事长比尔·盖茨，在校读书期间成绩平平、大学肄业，但却成为全球众所周知的成功企业家。

决定人生成败的并不是什么来自小国、出身门第、学历高低，而是思维！因为，思维是智慧的方向标。如果思维不对头，显然智慧不足；如果思维不对头，即便你再有知识，也难以发挥出来。因为，人是靠自己的大脑解决问题的，而大脑的功能，就体现在思维（方式和方法）运行上。

未来委实不可预测，谁也不是每天都走好运，所以才要有危机感。似如自然界的生灵，欲生存，羚羊必须思考怎样跑得更快，以逃脱狮子的追逐，不使成其口中之物；而狮子也必须思考如何跑得更快，追上自己生存下去的食物羚羊。因而，无论是哪一种生灵，不练就独闯风雨的韧性，就会处于生存的被动状态，所以必须不断强化自我。

锲而不舍，紧紧“抓住机遇的手”

其实，你的成功与失败，与你的思维、你的情商密不可分。据测，"世界上 80% 的人见了困难就躲避的人他一事无成。世界上 15% 的人见了困难能迎刃而解的人是成功人。世界上 5% 的人是打着灯笼找困难的人，这种高情商的人将成为登峰造极的人物。"[14] 可以说，一个杰出的人未必有着高智商，却一定有着高情商。智商无法预定，情商却可以提高。

2015 年 4 月 28 日，笔者随团到北京科技大学，就教学质量评估问题进行调研。调研时，得知该校有好几位青年教师，曾几次主动要求该校教学专家组的专家，到自己授课的班级听课，并虚心听取专家对所授课的点评。其实，这几位青年教师就是"打着灯笼找困难的人"，提升自己教学质量的精神十分可嘉。《易经》上说："劳谦君子，有终吉。"如此坚持下去，他们的教学水平肯定会大有长进，即便成不了"登峰造极的人"，也是"二齿钩子挠痒痒——是一把硬手"，获得校级、市级教学质量奖项，也就是迟早的事情！

现为华人版图出版社总编辑，台湾导演、作词人的方文山，在其出版的《演好你自己的偶像剧》中，总结道："机会比实力重要。"紧接着，他补充道："实力不够的时候，肯定会流失机会。人生中所谓'机遇'，其实是建立在实力基础上的。没有实力，你就没有足够的力量去抓住机遇的手。"显见，成就人生事业，机会与实力须臾不可离。实力哪里来？当然靠你兴趣所在的志向确立后，锲而不舍地追求！方文山便是具有这样思维方式的人。

今年48岁的方文山，出生于台湾花莲县的乡下。他小时钟爱古典诗词，许多唐诗宋词能够流利地背诵下来，祖父问他长大做什么，他回答"做个诗人"，祖父微笑不语。稍大一点，他又痴迷电影，祖父再问他的理想时，他回答："做大导演"，祖父笑着点头、且摇头。祖父为何持此态度？因家里经济条件所限，父母没有资金助他实现理想、满足愿望。从此，他只好通过自己的艰辛打拼，以实现自己的梦想。他派送过广告，当过餐厅的服务员，做过公司的业务员，当过高尔夫球童。总之，只要能够赚到钱，他从不叫苦叫难，尝遍了生活的苦辣滋味。

现实生活的艰辛，促使方文山更懂得抓住机遇的重要。所以，他经常留意电影界的一些消息，专注研究世界著名导演的作品，如詹姆斯·卡梅隆的《真实的谎言》、史蒂文·斯皮尔伯格的《拯救大兵瑞恩》、乔治·卢卡斯的《星球大战》等。并且，悉习探求这些故事的情节、人物对白，以至那些主题曲的旋律、歌词。执着专研，日复一日，以备实力。

一个夜晚，方文山喝了不少酒，放下酒杯后，不知不觉就睡着了。半夜12点左右，台湾综艺节目主持人吴宗宪打来电话，方文山一下子清醒了过来。原来，吴宗宪看了他寄去的求职信，力邀他到自己的音乐室工作。翌日，他就去拜访了吴，两人畅谈不已，大有相见恨晚之感。从此，方文山成为专职的作词人。不久，又一个机遇降临到了他的头上。即吴宗宪音乐室迎来了歌手周杰伦。于是，吴宗宪让他手下的人都撰写歌词，然后让周配曲。而周杰伦最欣赏的是方文山的歌词，从此他们成为黄金搭档。而且，彼此配合得非常默契。周杰伦想要音乐有一点李小龙的感觉，方文山就送上《双节棍》；周杰伦想要加一些东瀛的味道，方文山便立刻写出了《忍者》……真乃有求必应，应得恰当。而方文山的歌词风格可谓不同流俗。即他把流行音乐从靡靡之音带回了古典与历史的音乐融合、怀旧和真挚的相融，韵味独特。鉴于此，有专家曾经赞道：方文山——是一个值得研究的文化现象。[15] 只因，他的作品独特，颇具生命力。

正因为方文山抓住了并珍视了机遇，所以创作的歌词，纷至沓来：《龙拳》、《双节棍》、《爱在西元前》、《东风破》、《七里香》、《发如雪》、《菊花台》《青花瓷》等。成名后的他依然倾心撰写歌词，并把这份工作之美，演绎得淋漓尽致，吸引了无数歌迷，获奖不断。2003 年他创作的歌曲《威廉古堡》获得第 12 届金曲奖最佳作词人，同年创作的歌曲《直来直往》获得第 3 届香港音乐风云榜港台年度最佳填词奖，2005 年凭借歌曲《发如雪》提名台湾第 17 届金曲奖最佳作词人，2008 年获得第 19 届台湾金曲奖最佳作词人。方文山即便功成名就了，仍在不懈努力。

其实，许多新生事物诞生，一定和事物发展的趋势有关，而趋势不是用眼睛能看得到的，是要用"眼光"来判断的。"眼光"是你的想法、思维、智慧。如果你对新生事物视而不见、充耳不闻，最终一定会被社会淘汰，甚至丢掉了你的职业。笔者此议，绝非危言耸听！须知，成功是你优点的发挥，而失败呢，则是你缺点的累计，就是这么个因果关系。

事实上，只有通过读书学习，人才能远见卓识，增强实力、不流失机会。

在鸟类中，最长寿的当属老鹰，但它却有重生的过程。因为，40岁后它的喙（也就是它的嘴）就开始变得越长越厚，爪子变得越发迟钝，身上的羽毛积得越来越厚，飞行起来越来越笨重。此时，老鹰的选择有二：一是等死；二是挑战自我。令人惊奇的是，当它40岁来临之际，老鹰就飞到一处布满岩石的山区，把喙在岩石上来回磕打，最后把自己的喙打掉。当喙稍微硬一点儿后，又用喙逐步把爪子上的指甲拔掉。这时，老鹰身体变得极其衰弱，然而，正是这样一次痛苦的自我更新，带来的则是150天后老鹰的重生，它还可以活30岁。可见，老鹰在自我挑战方面是多么聪明、意志多么坚定。

老鹰尚且如此，作为万物之灵的人类，难道就做不到自我更新、自我挑战吗？

1949年出生的海尔集团总裁张瑞敏，在其生活及经营活动中，将理想信念教育贯穿人生。他曾经说过："一个人总要有梦想，一个企业，一个民族也是如此，有了梦想才会有目标，有了目标才会有压力，才会有追求，才会有向上的力量。"其实，张瑞敏也一直以这种志向激励自己。他没有一个双休日，除了工作就是学习，从一名只有高中文化程度的工人，最后把博士学位读了下来。因为，他认为管理者的水平不提高，必定制约着企业的发展。因为，他把海尔公司的发展，当作振兴民族工业来做，并在海尔播下产业报国的种子，使其个人的理想也升华为海尔的精神支柱。如他给海尔人提出了"敬业报国，追求卓越"的目标。即给海尔注入凝聚力和奋发的精神，给每一个员工一个梦想、一种激励，使他们怀着历史的责任感和成就感从事劳作，以卓越的产品、卓越的服务、卓越的声誉报效国家、造福人民。这也就体现了海尔集团公司的经营宗旨和文化核心。

现如今，我们谁都难以回避的是，为数不少的中青年存有"两大悲哀"，即一是结婚之后不再恋爱了，二是毕业之后不再学习了。也就是说，他们不知道婚姻是需要经营的、保鲜的，否则，就可能亮起"红灯"甚或结束婚姻；他们不知道书是需要经常读的，否则，你的知识就得不到更新，思想退化、"本领恐慌"了，就会被淘汰出局。你若保持不被淘汰的状态，必须学得新知识、及时更新知识，增强竞争实力，不流失机会。

曾于1972年访华的美国总统尼克松，一生勤奋好学，喜好读书，在他的自传体著作《在角斗场上》曾说："阅读是我人生的最大嗜好。"广泛的阅读使他增长了知识与才干，为其后步入社会、成为世界大国首脑打下了扎实基础。比尔·盖茨39岁便成为世界首富，而且蝉联13载。有人计算过，他拥有的财富能买31.57架航天飞机，或者344架波音747型飞机，能买15.6万部劳斯莱斯生产的本特利大陆型豪华轿车。你会发问：他怎么能"狂富"到如此程度？应该说，很大程度上是读书的结果，是靠实力赢得的。盖茨说过："人总是有局限的，这个局限是受限于有多大的能力和意愿，读书就是突破这个局限最好的方法。"由于有了这种认识，一本《世界百科全书》，他从8岁开始读，一直读到上中学。稍后，他又对人猿泰山和火星人的故事发生浓厚兴趣。再后来，他又对爱迪生、拿破仑一些科学家、政治家、军事家传记产生极大兴趣。在某些人看来，这些政治类的书籍对你搞微软的，读也没啥用处。事实上，读书开阔了他的视野，培养了他敏捷而有深度的思维能力，非常有利日后他的以观念制胜的事业。直到成功后，读书仍然是他最大的爱好。

试想，如果我们不学习、没学问，我们怎么能够把问题看得透？看不透问题实质，往往也就失掉了机遇。然而，当今许多人则是读书只读封面的皮儿、看报纸只看一个题儿、文件只看个大概意思、顺手就锁进了抽屉儿，结果酿成精神亏损，能力恐慌，修养低下，担不起任务。据说，林肯当美国总统时，有人向他推荐一位部长，林肯说："我不喜欢他那张脸"，别人反驳说："脸不能由他自己负责。"林肯回答："不，一个人到 40 岁过后应该对他的脸负责。"意即，随着你的年龄增长，你的内在修养、能力素质应该及时跟上来。容貌，你的确改变不了，但你可以改变笑容吧？你的学习上去了，修养提升了，也就自然不能冷面待人了。

莎士比亚说过："书籍是全世界的营养品。生活里没有书籍，就好像没有阳光；智慧里没有书籍，就好像鸟儿没有翅膀。"其实，读书与坐禅很相似，都需要有一颗恒心。据悉，20 世纪 50 年代，美国质量管理大师戴明博士，曾经多次到日本松下、索尼、本田等企业进行讲学，在讲学过程中，他传授了最简单的方法："每天进步 1%。"实际上，任何人学识才干的长进，都是"每天进步 1%"的总和。[16] 我们计算一下，如果每天能够坚持自学 1 小时的话，那么一周就是 7 小时，一年累计下来，就是 365 个小时，几年下来，就可以完成大学本科课程的学习。如此坚持下去，不论你钻研哪种学问、从事什么工作，都能实现自己的理想。只要我们耐得住寂寞、扛得住干扰，做一个与时俱进、知识渊博的青年或领导者，是应该不成问题的。

读书需要日积月累，职场"充电"也是必需的，但在现实生活中，乱"充电"、"充错电"的现象也屡见不鲜，有的浪费了金钱和精力成本，有的则让职业生涯陷入了窘境，难以自拔。

曾经有这样一位青年，他的名字叫苏贵温，便为自己的错误选择懊恼不已。2006年，苏贵温毕业于某大学的理科专业，随即进入了一家世界500强企业，担任技术支持工作。在该公司工作的几年，他的职业发展可称得上一帆风顺。然而，2012年他却选择了离职，进修MBA金融学专业的课程。该专业，不仅使他放弃了原任的不错工作，还搭上了自己和家人多年来的储蓄。结果让他最为失望的是，他在顺利拿到金融学专业学位后，却无法在当地找到一份适合的工作。无奈之下，2016年苏贵温选择了回国。但令他更为失望的是，因为他没有金融行业工作的经历，最终只好重新回到自己的老行当上。他投入了大量的时间、精力和金钱，可以说这是一次失败的深造"充电"，对其身心的打击可想而知。

因而，在读书学习的过程中，我们必须将自己的专业方向、工作实际，紧密地与你的读书学习结合起来，如此，方能更好地发挥你的优势，抑或你的"单项优秀"。在方法上，读书学习过程中，只有将古代智慧现代化，西方智慧中国化，中西方智慧全球化，才能不断增强你的自身实力，以适应时代、社会以至单位工作的需要。

"我就不信，油，难道只生在西方的地下？"

"我就不信，油，难道只生在西方的地下？"这是从事地质研究的李四光断言的。他敢于如此断言、并被实践验证是正确的，源于他对地质研究达到了痴迷的程度，执着前行。

1923 年 1 月 14 日，地质学者李四光与北京女师大附中教师许淑彬结婚。婚礼上，亲朋好友、名流云集，学界泰斗蔡元培为他们证婚。结婚后，李四光把主要精力投入在科研上。因而，他在埋头科研时，往往也就顾及不到妻子和孩子，妻子自然心里不悦。为研究地质方便起见，李四光搬回家一些石头。见此，妻子气不过，把一块石头拿去压了腌菜。当李四光发现后，夫妻俩为此事发生了争执，一连几天都不说话，家庭气氛紧张。有段时间，李四光因赶写科研论文，每天深夜才回家。妻子怕他把身体拖垮了，一再劝说他早点回家休息，但心在事业上的李四光，怎么也做不到。有一天，许淑彬趁李四光未回来之隙，一气之下，抱着孩子回了娘家。李四光深夜回到家里，怕影响妻子和孩子睡觉，轻手轻脚地走到床边，当他伸手去摸自己的被子时，摸到的却是一块长石头，被吓了一跳。

他冷静一想，妻子生这么大的气，问题出在"石头"上。翌日，他赶到岳母家，向妻子一再解释后，终于把妻子和孩子接了回来。

20 世纪初，美国的美孚石油公司，一队工程技术人员，曾在我国西部打井找油，结果毫无所获。于是，美国布莱克威尔教授等西方学者断言：中国地下无油，中国是一个"贫油的国家"。此论，简直是"裁衣不用剪子——胡扯"！虽为"胡扯"，但在一段时间内，中国是"贫油的国家"的论调甚嚣尘上。国人听罢，哪知真谛，深感失望。

1950 年 1 月至 3 月，李四光从国外辗转三个多月时间才到达香港。然后，李四光夫妇从香港乘火车至九龙，安全回到祖国。李四光夫妇到达上海后，只休息了几天，即离沪赴京。周恩来总理接见他后，委托他来主持新中国的地质工作，李四光勇敢地为国为民承担起了这一重任。

面对美国和西方学者断定的"中国贫油论"，执着地研究地质的李四光，就不信他那个邪，理直气壮地说："我就不信，油，难道只生在西方的地下？"在这种思维的支配下，他运用地质沉降理论，相继发现了大庆油田、大港油田、胜利油田、华北油田、江汉油田。即便是今天，我国正在开发的新疆大油田，也证实了他的预言。可见，李四光靠着雄厚的地质知识、强烈的自信、正确的思维方式，彻底粉碎了"中国贫油论"，为我国甩掉"贫油"帽子建立了不可磨灭的功勋，从而国人更加崇敬这位地质力学创立人、共和国的首任地质部长。

在第三届全国人民代表大会期间，一位服务员找到了李四光，对他说："请您到北京厅（人民大会堂）去一下！"也没说谁找。当李四光来到北京厅时，只见毛泽东一人坐在那里。李四光一愣，连忙向毛泽东道歉：

"毛主席，对不起，我走错门了！"即时，毛泽东健步走了过来，紧握着李四光的手，说："没有走错门，是我找你的！"两人落座后，毛泽东风趣地对李四光说："你的太极拳打得不错啊！"李四光没有领会毛泽东的话意，回答："身体不好，刚学会一些。"毛泽东听后笑着说："你那个地质力学的太极拳啊！"[17] 这时，李四光才反应过来，这是毛泽东对他和石油地质工作者一起，用新华夏构造体系找到石油的高度评价。2009 年，李四光当选为 100 位新中国成立以来感动中国人物之一。

人格的核心是什么？是自信。自信，就是相信自己的力量，自信心就是确信自己追求的目标是正确的，并坚信自己有力量、有能力去实现所追求的目标，圆梦人生。

1915 年爱因斯坦发表广义"相对论"后，有人曾策划了一本《百人驳相对论》，同时，网罗了一批所谓的名流人物，对"相对论"进行了声势浩大的反驳、围剿。而爱因斯坦，对他们则采取了不屑一顾的态度。因为，他自信自己的理论必然会取得胜利，他说："如果我的理论是错的，一个反驳就够了，一百个零加起来还是零。"[18] 此言，充满哲理，铿锵有力。他毫不动摇，坚持研究，终于使"相对论"成为 20 世纪的伟大理论，举世瞩目。因此，获得 1921 年诺贝尔物理学奖，同年，他又与洛仑兹和庞加莱等人创立了"狭义相对论"。1999 年 12 月 26 日，爱因斯坦被美国《时代周刊》评选为"世纪伟人"。

相信自己行，才能大胆尝试。在尝试中，不断增强实力。而实力，才是撑起我们信心的最重要的支柱。而事实上，自信心是与你的成功概率成正比的，它能排除一切障碍。

春秋战国时期，一位父亲和他的儿子出征作战。父亲已做了将军，儿子还只是马前卒。踏入战场，随即号角吹响，战鼓雷鸣。父亲托起一个箭囊，其中插着一支箭。父亲郑重地把箭囊递给儿子，并说："这是家袭宝箭，佩带身边，力量无穷，但千万不可抽出来。"这个箭囊极为精美，是厚牛皮打制的，还镶着泛光的铜边。儿子接过箭囊，快不可言。果然，佩戴宝箭的儿子英勇非凡，所向披靡。这时，儿子再也按捺不住得胜的豪气，忘记父亲的叮嘱，呼的一声拔出了宝箭。顿时，他惊呆了：箭囊里装着一支已折断的箭！儿子轰然间意志坍塌，结果惨死乱军之中。硝烟散去，父亲捡起那支断箭，沉重地道："不相信自己的意志，永远也做不成将军。"父亲的初衷，则是让平庸的儿子有所出息，想到了给儿子带护身符（箭囊）。就如当今的父母，为孩子想尽一切办法，给他们提供最好的学习条件（选学区房、选重点学校、选一流家教等）。但切不可忽视对孩子自信、意志的培养，因为它就像人类的灵魂一样重要。如果孩子长期、事事对家长依赖，那么，也就会失掉以后面对挑战性工作的信心、机会，结果就真的应验了"玻璃做的鼓——经不起敲打"那句歇后语！

事实表明，自信是战胜自卑的良方，然而，自信并非孤芳自赏，也不是夜郎自大；而是激励你奋发进取的心理素质，是战胜自己、告别自卑的灵丹妙药。还要认识到，自信，也并非意味着不费什么劲就能获得成功，而是要脚踏实地、锲而不舍地拼搏，突破自卑的羁绊，战胜每一个困阻。

对于个人发展也是如此，绝不应轻易放弃"有所为"的机会。曾有一位高低杠的教练，他指导、要求学生们去作高低杠表演。当时，一个学生看了高低杠穿插、跨越动作，不敢下场，非常恐惧。连连对教练说："我做不了！我做不了！"教练把手搭在这位学生的肩上，温和地说："小伙子，你能行的。让我来再教教你吧。"紧接着，教练对他说："只有消除了心理上的障碍，才能消除身体上的障碍，要勇于征服困难。"于是，在教练的耐心指导下，这位学生很快学会了高低杠表演。因为，教练的这句话蕴含着催人奋进的力量。即只有消除了心理上的障碍，也就意味着你有克服困难的信心和勇气，随之身体就会跨越障碍。由于这位学生领悟了教练此言的含义，所以恐惧心理随之消失，高低杠表演成功。可见，建立自信心，消除心理障碍，至关重要。

其实，每个人都有展示人生精彩的舞台！应从思路中寻觅出路，坚信方法总比困难多、信心总比黄金和货币更重要，战胜困难就意味着新的机遇，有了新机遇还愁不成功吗？

"在我的字典中，没有'不可能'的字眼"

    法兰西帝国的缔造者拿破仑·波拿巴，身高为 1.68 米，是一个左撇子，但他能创造人生奇迹。据统计，他一生中指挥过 60 多场战役，打赢过 50 余场，可以说这个纪录实属罕见。他在人生最辉煌的时期，欧洲除英国外，其余各国均向拿破仑臣服或结盟，真可称得上：是一位卓越的军事天才、叱咤风云的欧洲霸主。

    正因如此，拿破仑出语也非常霸气，拉出了不由分说的架势，如他说："在我的字典中，没有'不可能'这样的字眼。"可见，他自信而又强劲。如此坚韧自信的品性，不凡的思维方式，源自于小时读书过程中的历练。

    卡洛·波拿巴是拿破仑的父亲，他是一个极高傲、且穷困的科西嘉贵族。拿破仑 10 岁时，父亲把他送进了法国布列讷贵族学校。在这里，同学们都在"炫富"，讥讽他穷苦，不愿理睬他。在这里，身材矮小的拿破仑，经常遭受其他本土学员无情的欺辱，但他却十分坚韧且顽强。当然，也由此引起了他的愤怒，但又有什么办法呢？

    后来，为发泄这种愤怒，拿破仑在给父亲的信中写道："他们唯一高于我的便是金钱，至于说到高尚的思想，他们是远在我之下的。难道我应当在这些富有高傲的人之下谦卑下去吗?"对孩子的烦恼，父亲怎能不放心上呢，但也无可奈何，只好回信说："我们没有钱，但是你必须在那里读书。"在这里，拿破仑忍受了5年的痛苦。尽管如此，有心的他面对同学们的每一种嘲笑、每一次的欺侮、轻视的态度，都使他增加了决心和信心，发誓要做给他的同学们看看，以此证明我拿破仑确实是高于他们的。并且，以那些"炫富"者作桥梁、作靶子，去使自己得到技能、富有、名誉，以争高低，活出精彩!

1784年10月，拿破仑以优异的成绩从布里埃纳学校毕业后，被选送到法国巴黎军官学校，专攻炮兵学，执着地在专业上下功夫。第二年，也就是他16岁时，拿破仑的父亲去世了，家境贫寒的他只能提前毕业了，然后进入拉斐尔军团并被授予了炮兵少尉军衔。

到部队后，当拿破仑的同伴用多余时间追求女人、赌博时，他却在埋头读书，而且，他在选择图书时，也在选择那些增长才干的读物。他住在一个既小、又闷的房间内，但他不顾这简陋的条件，不停地再读下去。读着读着，他想像自己是一个总司令，将科西嘉岛的地图绘制了出来，地图上清楚地指出何处应当布防、如何攻击敌方，这是用数学方法精准计算出来的。因而，他的数学才能获得了提高，这使他首次有机会表示自己能做什么。

在布里埃纳军校读书期间，拿破仑利用行军打仗的空闲，经常研究平面几何，以至不久就发现了"拿破仑定理"，以任意三角形各边为边分别向外侧作等边三角形，则它们的中心构成一个等边三角形。发现这一定理时，他 26 岁。如用今天的话说，他是个十足的"学霸"。

部队长官发现拿破仑的学问大有长进之后，就派他在操练场上执行一些工作，这些工作是需要极复杂的计算能力的。实际上，他的工作做得极好，令长官非常满意，于是他又获得了新的机会，即拿破仑已经握有了部分权势，令周围的人所瞩目。

而这时，一切的情形都发生了变化。以前嘲笑拿破仑的人，现在都涌到了他的面前，想分享一点他得到的奖励金；以前轻视他的人，这时都希望成为他的朋友；以前说他是小矮子、无用、死用功的人，这时也都尊重他了。一言以蔽之，他们都变成了他的忠心拥戴者。

当年，拿破仑要翻越位于欧洲中南部的阿尔卑斯山时，英国人和奥地利人都嘲笑他"是个疯子"、"脑子里是进水了"，因为在他们看来，带领大部队越过这座山是永远都不可能的。但事实上，拿破仑率领部队成功地翻越过来了，而没有相信众多英国人和奥地利人都认为"是不可能的"。

1821 年 5 月 5 日，拿破仑在圣赫勒拿岛（隶属于英国）上病逝。四天后，岛上的人为这位征服者举行了葬礼。也就在 19 年后，法国七月王朝的路易·菲利普派军舰到此岛上接回了拿破仑的遗体。1840 年 12 月 15 日，是一个令人难忘的日子，当天，拿破仑的遗体运抵巴黎后，90 万巴黎市民冒着严寒迎接他，并举行了隆重的接灵仪式。数不尽的人群冒着严寒、迎着风雪，护送着拿破仑灵柩前往塞纳河畔的荣军院，从此安息在他所热爱的法国人民中间。1855 年英国维多利亚女王携王储到荣军院，女王让王子"在伟大的拿破仑墓前下跪"。

无论是在布里埃纳贵族学校，还是在后来的巴黎军官学校，拿破仑的

"苦读"，也换来了他的文学功力。譬如，他写给妻子约瑟芬的那些真挚动人的情书，可称得上文学史中的奇葩，令人难以想象它们是出自在战场上叱咤风云的铁血战士之手，实在令人赞佩。

拿破仑确实是聪明之人，他也确实是肯下功夫之人，不过还有一种力量，那就是，比知识或苦工来得更为重要的，即他那种想超过戏弄他的人的野心抑或思维，此是他勇于挑战的动力。

分析起来，如果拿破仑的那些同学、同伴没有嘲笑他的贫困，如果他的父亲允许他退出贵族学校，那么，他的感觉就不会那么难堪、那么强烈。在这些环境之中，他学到了由克服自己的缺憾而得到胜利的方式和方法。他对当时所处的环境不满意，不过他的不满意不但不会使他抱怨，反而使他充满一股热忱、想闯出一番事业来，既给周围的人看一看，也证明自己有实力！

我们应该承认，拿破仑所说的，"在我的字典中，没有'不可能'这样的字眼"的话，其本身就具有十分强劲的自信、自尊的内涵，让我们体味后，很是提气。既然如此，那就必然展示出他的人生价值。其实，爱因斯坦、蒲松龄、徐悲鸿也是如此。

从比较中，绝不言败。爱因斯坦读小学时，有一次上完劳作课（属实践类课程），小伙伴们都交上了自己的作品，唯独他没有交。老师也不知道他没交作品的原因。翌日，他才不紧不慢地送来了一个做得挺粗陋的小板凳。老师看了他送来的小板凳，很是不满意，就说："你为什么昨天没有把小板凳送来呀？我想，世界上不会有比这更坏的小板凳了……"老师的目光紧盯着他，他说："有的，老师。"随即，他就从课桌下面拿出两只小板凳，举起左手的小板凳说："这是我第一次做的。"然后，他又举起右手的小板凳，说："这是我第二次做的……刚才交的是我第三次做的。虽然不能使人满意，但总比这两只强一些。"老师见他这样诚恳而自信地表白，做得又这么认真，就没有再说什么，脸上也露出了笑容。从中可见，虽然爱因斯坦处在少年期，但已经能够从作品比较之中树立起自信了，这种思维、这种品质，十分可贵。

从失意中，重新奋起。清代文学家蒲松龄19岁时，应童子试，接连考取县、府、道三个第一，名震一时，光宗耀祖。可后来，却屡试不第。他科举落第之后，写下了一副自勉联："有志者，事竟成，破釜沉舟，百二秦关终属楚；苦心人，天不负，卧薪尝胆，三千越甲可吞吴。"可见，他是落第不落志！而且，还付诸行动上，信心十足地要干一番事业。从此以后，蒲松龄坚持不懈地从事文学创作，终于写出了不朽的杰出作品——《聊斋志异》。此书是他的人生代表作，在他40岁时已基本完成，此后不断有所增补和修改，逐步完善，从而流芳百世。"聊斋"是他的书屋名称，"志"是记述的意思，"异"指奇异的故事。此书内容极其丰富，题材也非常广泛。郭沫若曾这样评价过这部书："写鬼写妖高人一等，刺贪刺虐入骨三分。"[19]因为，此书主要是通过谈狐说鬼的手法，对当时社会的腐败、黑暗进行有力的批判，揭露了社会矛盾，表达了人民的愿望。

从羞辱中，找回自尊。徐悲鸿是中国现代画家。新中国成立后，他出任中央美术学院院长。他擅长人物、走兽、花鸟的绘作。所作国画彩墨浑成，尤以奔马享名于世。他主张现实主义，强调国画改革融入西画技法，并强调作品的思想内涵，对当时中国画坛影响甚大。他绘画成就如此斐然，其实与他的自信、强劲分不开的。例如，当年他在法国留学的时候，有一个法国学生曾说："中国人天生就不是学绘画的材料，就算是上了天，也不会成为人才。"这几句话，可以说深深地刺痛了徐悲鸿的自尊心。为此，他决然向这个学生提出了比试绘画的要求。从此，他一方面日夜勤练绘画写生；另一方面，经常去卢浮宫，几乎成了那里的常客。抢时间，强化自己的画工。一个学期结束后，当徐悲鸿的素描画在巴黎展出时，震惊了巴黎美术界。这时候，当初那个夸夸其谈、不可一世的法国学生，在中国学生徐悲鸿画展面前，不得不承认自己不是中国人的对手。可见，徐悲鸿以自己的画工，为自己和国家找回了自尊。

在困境面前，为了建立起自信心，吉卜赛修补匠索拉利奥，每天早上起床的第一件事，就是大声地对自己说："你一定能成为一个像安东尼奥·维瓦里尼（意大利画家）那样伟大的画家。"然后，他就感到自己真的有了这样的能力，就满怀激情地投入到一天的工作和学习之中了。俗话说，"天道酬勤"。十年之后，索拉利奥真的成为了一个超过安东尼奥的著名画家了。所以，你也好、我也罢，都应该经常给自己以自信、勇气的暗示，因为它能给自己以奋斗的动力。丹麦有一句格言，说："即使好运临门，傻瓜也懂得把它请进门。"如果我们在生活中，对任何事情总是抱着消极、否定的态度，那么即使好运来敲自己的门，也不见得把它请入门内。所以，机会一旦来临时，我们更应该抛开自己消极的情绪，信心十足地迎接机会的到来。只因，运气不仅发自于外，也发自于内心。譬如，你在与同学、朋友、同志电话交流时，如果用有笑容的声音说话，那么对方听了就会感到舒服，而你自己也会觉得有快意。如果你苦着一张脸或者冷言冷语对待对方，不仅会让对方感到不舒服，自己也会不痛快。如果你用言语冲撞对方的话，那么，实际上就是用言语在冲撞自己，这是因为，你对对方的态度也是对自己的态度。所以，我们必须像砌砖块一样，一块一块地砌起来，堆砌我们对人生积极、肯定的态度，确立好自己的自信心、自己的勇气，不管在什么样的情境之下，将你的人生价值展现得淋漓尽致，不留下任何遗憾。

"就是因为没有人看好我，我才有今天"

    历史的趣味性，有时就是那么浓。譬如，晚清的文化（诸子百家、四书五经、八股文），"没有看好"徐寿，所以十分聪慧的他，却连个秀才也考不上，令人遗憾吧？而徐寿呢，也"没有看好"这些走仕途的八股文文化，所以并不在意。这是因为，徐寿自己的成长成才思维，如他所说的："尝一应童子试，以为无裨实用，弃去。"用通俗的话说，即"八股文有个屁用，我不学了！"既然他放弃了当时的"通天大道"，那么学些什么呢？其实，他的心里已经有谱了，随后，他就转而研究起了"经世致用"之学。所谓经世致用，是指学问必须有益于国是。它是由思想家王夫之、黄宗羲、顾炎武等提出的，因为他们认为学习、征引古人的文章和行事，应该以治事、救世为急务。

    没有老师，徐寿就自学，如依据书中所学，自制了指南针、自鸣钟。在进行物理实验时，需要一个三棱镜，在买不到的情况下，他就用水晶图章硬是磨了出来。

    虽说是自学，不过，徐寿也有共同的学友，那就是同乡华蘅芳（后成为我国近代著名的科学家），他们经常在一起，相互研究遇到的疑难问题，彼此启发。而且，他俩还到过上海，拜见了在西学、数学上很有名气的数学家李善兰。他俩虚心求教，得到李善兰的欣赏。离开上海时，他俩不仅购买了许多书籍，还采购了有关物理实验的一些仪器。

由于徐寿潜心学习研究，名气也就逐渐大了起来。后来，清廷"师夷长技以制夷"，展开洋务运动，急需人才，大臣们就把徐寿推到了台前。抵御外侮，急需枪炮、轮船，就把徐寿安排在了曾国藩开办的安庆军械所。大家议来议去，最后曾国藩拍板，决定造轮船。执行中，徐寿一马当先，他凭着《博物新编》上的图和简介，又跑到洋人船上实地勘察，认真研究，然后就动工了。没有零件，就自己锉。可见，徐寿是靠着韧劲和聪慧干起来的。3个月后，蒸汽机制造出来了。又过了3年，造出了中国海军第一艘蒸汽动力船"黄鹄号"。对此，中国人高兴啊！为此，同治皇帝钦赐牌匾：天下第一巧匠。曾国藩也夸赞道："洋人之智巧，我中国人亦能为之！"并且，嘱咐徐寿，说："你只管造船，其他的就别操心了。"这之后，就在徐寿的带领下，清廷和曾国藩精选的能工巧匠，也越来越多，造出了中国近代第一艘军舰"惠吉号"。随后"操江"、"测海"、"澄庆"、"驭远"等也相继诞生了。

尽管如此，徐寿认为，中国的科技想要进步，就必须应有系统的教育。于是，他又开始了漫长的翻译之路，如《化学鉴原》、《化学考质》、《化学求数》等，还有今天仍使用的元素周期表，都被他引入中国。为了传播近代科学知识，他又开办了上海格致书院。该书院在《申报》上发过招生启事，说格致书院招两种人：一种来学外语的，每年学费40两银元；

另一种是学科学的，先交给书院 300 块银元，3 年能考够学分的可退还学费，半途而废的不退学费只走人。格致书院含矿物、电务、测绘、工程、汽机、制造等专业。该院在教与学上，强调理论联系实际，课堂教学与实验、实践结合。试想，那么落后的科技年代，徐寿在该院能够开设那么多非常实用的科技专业，今天也不失其借鉴和应用价值，真的很了不起。所以，我们在不同场合和媒体上，不要一提起晚清，就只提那"四大名臣"（曾国藩、李鸿章、左宗棠、张之洞），而事实上，徐寿、华蘅芳、李善兰等，这些成绩斐然的科技名家，同样值得我们学习和纪念。

晚清的文化，"没有看好"徐寿，可他却把自己造就成了清末的大科学家、中国近代化学的启蒙者，并且实践成就卓著。而历史岁月大跨度后的熊国宝，"就是因为没有人看好"他，可他却夺得了世界大奖"汤姆斯杯团体冠军"，号称"反手王"。

熊国宝先后获得三届世界羽毛球汤姆斯杯冠军、两届世界羽毛球排名总决赛单打冠军、15 次国际羽毛球大赛单打冠军。从而，实现了为国争光、为己争气的愿望。

熊国宝赢得世界冠军后，曾经有一位记者问他："你能赢得世界冠军，最感谢哪个教练的栽培？"他想了一下，坦诚地说："如果真要感谢的话，我最该感谢的是自己的栽培。就是因为没有人看好我，我才有今天。"[20] 此话，并非偶然。

因为，如熊国宝所说："从来没有一个人认为我可以获得世界冠军，99% 的人都不相信我能成为世界冠军，无论从外围条件、教练条件、自身条件的哪方面来看。"至于能够入选国家队，教练并不是要栽培他，而是要他陪着明星选手练球。可他却自信心十足："……但我就是比别人能吃苦。365 天，我每天都不休息，每天比别人多练习一会儿，别人练五个小时，我就练六个小时。"这个劲头，这种思维，能不让人佩服吗？

正是熊国宝"就是因为没有人看好我，我才有今天"的思维，才使他认定：要想夺冠，惟有靠自己的自信心、靠自己的顽强毅力！

由于熊国宝拥有超强的反手技术、防守能力，所以被人们誉为"反拍王"。其实，了解他训练底细的队友们十分清楚，他的反拍技术也是被逼出来的。那时，赵剑华、杨阳的力量，球技上的爆发力，都优于他。每一次进行比赛，刚开始，他都难以招架得了，只能勉强防守；后来，他不得不决定：必须改进自己的反手技术！于是，赵、杨训练 70%，他就训练 100%，赵、杨训练 100%，他就要训练 130%。经过一段时间的思考、不断练习，他发现自己可以反拍打 6 个点了。而且，除了反手杀球还能滑拍了。最使他兴奋的，则是自己的反手动作一致性好、隐蔽性强。这样，他原来的软肋经过刻苦练习，这时却变成了他的撒手锏。

1986 年的汤姆斯杯羽毛球比赛，在印度尼西亚首都雅加达举行。此次比赛，中国队早已下定决心：虎口拔牙。5 月 4 日晚，在达锡纳阳体育馆内，印度尼西亚队和中国队争夺世界最高奖杯汤姆斯杯的比赛，正在激烈进行。此赛的前两场，双方打了个平局。接下来，就进入第三场了，中国队派熊国宝迎战印度尼西亚队的林水镜（被誉为"世界羽坛天皇巨星"）。熊国宝和林水镜入场、开赛后，林水镜便先声夺人，领先 5 分，拉开比分，熊国宝一看不对劲，急忙改变应对策略，采取了守势，打四方球、吊高球，对此战术，林水镜不以为然，还是连连起拍，但无论如何，怎么也扣不死熊国宝。赛场上，只见林水镜四方奔跑，体力消耗挺大。熊国宝的这一战术委实奏效，第一局，打到 13 平，又激战了一阵子，熊国宝终以 15 比 13 战胜了林水镜，拿下了第一局。第二局开始后，熊国宝吸取了第一局的教训，主动出击，所以比分一直领先，打到 12：9 时，熊国宝一看自己比分领先，就又沉不住气了，接连扣杀，失误了几次，反被林水镜追成了 13：12，比差缩小。当险象呈现之际，熊国宝急忙又变回战术，与林水镜打起了拉锯战，结果又以 15：13 的比分，拿下了第二局。

接下来的比赛，李永波、田秉毅又获胜。中国队最终以 3：2 战胜对手。此次比赛，中国队夺得世界大奖——汤姆斯杯冠军，全队上下自然兴奋不已。

中国队夺得汤姆斯杯大奖，熊国宝一战成名，举国皆知后，国务院原副总理习仲勋同志到机场接见凯旋的羽毛球国家队，一见面就找到熊国宝，称赞他："国宝，国宝，不愧为国家之宝啊！"[21] 此时，熊国宝流下了激动的泪水。

1987 年 1 月 25 日，在日本尤尼克斯杯羽毛球公开赛上，熊国宝以 2 比 1 战胜队友，成为中国捧走这次比赛奖金最多的男单桂冠的选手。实际上，熊国宝参加此次比赛，带有偶然性。当时，中国队的一名主力队员，因伤不能参加比赛，领导无奈之下，决定让熊国宝参加这场世界大赛。比赛的第一回合，熊国宝就遇到了强劲的对手。不过，队友们都认为他是陪练人员，所以也就没人在意他会不会赢。但令队友们没想到的是，熊国宝在赛场上，居然势如破竹，一路顺畅、赢了下去，实乃令人叫绝！最令人不可思议的是，熊国宝最后碰到的对手，竟然是中国羽毛球队有名气的主力队员。因为熊国宝经常陪他练球，了解他的球路，结果没费多大劲，就打败了"名主"，熊国宝获得了世界冠军。

1988 年底，熊国宝在马来西亚羽毛球公开赛上，又以 2∶1 战胜队友吴文凯，获得男子单打冠军。[22] 1989 年，在世界羽毛球赛总决赛中，他又以 2∶0 战胜汤米·苏吉亚托（印度尼西亚羽毛球头号男单），进入男单决赛，获得亚军。同年 12 月，他在新加坡举行的世界大奖赛总决赛中，还以 2∶0 战胜马来西亚的付国强（被誉为"拼命三郎"），获得冠军。此后，他又在印度尼西亚公开赛上，为中国队夺得唯一的一枚金牌——男子单打冠军。

从中可见，即便是千里马，也一样要练跑，才能日行千里。如果成功者是千里马，那么，那根要自己跑快一点的鞭子，应该说 99％是握在自己手中的、方向也是自己所掌控的。毫无疑问，它所驰骋的能量，来自于内心对于所钟爱的事业的追求。熊国宝在所追求的羽毛球事业上，所走过的艰辛路程，再恰当不过地表明了这一点。

"记住，做人永远不要低三下四"

文天祥是一位南宋的政治家、文学家、爱国诗人。毋庸置疑，他是一个文官，可在外敌发动侵略战争的境况下，他的思维发生了变化，即"保国为先，岂分文武之官"。这样，他决意走上杀敌战场，决一死战。这便是德祐元年，元朝派出大批军队，沿着长江东下，目的非常明确，就是要消灭南宋政权。文天祥听到此消息后，他把家里的资产全部作为军费，招募起 3 万壮士，组成义军，抗元救国。此事报到南宋朝廷，命令他以江南西路提刑安抚使（古代官名）的名义，率领军队入卫京师。这时，他的朋友制止他说："现在元军分三路南下进攻，攻破京城市郊，进迫内地，你以乌合之众万余人赴京入卫，这与驱赶群羊同猛虎相斗没有什么差别。"对此劝说，文天祥答道："我也知道是这么回事。但是，国家抚养培育臣民百姓三百多年，一旦有危急，征集天下的兵丁，没有一人一骑入卫京师，我为此感到深深的遗憾。所以不自量力，而以身殉国，希望天下忠臣义士将会有听说此事后而奋起的。依靠仁义取胜就可以自立，依靠人多就可以促成事业成功，如果按此而行，那么国家就有保障了。"[23] 文天祥性格豁达豪爽，对人待事，态度鲜明，表里如一。当与宾客、下属谈论国家形势时，他就痛哭流涕，抚案说道："以别人的快乐为快乐的人，也忧虑别人忧虑的事情，以别人的衣食为衣食来源的人，应为别人的事而至死不辞。"你看，他的思维多么分明，担责意识多么强烈。后来，南宋的一些将领先后投降了元军，对此文天祥很是气愤，但他仍然坚持指挥军队、英勇抗敌。为鼓舞士气，他对官兵们说："救国如救父母。父母有病，即使难以医治，儿子还是要全力抢救！"此话，都说到爱国官兵的心里了。而且，他做到身先士卒，因而深受官兵信赖和拥戴。

由于元、宋军事力量相差悬殊，不久，文天祥兵败被俘，被押至潮阳。当他见了忽必烈灭宋之战的主要指挥者张弘范时，左右官员都命他行跪拜之礼，文天祥绝不下拜。于是，张弘范便以宾客之礼节接待了他，并与他一起入厓山（广东新会县南），要他写信招降抗元名将、民族英雄张世杰。文天祥却说："我不能保卫父母，还教别人叛离父母，可以吗？"由于张弘范多次强迫他写招降书信，文天祥就写了《过零丁洋》诗给他们，表明自己不可动摇的立场。厓山战败后，元军中置酒宴犒军，张弘范说："丞相的忠心孝义都尽到了，若能改变态度像侍奉宋朝那样侍奉大元皇上，将不会失去宰相的位置。"文天祥说："国亡不能救，作为臣子，死有余辜，怎敢怀有二心苟且偷生呢？"然后，张弘范派人护送文天祥到京师。

随后，元廷又召见文天祥告谕说："你有什么愿望？"他回答说："天祥深受宋朝的恩德，身为宰相，哪能侍奉二姓，愿赐我一死就满足了。"当把文天祥押解到刑场的那天，临上刑场时，他从容不迫，这时，监斩官问他："丞相还有什么话要说？回奏还能免死。"即还能有生存、做官的机会。

他不想再听了，便喝道："死就死，还有什么可说的！"随之，他对狱中吏卒说："我的事完了。"然后，向南跪拜后被处死。几天后，他的妻子欧阳氏收拾他的尸体时，发现他的面部如活的一样，妻子泪流不止。同时，发现他的衣服中有赞文说："孔子说成仁，孟子说取义，只有忠义至尽，仁也就做到了。读圣贤的书，所学习的是什么呢？自今以后，可算是问心无愧了。"显见，他"忠义至尽"了，所以"问心无愧"。

其实，文天祥在狱中曾经收到女儿柳娘的来信，得知妻子和两个女儿此时都在宫中为奴，过着囚徒一样的生活。对此，他非常清楚：如果我投降的话，那么家人即可团聚。但是，他不愿因妻子和女儿而使自己丧失气节。为此，文天祥在写给自己妹妹的信中说："收柳女信，痛割肠胃。人谁无妻儿骨肉之情？但今日事到这里，于义当死，乃是命也。奈何？奈何！……可令柳女、环女做好人，爹爹管不得。泪下哽咽哽咽。"显见，他再痛心，也没有低三下四、失掉气节。

文天祥被俘后，始终不肯对元朝统治者说一句软话，坚决不肯投降，在他写的《过零丁洋》诗里，有名句为："人生自古谁无死，留取丹心照汗青"。人不可有傲气，但不可无傲骨！每个人都要有自己的尊严，做人永远不要低三下四，表现在言辞上就是不卑不亢。

岳飞、文天祥、曾静、戴名世、瞿秋白、方志敏、邓演达、杨虎城、闻一多诸辈，以身殉志，不亦伟乎。[24]毫无疑问，文天祥当在"以身殉志，不亦伟乎"之列，民族气节，当被颂之！

联合国前秘书长科菲·安南，来自非洲小国，加纳库马西人。他执掌联合国的十年间，很多人都试图对他指手画脚、左右他。然而，他不管西方大国谁提的意见，他只是认真聆听，作为决策的参考。他只按正确的、符合大多数国家利益的思路做事情。事实上，联合国每天都有变化，并最后让那些曾经看不起他的人，在评价他的人品时也赞不绝口。这是因为，以他的智慧和不懈努力，巩固了联合国在国际事务中的地位，促进了多边主义的进一步发展。他倡导集体安全、全球团结、人权法治，维护联合国的价值观念和道德权威。因而，2001 年他获得了诺贝尔和平奖。

可以说，安南丢掉了非洲小国、黑人（美国搞种族歧视）的自卑，锐气十足地进入了联合国秘书长的角色，理直气壮地执掌着这个权力，而且颇有气场。因而，他也就创造了"一流"的业绩。

安南出身于一个部落酋长之家，父亲经营并管理着部落的事业。一天，安南的父亲在办公室查账本，发现一个地方有点疑问，便喊来了做账的伙计。这个伙计知道安南父亲平时最讨厌别人吸烟，于是，这个伙计一边赶紧进屋，一边把正在燃着的烟头塞进了裤兜。很快，这个伙计的裤子开始冒烟了，但安南父亲却什么也没说，十分冷漠地看着这个伙计，直到他狼狈地离开。安南看到这一幕，气愤不已，对父亲说："你怎么能这样对待别人呢！"就此事，父亲心平气和地对他说："我并没有让他把烟头放进裤兜里，桌上有烟灰缸，他可以继续抽烟啊，也可以到门外把烟头扔掉，但他自己选择了把烟头放进裤兜里。"父亲见安南还不明白，便拉起了他的手说："每个人都应有自己的尊严，不要因为别人的脸色而自卑。记住，做人永远不要低三下四，你不比别人卑微，哪怕一点点。"[25] 此言，意味深长，安南牢记了！

正是父亲的这种教导，让安南在日后的人生中，从不向强权低头。这一品性伴随了他一生，并最终使他成为让人民敬仰的世界领袖。

挪威青年比尔·撒丁，漂洋过海来到了巴黎，欲报考巴黎音乐学院，虽然他已尽力了，但结果主考官并未看中他，说："很抱歉，你离我们的招生条件还有很大一段距离，我们不能够录取你！"撒丁听懂了，只好离开了这里。

此时，身无分文的撒丁，无奈之下，来到这所音乐学院外不远处的街上，走到一棵树下，勒了勒裤带，拉起了琴。悠扬的乐声，吸引了无数人停下来聆听。拉了一曲又一曲，接下来，处于饥饿状态的撒丁，捧起了自己的琴盒，围观的人们便纷纷掏钱，放入了琴盒。这时，一个叼着雪茄，嘴角咧在一边，歪戴着帽子的无赖，把钱扔在了撒丁的脚下。撒丁看了看这个无赖，就弯下腰拾起地上的钱递给了无赖，说："先生，您的钱掉在了地上。"无赖接过撒丁递过来的钱，重新扔在了撒丁的脚下，再次傲慢地说："这钱已经是你的了，你必须收下。"撒丁再次看了看无赖，深深地对他鞠了一个躬，说："谢谢您的资助！刚才您掉了钱，我弯腰为您捡起。现在，我的钱也掉在了地上，麻烦您也为我捡起！"即时，无赖愣住了，因为这完全出乎他的意料，围观的人们也对撒丁犀利的言辞，纷纷鼓掌。无赖最终捡起地上的钱放入了撒丁的琴盒，然后，就灰溜溜地离开了。

其实，撒丁与这个无赖的对话及这一场面，被巴黎音乐学院的主考官看得一清二楚，于是，这位主考官把撒丁带回了学院，最终录取了撒丁。后来，比尔·撒丁，成为挪威音乐家。他的代表作是《挺起你的胸膛》，其精神使人感动、令人敬佩。

一个人，如果你挺立高贵的尊严，那么就能赢得别人的尊重和帮助，就会迎来生机和希望。站在另一种思维高度，自尊的力量，足以使人们忘却低小与卑微，能够以全新的目光审视自我。如当财大气粗的罗切斯特以庄园主人的身份，向做家庭教师的简·爱大呼"我有权蔑视你"时，挺起胸膛的她打出了自尊的旗帜，严词以对："你以为我低微、矮小、平凡、不美，难道我就没有灵魂，没有心了吗？……在经过坟墓到达上帝面前时我们都是平等的！"此言，铿锵有力，竟然把庄园主罗切斯特造"没电了"！如果被训斥的对象，是另一个人的话，很有可能会持"低三下四"之态度，连连称是后，也就退下去了！而简·爱却不然，毫不让步。

一个人的优秀是给自己"松绑"、用自尊换来的。而汉语的"囚"字最能说明此问题。不妨，我们拆一下字，一个本来可以自由自在生活的人，为什么就失去了自由呢？因为，这个人用四堵墙把自己给困住了。这四堵墙，就是"无知、恐惧、懒惰、坏习惯"。其实，人就像一只筐，坏习惯就像装在里面的碎石，而要想在里面装满黄金，那么，就必须取出碎石，然后装进黄金。习惯亦然，你既然想要在事业上成功，就必须养成成功者的习惯，去掉失败者的习惯。如此，自然就会走向成功，失败自然与你无缘！所以，在任何境遇下，我们都要建立起信心和勇气，养成好习惯，不可以"低三下四"，失去尊严，因为它会弱化你走向成功的脚力！

"进入角色了，他就是一流的"

希腊哲学家苏格拉底，有一个学生，问老师："什么是求知的欲望？"他没有直接回答学生所问，而是把提问的学生带到一条小河边。到河边后，他也没脱外衣，就直接跳到河里了，在水中还向岸上提问的学生招手，示意他也下来。于是，学生也就跳下了水。这时，他就把学生的头摁到了水里，学生本能地挣扎出水面，紧接着，他又一次把学生的头摁到了水里，这次学生死命地挣扎，挣脱后就往岸上跑，他也上了岸。当他转身离去时，这位学生就追了上去，问苏格拉底："老师，恕我愚昧，刚才你对我的那个动作我还没有醒悟过来，能否指点一二？"他看了看这个学生，就对这位学生说了一句很有哲理的话："年轻人，求知的欲望就像你刚才那种强烈的求生欲望一样，它使你欲罢不能。"因而，你想成功，就必须有求知欲、必须进入角色，成为一流的。例如一个优秀的推销员，最重要的素质是有强烈的成交欲望——签单；也如一个运动员，最优秀的品质是争第一的欲望——领奖。

人生的道路上，你欲进入角色，就应具有执着、坚忍不拔的品格。在世界科学史上，艾萨克·牛顿先后提出万有引力定律、牛顿运动定律、与莱布尼茨共同发明微积分、反射式望远镜和光的色散原理，被称为百科全书式的"全才"。他之所以研究成果繁富，可以说与他所具有的做学问坚韧、执着精神密切相关。即便他到了75岁时，仍在孜孜不倦地解答数学难题。在生活规律上，牛顿很少在夜间两三点以前休息，有时一直要工作到清晨五六点钟，这时他的工作才肯停下来。为了一个实验，他经常在几个星期的时间内，一直工作在实验室里，废寝忘食，直到做完实验为止。有一次，牛顿约一个朋友到家里吃饭，时间同时确定了下来，可是他的朋友到了，他仍然在实验室里工作。吃午饭的时间，已经过去两个多钟头了，而此时，他邀请来的朋友肚子已饿得不得了，牛顿却还没有回来。无奈之下，这位朋友就自己到了餐厅里，把放在桌子上的鸡吃了，鸡骨头留在了碗里，饭后就离开了牛顿的家。这时，牛顿来到了餐厅，看到碗里剩的鸡骨头，不觉惊奇地说："啊！原来我已经吃过饭了。"说完，他又回到实验室继续工作了，可见他对事业的执着到了何等程度！

德国哲学家尼采说过："杀不死我的，使我更强大。"这种思维，如果我们接受下来的话，真的觉得挺提气的，实有勇气倍增、大干一番之感。

现任我国最高人民检察院检察长的曹建明，其人生的路就是这样走过来的。他读小学四年级时遇上"文化大革命"，中学毕业后分配到小饮食店当学徒，凌晨3点多钟就得起床上班，从出煤渣、生炉子到和面、拌馅……由于过度劳累，一年内他的胃两次大出血。后来，这段尚未成年时的痛苦经历，促使其产生强烈的危机感，酿成了他"不用扬鞭自奋蹄"的进取品格。对此，他后来回忆说："正是在这里，我经受了永远难以忘怀的磨砺，学到了在其他地方难以学到的东西。"考上大学之后，"无论春夏秋冬，每天凌晨4点半，我准时起床，跑步后即投入紧张的学习。数年如一日，这么早起床读书，很多同学觉得无法做到，觉得不可思议。但对我而言，相比在饮食店每天3点钟多起床干活，那真是一种幸福了……7年寒窗，我连续6年获得'上海市三好学生'的荣誉称号"。[26] 所以，他非常珍惜学校学习的机会。

后来，曹建明去比利时根特大学（世界百强大学之一）进修，当年的危机感依然压在他心头。除了跟教授讨论问题外，他几乎把所有时间都安排在图书馆读书，其导师因此感叹说："你是我接触的所有中国人中最勤奋的一个。"所以教授们参加国际学术会议都愿意带他去，使他得以去过许多国家，结识了不少著名学者和专家，这为他后来从事法学研究、任职高检奠定了坚实基础。扎实的基础和深厚的学术造诣，使他专业研究成果丰厚（著述230余篇/部），曾多次出入中南海为中央领导讲座。从一个饮食店学徒到大学生、从出国留学到回国执教、从法学教授到中国首席大检察官，直至当选最高检察院检察长、中共十七届、十八届和十九届中央委员。一句话，困阻面前，真的使他"更强大"了。

可见，同样是困难和危机，对有的人来讲，会成为他前进的"垫脚石"，而对有的人来讲，却成为他的"殒命石"。之因个人的思维、态度不同，也就决定了不同的人生。

2004年2月16日，当《中国青年》杂志记者采访全国政协委员、福耀集团董事长曹德旺时，他告诫当代青年："我认为中国的青年人应该相信未来。我从贫困中能走出来，在我最贫困的时候，也相信政府，相信社会，相信未来。我自己非常努力，我相信经过努力会改变命运，时间也证明了这一切。"并以他的思维方式，深有体会地说："如果要我来总结，我想这样说，世界是一个舞台，人生是一出游戏，进角色就是水平。不是一定要当到省部级，不一定要挤在同一个舞台，也不要非得争一个角色。你看演戏，开场锣鼓敲起来，出来一个武生，滚上几十滚，下面满堂彩。他只是一个武生，进入角色了，他就是一流的。刚去世的南派猴王，六龄童，他就进角色了嘛！"[27] 而他就是获得了尊严、摆脱了歧视的一例。

实际上，曹德旺走过了人生艰辛的创业路：9 岁才上学、14 岁因家境太艰难不得不辍学回家放牛。但一有空，他便津津有味地读起了哥哥的旧课本。为了谋生，他在街头卖过烟丝、贩卖过水果、拉过板车、修理过自行车、当过水库工地炊事员……1975 年，他已为自己积累了 5 万余元的"巨资"。如此奋斗，如他所说"我所有的动力都来源于'过好日子'的美好愿望"。早年的这些苦难，磨砺了他坚韧的性格。1987 年，他成立了福耀玻璃有限公司，成为豪华名车品牌的全球配套供应商，同步研发设计。1993 年，福耀玻璃登陆国内 A 股，是募集资金高达 8 倍的上市公司。这时，他的财富像洪水一般席卷而来。

结果曹德旺以成功的人生告白世人，即彻底改变了中国汽车玻璃市场100% 依赖进口的历史。为我们国家争了光、争了气；同时，也创造了他的人生辉煌！体现了他的人生价值。

目前，福耀集团是中国第一、世界第二大汽车玻璃供应商（在美国、德国、俄罗斯设有工厂），被誉为"中国的玻璃大王"。到现在为止，福耀集团"从国外拿回来的钱超过了 100 亿，曹德旺说这都是挣回来的利润"。[28]

而他的慈善更是让人赞叹不已，曹德旺忙着设立基金会，资助灾区和偏远山区的大学生，截至 2016 年，捐款金额超过了 70 亿。[29] 如他所说的"有钱容易，有思想有境界不容易"。他坐拥巨额财富，同时又高调做慈善。由于企业经营的成功，他荣获过企业界奥斯卡之称的"安永全球企业家大奖"（首位华人获得者）。

鞠永煜出生在云南农村，家境贫寒，高中一年级辍学后，就外出打工了。

1998 年 6 月，小鞠应聘天津一家房地产代理公司的发单员，底薪 400 元，吃住不包，单子变成生意了，才能拿点提成。上班后，他干劲挺足，每天早晨 6 点就出门，晚上 11 点还在路边发宣传单。他虽然拼命干了 4 个多月，单子发了不少，但没做成一单生意。

后来，公司把小鞠由发单员转为业务员。当时，公司销售的楼盘是位于天津市和平区的高档写字楼，每平方米价值 1600 多美元，每卖出一套，提成丰厚。可憾的是，两个多月过去了，他一套房都没卖出去。一天，一名客户来找他，他很高兴，终于有客户了。但当他与客户交谈时，脸憋得通红，紧张得很，除了简单地介绍楼盘情况外，他不知道还说些啥，非常尴尬，客户失望地走了。尽管不顺，小鞠并没有灰心，仍在不断地给自己鼓劲，开始苦练沟通技巧，主动跟街上行人说话、介绍楼盘。一来二去，他感到说话能力提高了不少。

有一天，小鞠正在售楼现场解答客户的咨询。这时，有一位提着行李的人问他津明宾馆在哪里。他热情告诉了对方，但对方还感方向不明，于是，他就放下手里的活，领着对方去了，还帮对方提行李。与对方告别时，他顺便给对方一张购房宣传单。翌日，对方就找到小鞠，购买了两套房，并说："你小伙子做事情靠谱，热心肠，值得信赖。"这一单让他赚到1万元。这一单，不仅使他赚到了一笔钱，同时，也增强了他干好这份工作的信心。

2000年8月，公司组建成6个销售组，实行末位淘汰的制度，他处在被淘汰的边缘。他认为，要胜任工作必须找到发展的好方法，那就是，一方面，就是当经验丰富的业务员跟客户交流时，我就坐在旁边认真地听，看他们怎样介绍楼盘、拉近与客户的距离；另一方面，就是自己买了好几本有关营销技巧的书，来学习、提高，充实自己。从而，他学会了把握客户心理、判断客户需求，以及客户的购房实力，所以在与客户交谈时，针对性强了，签单率也提高了。

伴随着他售房经验、理论认识的提高，小鞠的售房业绩也在稳步上升。有一个客户，想买写字楼盘，但又拿不定主意，于是，小鞠就给这个客户写成了一个报告，详细分析了各楼盘的特点，并且真诚地、客观地告诉客户，他的楼盘的性价比优势在哪里。客户综合分析后，决定在小鞠的楼盘里买下一个大面积的写字楼。这一单，卖出了3200万元。后来，他一个赛季的销售额，竟然达到了8600万元，在公司排名第一。2006年最后一个赛季，他的组又拿到全公司第一名。然后，他参加了销售副总监的竞选，获得成功。

小鞠一上任，就开始精心培训手下的员工，同时向员工讲自己的销售经历、传授销售经验，给员工鼓劲、增信心。结果，这个赛季结束，他的组取得了更好的成绩，销售额达到9600多万元，租赁一项也达6200多万元。此后，他所带团队的业绩一直名列前茅。

　　事实表明，即便是最小的困难，如果你丧失信心，也是会被困难吓倒的；而即便是最大的困难，如果你坚定信心，就能够把困难战胜。记得李宗盛作的《真心英雄》歌词唱道："把握生命里的每一分钟，全力以赴我们心中的梦，不经历风雨怎么见彩虹，没有人能随随便便成功……"如果你真的想见到彩虹的那一天，那好，练就出"千磨万击还坚劲"的品格吧！

自信要凸显"单项优秀"，讲求效率

甘茂，乃为秦国将领、齐国上卿。他曾学习过诸子百家之说，见多识广。而他的"单项优秀"思维，却非常鲜明，很值得借鉴。

有一年，甘茂出使齐国，他骑马走了几天后，来到一条大河边，靠马载无法渡河，只好求助船夫。船夫便问："你要过河去干什么？"甘茂答道："我要到齐国去，替我的国君游说齐王。"船夫接话，质疑："河面很窄，你都不能够自己过河，却怎么能够替国王去游说呢？甘茂说："不是这样的，你不知道。世间万物，各有所能，比方说，骏马日行千里，为天下骑士所看重，可是如果叫它去捕获老鼠，那它肯定不如一只小猫；宝剑削铁如泥，为天下勇士所青睐，可是如果用它来劈砍木柴，那它肯定不如一把斧头。用船桨划船，让船顺着水势起伏漂流，我不如你；然而，游说各个小国大国的君主，你就不如我了。"[30] 船夫听了甘茂的这番话，认为非常在理儿，连忙说："您的话让我长了不少知识，快快上船吧！"然后，船夫心悦诚服地请甘茂上船，送他过河。

所谓长处，即为你的"单项优秀"。尤其当你处于心理贫困、缺乏自信时，更应选准自己的主攻方向，甚至立志一辈子做成一件事。只有创造、施展你的长处，才便利于确立你的独立人格、体现你的人生价值、成就你的人生目标。

神谷正太郎的"单项优秀"是"销售"。1959年，丰田汽车公司出现汽车大量积压的局面，财政赤字不断加大。经人推荐，该公司请来了被人们誉为"销售之神"的神谷正太郎，并将他委任为丰田公司销售公司的总经理。他经过调查、探索，逐步形成了该公司的销售理论，即"用户第一，销售第二，制造第三"。并且，为促销制定了相应的措施，如重视销售信息、建立情报机构、按月回笼货款制度，以及"用户第一，信誉至上"的原则，同时，该公司把销售部剩余的钱融资给成绩优秀的经销商，以调动他们推销丰田汽车的积极性。这些措施落实后，该公司销售效益显著增长。可以说，神谷正太郎以自己的"单项优秀"——销售，为丰田公司的飞速发展立下了汗马功劳，用尽了自己的聪明才智。他的团队也被日本业界誉为最有推销能力的"销售军团"，深受业界的赞誉。

现任格力集团董事长的董明珠，在她任销售部经理期间，与神谷正太郎比较也毫不逊色。尤其在"解决欠款"这个让人头疼的问题上，更是高招可赞。说来，她的做法，既简单、又很霸道：凡是那些拖欠货款的经销商，一律停止发货；只有你补足款了，再进行下一步，即"先交钱再提货"。可是，经销商们不接受！于是，他们就向公司领导告状，甚至有人宣称："有她没我！"董明珠也毫不示弱，说："那就有我没他！"僵局之下，公司领导劝她："是不是可以补完款，先发货再收钱？"公司领导想调解一下，以使双方达成一致。她说："好啊。"结果款一到账，货却把住不发。

为什么呀？她说："要货？先拿钱来。"而且，她态度明朗："就算别人全这样，我格力也偏偏不。"看来，她是一定要拆掉欠款这堵多年的破墙了！结果，她的强硬，带来了显著效果，即1997年、1998年格力没有1分钱的应收账款，也没有1分钱三角债。也因此，有的竞争对手曾这样形容过她："董姐走过的路，都长不出草来。"可见，这位铁娘子的厉害程度，都令他们胆寒！在她的治理下，2015年，格力电器跻身《财富》世界500强，排名家用电器类全球第一，年纳税额150亿元。[31]

阿瑟·柯南·道尔的"单项优秀"是"写侦探小说"。道尔自幼喜欢文学，中学时担任过校刊主编。他毕业于爱丁堡医科大学，然后，作为一名随船医生前往西非海岸，回国后在英格兰南部的朴次茅斯开业行医，但诊所的生意一直不太好。为了增加诊所的收入，他就靠给杂志社写小说赚钱。平时，他爱看悬疑类的小说，由此对写侦探小说产生了兴趣。在读小说、写小说过程中，他发现这些作家写的侦探故事里，破案基本靠运气，所以他决心创作出另一种方式——侦探。他的破案基础，是推理和逻辑，于是，福尔摩斯就这样诞生了。

道尔在《壁顿圣诞年刊》上发表的作品，仅为他带来了25英镑的收入，却让他一举成名，从此一发而不可收；收入上，写作虽然是他的副业，但却明显超过他行医的正式职业。尽管如此，他总觉得写小说是个偏门，自己是学医的、是一个医生，写几篇小说也仅是玩玩而已，怎么可以以此谋生呢？就这样，他关掉了并不赚钱的诊所，到奥地利的维也纳学习眼科，一年之后回到伦敦开了一个眼科诊所。但事与愿违，本想大展宏图的他，却又一次遭受了打击——眼科诊所虽然宽敞，但患者却寥寥无几。

虽然道尔前后开办了两个医疗诊所，但因医术并不出色，生意不佳！

怎么办呢？道尔思来想去，还是发挥长项，即接着写他的福尔摩斯探案集。撰写完后，这部小说发表在《绳链》杂志上。也由此，福尔摩斯探案集渐渐火了起来。从而，道尔接受了自己更适合当作家、而不是当医生的现实。而《福尔摩斯探案全集》则是开辟了侦探小说历史"黄金时代"的不朽经典，是历史上最受读者推崇的、痴迷的侦探小说。

道尔笔下塑造的"神探"，简直令人神魂颠倒！ 1893 年年底的一天，英国伦敦诺伍德镇的一所房子外面聚集了一大群人，这群人愤怒地向房子的窗户投掷石块儿，控诉屋内的人谋杀了他们心中大英雄。此时，伦敦市中心报社云集的人们，也在举行示威游行。而伦敦的《绳链》编辑部也接连收到来信，纷纷抗议这场谋杀，要求退刊。上述连锁式的"群怒"举动，也使维多利亚女王顿生疑窦："什么人的死会如此强烈地牵动着这些英国人的心呢？"原来，为的就是他——大名鼎鼎的私家侦探歇洛克·福尔摩斯！其实，在 6 年前，道尔的《血字的研究》发表后，这篇小说中的大侦探歇洛克·福尔摩斯，就名噪英国乃至全世界了。无疑，福尔摩斯已成了象征智慧的符号，备受人们崇拜！

这是因为，道尔的侦探作品，善于设置悬念，激发读者的阅读兴趣，情节上的呼应性很强，推理严密，运用演绎法推进小说展开，情节跌宕、引人入胜。

据统计，道尔一生一共写了 60 个关于福尔摩斯的故事，有 56 篇短篇侦探小说以及 4 部中篇侦探小说。这些故事，先后在《海滨杂志》上发表。自 1900 年以来，先后有 75 名不同艺术背景的演员，曾经在约 200 部电视或电影中，演绎过福尔摩斯这个重要的角色。许多名演员塑造的福尔摩斯，已经成为世界上家喻户晓的人物，无休止地谈论着⋯⋯

事实表明，一个人一辈子干一件事，最后整个世界都围着你转；一个人一辈子干好多种事，最后整个世界都会抛弃你，可谓"百事通不如一技精"，也如《增广贤文》上所说的，"不是撑船手，怎敢拿篙竿"，强调的都是"单项优秀"的重要性。

欲成功，既须可行的规划、更须效率，并尽快"进入角色"；否则，你是难以创出"一流的"业绩的。1991 年 2 月 23 日，在马尾开发区现场办公会上，时任福州市委书记的习近平同志提出："马尾的事，特事特办，马上就办。"如此说来，也必须把历史上"马上就办"的精神，传承到你我的身上，真正做到闻风而动、雷厉风行，绝不拖拉、力求实效。

我们计算一下，人生有效的工作、创业时日，屈指可数。每当春节期间，又有多少人使用"一晃"、"真快"等字句，来形容岁月无情？不讲效率，那可真的把时光"晃"没了！

当今，有一种流行的说法，估计也灌到了你的耳朵里。即"中国人办事从来是拖拉惯了的"。似乎我们工作中那种不讲效率的作风，是我们的祖宗传下来的"老毛病"。怎么能这么认为呢？其实，素以勤劳勇敢著称的中华民族，从来就是讲究效率的，只不过你没有注意到这一面就是了。在此，笔者不妨赘述几件，也许会对有上述错误认识的人，能够起到提一个醒的作用。因为，历史是面镜子，镜子可以"正衣冠"！

唐朝诗人杜牧诗云："一骑红尘妃子笑，无人知是荔枝来。"此诗说的是，居住在长安（今西安）宫廷里的杨贵妃，经常能吃到鲜荔枝这件事。

从产荔枝的岭南到长安，路途 3000 多里，几天内送到长安。此事，固然反映了封建统治者奢侈淫逸，但在没有现代化交通工具的情况下，不能不说办事效率是高的。当时能做到这一步，与我国早就创造了递送公文、信件、物资的"驿站制度"，是密切相关的。此制度，对提高办事效率，十分有效。近几年来，盛行的"京东"、"顺风"、"申通"快递公司的创办，可以说实为我国历史上"驿站制度"的传承，而且速度更快更便捷。

《晋书·王猛传》说，王猛主持政事，官署办事效能很高，"无罪而不刑，无才而不任"。不刑，指不加刑罚；不任，指不加任用。他的部下河北人麻思，率兵驻守在函谷关以西地区，有一次，因其母死，要请假回冀州，王猛批准他立刻动身，当天晚上就签发了有关通知，当麻思刚到函谷关时，沿途郡县都已接到王猛的关符了，并照章验看其行路护照，安排食宿。宋朝王安石任职期，政绩显著，他办事也同样讲究效率。他在出任参知政事前不久，便提出了"修其水土之利"，以促进农业生产。上任后的第二年 4 月，就派人考察各地农田水利情况，当年冬天就颁布了《农田水利法》。其实，这些办事效率也被沿袭了下来。如革命战争年代，英雄的人民军队正是凭借这种顽强作风，创造了 1935 年的"飞夺泸定桥"、1947年的"千里挺进大别山"等一个又一个革命神话，扭转了战争格局，取得了革命的最终胜利。在新中国建设中，仍是靠着效率，中国共产党书写了"深圳拔地而起"、"浦东依海争辉"等不朽的历史传奇。

对于个人发展来说，也要讲求效率。古人曾曰："受命之日，食不甘味，寝不安席。"历史上，具有这种境界之人，都乘势而上、成为勇于超越的人民功臣了。毛泽东 30 岁当中央委员，遵义会议时才 42 岁。周恩来

26 岁任黄埔军校政治部主任，28 岁任中央军委书记，51 岁任共和国首任总理。1955 年评军衔时，30 多岁的少将、40 多岁的中将和上将大有人在，不必详述。目前我国 60 后、70 后省部级官员已达 200 余人。我国军队 60 后、70 后晋升为将军人员，也在逐年增加。至于我国 60 后、70 后具有正高级职称人员，不胜枚举。这些数字表明，各领域人才成长也离不开效率；否则，必然滞碍国家的发展进程。

历史上，对于办事效率不高的人，是要受到责罚的。譬如：明太祖朱元璋，于洪武九年，听刑部主事茹太素的上言书，当听到 6370 字时，还没听到具体的意见，便下令把茹太素痛打了一顿。朱元璋顺手就把茹太素的奏章丢到一边，嘟哝一句：给懒婆娘裹脚都嫌长。并就此事号令全国："若官民有言者，许陈实事，不许繁文，若过式者问之。"[32] 意即，今后谁再写长而空的狗屁文章，你的屁股是要挨打的。此后，官场文风为之一变，上书言事者都不敢写繁文了，随之工作效率大大提高了。朱元璋的这一"责罚"措施，对我们今天也是有启示作用的。如党的十八大以来，中央领导在相关会议上多次插话、打断并发问发言人的实际，便是例证。于是，有的工作人员感叹："只会照本宣科的官员，在这里不好混了。"现在"只讲问题和困难"已成为会议效率的象征，此被称为"捞干的说"！显见，对那些照本宣科的发言者，是不满意的，便以"插话"、"打断"形式表现出来，也警示：会上你再不"捞干的说"，就可能被淘汰掉，因你连提炼讲话内容的工夫都没有，岂能长居领导岗位？

进入角色、创造一流，是需要我们付出艰辛、克服一个又一个困难的。恰如宋代诗人杨万里所云："莫言下岭便无难，赚得行人空喜欢。正

入万山圈子里，一山放过一山拦。"虽然如此，在奋斗的征程中，只要你
稳住航舵，即便是再猛烈的暴风雨，也不会使你偏离航向，驶向预定目
的。似如现在江苏卫视现场直播的"勇者大冲关"一样，参赛者将经过忐
忑圆筒、旋转风铃、横扫千军、疯狂擎天柱、峰回路转、鱼跃龙门、炫彩
幸运星、极限阶梯道道难关，历练着他们的体能、信心、智慧、胆量和勇
气……其实，这是群体中人与人综合素质的较量，即综合素质强者，自然
会迅速闯过 8 个关卡，获得成功。细品一下，自会领悟：人生设定追逐的
目标后，不也在过着各种关卡吗？谁闯过去了，他也就进入"一流的"行
列了，所设定的目标实现了，人生价值体现了！也就是人们所说的"这辈
子没白活"！

不喜之事，再自信，"金石"也难开！

2013 年，中国台湾人、美国（华人）的马振翼，作为青年领袖代表受邀参加亚洲博鳌论坛，并受到中国国家主席习近平的接见。此前，奥巴马总统也曾接见过他。

马振翼创办的智胜教育，在美国有 15 家公司、中国有 3 家公司。他用自己的成长经验、自己的思维方式，帮助了 4 万多名学生考进名校，每年帮助 4000 名优秀学子进入美国一流大学。由于在教育领域的杰出贡献，他不仅成为 ILF 全美教育委员会主席、加州亚太裔事务委员会委员兼秘书长，而且，还荣获了中国大陆第七届 10 大中华经济英才奖。由于他多年来倾心对教育的研究，所以深谙美国和中国的教育。

对于教育，学生不喜欢的事，即便再做努力，"金石"也开不了。马振翼说："你要想进入美国一流大学，光是成绩好不行，分数达标的学生太多了。这些大学，到底在找什么样的人？……你的梦是什么？你的故事是什么？这些非常重要。年轻人最大的课题，就是找到自己，找到自己喜欢什么、要做什么。做自己喜欢的事，加之不懈地努力和坚持，成功离你就不远了。"这段话的核心，是让学生"做自己喜欢的事"，如此坚持下去，才会有成功的希望。由此，现在某些媒体上所现的"精诚所至，金石为开"[33]名言，就值得推敲！因为，此词也仅是对人的激励而已。如果你对某种事情不擅长、不喜欢、不适合，即便你再做努力，恐怕也是失败的。所以，此词作为激励之言，无可非议，但却不适用于任何事情上。

卡洛斯·桑塔纳，是一位美国音乐艺术家。他出生在墨西哥，酷爱音乐，儿时就常带着吉他在街头演出。17岁随父母移居美国，他的英语太差，除了音乐成绩优秀，其他功课简直是"蚂蚁穿豆腐——提不起来"！有一次，学校要举办年级歌手大赛，让学生们自由报名，机会虽然很好，但他却没有勇气报名，怕老师说他功课成绩不好、嘲笑他。这时，他的音乐老师克努森问他："卡洛斯，为什么你不去报名呢？你要知道，报名截止仅剩两天了。"他"呃"了一声，对克努森老师说，"您知道，我的功课成绩很糟糕，所以……"克努森老师说："我知道，我看过你来美国以后的成绩，除了'及格'就是'不及格'，真是太糟了。但是你的音乐成绩却很优秀，我看得出来你是个音乐天才。为什么不去报名，让别人看到你优秀的一面呢？"在克努森老师的鼓励下，卡洛斯鼓起了勇气，到办公室报了名，然后做参赛准备。

结果，在比赛中，卡洛斯用他那美妙的歌喉，征服了在场的全校老师和同学，夺得了年级第一名的好成绩。此后，他在学校成"歌星"了，谁见他都打个招呼、夸上几句。后来，他的功课"良好"成绩也渐出现，但强项仍然是音乐，成绩始终是"优秀"。

2000年，卡洛斯成为第42届格莱美颁奖舞台上的最大赢家，那就是，他独揽了"格莱美"年度专集奖与年度歌曲奖（此奖含金量最高）。对于"格莱美"音乐大奖，他获得过 8 次，他是第一位步入"拉丁音乐名人堂"的摇滚音乐家。他的乐队专辑以及个人专辑全球销量超过 9000 万张。他的演奏曲风变化多端，融入了摇滚、爵士、蓝调和莎莎，所以拥有大批追随者。2015 年，卡洛斯在墨西哥城举办的免费室外音乐会上，7 万人冒雨沉浸在他那充满热情、活力和精彩的音乐里。如今年近七旬的他还在保持着旺盛的精力，继续走他着迷的音乐之路，并且每年都进行数场巡演，各地"粉丝"不胜枚举。

其实，现在我们的学生"做自己喜欢的事"、发展长项，仍然受到制约。中国科学院院士施一公（西湖大学校长），讲过这么一件事：三年前，我获得以色列的一个奖后，应邀去以色列大使馆参加庆祝酒会，其间大使先生跟我大谈以色列人如何重视教育，我也跟他谈中国人也是如何地重视教育。他笑眯眯地看着我说，你们的教育方式跟我们不一样。他给我举了以色列原总理西蒙·佩雷斯的例子，说他小学的时候，每天回家他的以色列母亲只问两个问题，第一个是今天你在学校有没有问出一个问题老师回答不上来，第二个你今天有没有做一件事情让老师和同学们觉得印象深刻。我听了以后叹了口气，说我不得不承认，我的两个孩子每天回来，我的第一句话就是问：今天有没有听老师的话。[34] 可见，我们的教育如佩雷斯所举例子，那与我国的师道尊严又是相互矛盾的。如果我们还依循"精诚所至、金石为开"的名言，丢掉受教育者的兴趣和长项，不进行思维创新、教育改革，那么我们的教育价值自然会受到削弱！

对于军事，如果不擅长、不喜欢、不适合的事，"金石"也开不了。

据史料记载，遵义会议结束半个月，被取消最高指挥权的博古情绪低落、心情沮丧（遵义会议上受批评了），一些电报电文也得不到及时处理，红军事务受到影响，党内急需确定新的领导人。为此，当红军行至云贵川三省交界地时，周恩来出面找博古谈心，促使其转变思想。

周恩来一到院子里，就对博古说，听说你最近吃饭少，睡得也不好，人也瘦了，是不是身体有毛病啊，先说客气话，对此，博古就说，恩来，你有什么话就直说吧。于是，周恩来就对博古直说了，他说，我们的对手是国民党，具体的是蒋介石，我在黄埔军校和他处了两年的时间，我知道这个人文武双全，聪明能干，读书很多，又有政治手腕。我们要打败他，就要找个比他强的人，我考虑了很久，这个人是毛泽东。他说，你要搞宣传搞组织，这方面都行（即博古擅长、喜欢之事），但你军事不行。……博古为了革命，他说那就让毛泽东当主席吧，他就这么提出来了。[35] 对此，不但周恩来等人认为博古不擅长、不适合当"最高指挥"（当时集中体现在军事指挥上），博古也意识到了此为自己的弱项、且兴趣不浓，所以从中国革命大局出发，他提出了"让毛泽东当主席"。而事实上，进行军事战略筹划、战役指挥，又是毛泽东所擅长、喜欢、适合之事。此后，毛泽东的军事指挥长项得以充分发挥，当中华人民共和国诞生之时，他已成为 550 万大军的统帅。

对于爱情，如果另一方不喜欢你、你再追求，"金石"也开不了。民国时期，毛彦文毕业于南京金陵女子大学，后留学美国密歇根大学（获得硕士学位），才貌双全，令不少文人雅客所倾慕，包括清华大学吴宓教授。他虽已结婚生子，但遇到毛女士后，很快坠入难缘的情网。于是，"他对毛彦文不屈不挠的追求。追求不说，还把自己这不知变通的'死打硬缠'写成诗昭告天下：'吴宓苦爱毛彦文，三洲人士共惊闻。离婚不畏圣贤讥，金钱名誉何足云。'"[36] 而毛女士并不爱他，对他的这分多情，也仅是敬重而已。一晃七年过去了，但时光并未挡住吴先生这分多情以至不能自拔；而毛女士，这时却果断地嫁给了熊希龄。失恋后，吴宓先生痛苦不堪，大写"忏情诗"，诗句凄苦悲凉，皆是自怨自艾之作。诗句四处发表后，吴宓不仅没得到别人同情，反而被很多人嘲笑为自作自受。[37] 熊希龄去世后，吴先生又燃起了追求毛女士的希望，他写了很多长信表达自己的情思，结果他一点也没有得到毛女士的回音。后来，毛女士漂洋过海到了美国，吴先生得知此消息后，又向海外归国的人打听她的消息。[38] 这桩爱情的"金石"，始终也没有开！

正因如此，你所立的"志"，切莫脱离实际。立"志"前，理应客观正视自己的优势所在，才能向着自己初衷的方向转变，以至成为自己所想成为的人。而绝不能只播下几粒种子，就指望着不劳而获。而是，必须给这些种子浇水，给幼苗培土施肥。如果疏忽这些环节，消极的野草就会丛生，夺取土壤的养分，直至使你所种植的庄稼枯死。当然，对于那"无望的种子"，即便播下了，也别指望它生根发芽！

注　解

[1] 贺永泰、赵芝瑞：《功德无量：毛泽东眼中的大禹形象》，《上海党史与党建》2009 年第 7 期。

[2] 《毛泽东选集》第 1 卷，中央文献出版社 1991 年版，第 65 页。

[3] 彭薇等：《井冈山上》，《解放日报》2007 年 7 月 10 日。

[4] 陈晋：《重温"愚公移山"的哲学意蕴》，《北京日报》2015 年 7 月 27 日。

[5] 黄杨子：《海事大学来了"大叔级"新生》，《解放日报》2015 年 9 月 15 日。

[6] 《习近平在哲学社会科学工作座谈会上的讲话》，《人民日报》2016 年 5 月 25 日。

[7] 龙际礼：《把失败当朋友》，《思维与智慧》2004 年第 11 期。

[8] 《惠若琪刚柔并济扛女排大旗》，《南方都市报》2013 年 11 月 30 日。

[9] 《青年最可贵的品质是坚持》，《中国青年报》2012 年 4 月 20 日。

[10] 鲁先圣：《因为不幸》，《现代交际：上半月》2004 年第 4 期。

[11] 蒋平、韩坚柱：《总理和纤夫》，《人民日报》1998 年 7 月 6 日。

[12] 杨诗：《向周恩来学演讲》，人民网，2016 年 1 月 22 日。

[13] 董晖：《百度切换凤巢过程曝光：李彦宏曾遭集体反对》，《每日经济新闻》2010 年 5 月 11 日。

[14] 《这些道理你要懂》，《商都新闻》2013 年 1 月 25 日。

[15] 岳柳：《方文山歌词赏析》，美文网，2017 年 6 月 1 日。

[16] 陈永红：《党员领导干部当做"读书楷模"》，《前进》2012 年第 10 期。

[17] 程仪：《毛泽东与李四光》，《党史天地》1995 年第 1 期。

[18] 《关于名人自信的故事》，百度文库，2014 年 6 月 11 日。

[19] 蒲松龄：《文白聊斋志异》，中国图书网，2016 年 6 月 1 日。

[20] 王溢嘉：《要不要伯乐》，《乌鲁木齐晚报》2012 年 12 月 6 日。

[21] 山东大学：《熊国宝：我要一直讲到 90 岁》，大众网，2015 年 5 月

16 日。

[22] 《熊国宝》，百度百科，2016 年 8 月 12 日。

[23] 《宋史—卷四百—十八—列传第一百七十七》。

[24] 《祭孔·文天祥》，国学网，2014 年 4 月 12 日。

[25] 《安南：做人永远不要低三下四》，中华励志网，2011 年 6 月 9 日。

[26] 《人生最大的危机，就是没有危机感》，百度文库，2015 年 9 月 20 日。

[27] 赵涛：《曹德旺：年轻人应该相信未来》，《中国青年》2014 年第 7 期。

[28] 《21 财闻汇》2018 年 1 月 7 日。

[29] 《21 财闻汇》2018 年 1 月 7 日。

[30] 《国学典故》，搜狐教育，2017 年 8 月 1 日。

[31] 杜思思、高扬等：《2017 中国最具影响力的 50 位商界领袖》，财富中文网，2017 年 4 月 19 日。

[32] 《从茹太素挨打想到的》，《中国纪检监察报》2014 年 2 月 13 日。

[33] 南朝宋·范晔：《后汉书·广陵思王荆传》。

[34] 施一公：《中国大学的导向出了问题》，《民主与科学》2014 年第 6 期。

[35] 《遵义会议周恩来直言：除毛泽东无人是蒋介石对手》，《凤凰卫视》2011 年 8 月 6 日。

[36] 孙玉祥：《吴宓之笨》，《同舟共进》2012 年第 1 期。

[37] 潘璐：《名人的好婚姻与坏榜样》，《武汉晚报》2013 年 8 月 20 日。

[38] 朱晖：《尘世间最痛苦的事》，《北方人（悦读）》2009 年第 4 期。

后　记
POSTSCRIPT

汉赋家扬雄在《法言》里曰："言，心声也；书，心画也。"因而，作者应将读者的"心声"、"心画"写、绘出来。而当今，越来越多的青年面对那些成功者，尤须"提升或改变自己"的图书，所以在对图书内容的选择上，他们首先浏览图书上是否提供了这方面的思维方式，以及是否适合自己阅读口味的内容。

本书作者正是从青年这种读书心理出发，不仅作了网上系统调查，而且走访了社会青年和几所高校大学生，又数次去图书市场考察。在此基础上，觉得青年们不同程度地面对着"做事成败、遇事迷悟、品行高低、意志强弱"诸方面的考验或纠结，所以尝试了"以事证理、充满哲理、充分说理"的写作风格，让你在工作、上课之后，于消遣之中读起来，在成与败、得与失、顺与逆的类比中，获得教益。在丰盈了你的内心世界的同时，如果换一种思维，也许会改变你。

　　此书成稿，深得北京印刷学院原党委书记刘超美的鼓励和支持。作者把写作思路与她谈后，她说："你谈的写作风格挺对头的，因为读者、尤其是当代青年正需要'以事证理'式的思辨类读物呢，你应集中时间，尽快进入写作状态。"她审读过初稿后，既认定书稿写得绘声绘色、思维教育价值凸显，又提出应融入实时热点、丰满哲理意境、激发思维潜能、显现活性思维。"物色之动，心亦摇焉。"作者顺着她指点的修改路子，灵感闪过脑海，手指已在键盘上舞起来。所以，由衷地感谢颇有见地的刘超美书记！